职业教育电类
系列教材

PLC应用技术

S7-1200 | 微课版

朱开波 郭艳萍 / 主编

钟立 郑益 张玲 孙惠娟 / 副主编

ELECTROMECHANICAL

人民邮电出版社

北京

图书在版编目（CIP）数据

PLC 应用技术：S7-1200：微课版 / 朱开波，郭艳萍主编. -- 北京：人民邮电出版社，2025. --（职业教育电类系列教材）. -- ISBN 978-7-115-65243-0

Ⅰ. TM571.61

中国国家版本馆 CIP 数据核字第 2024G6E092 号

内 容 提 要

本书以《可编程控制系统集成及应用职业技能等级标准》所要求的知识技能为主线，从实际工程应用出发，详细介绍了 S7-1200 PLC 的硬件系统、TIA 博途软件、基本指令的应用、程序块的创建和应用、模拟量和顺序功能图的应用、高速计数器、运动控制、通信功能的组态及应用等内容。

本书以岗位需求为目标、以学生为中心、以行动导向为原则，设计和开发了实践任务，按照"跟我学→跟我做→单独练（或跟我拓）→单独测"的方式组织学习内容。本书案例丰富、图文并茂，不仅为初学者提供多种有效的编程方法，还提供构建 PLC 控制系统的工程思路和实践经验。本书针对重点和难点内容，配有微课视频、源程序、课件、"单独测"答案等丰富的学习资源，可作为高等职业院校自动化类、机械设计制造类专业的教材，也可作为电气自动化技术人员的自学和培训用书。

◆ 主　　编　朱开波　郭艳萍

副 主 编　钟 立　郑 益　张 玲　孙惠娟

责任编辑　王丽美

责任印制　王 郁　周昇亮

◆ 人民邮电出版社出版发行　　北京市丰台区成寿寺路 11 号

邮编　100164　电子邮件　315@ptpress.com.cn

网址　https://www.ptpress.com.cn

天津千鹤文化传播有限公司印刷

◆ 开本：787×1092　1/16

印张：16.25　　　　　　　2025 年 7 月第 1 版

字数：492 千字　　　　　2025 年 7 月天津第 1 次印刷

定价：59.80 元

读者服务热线：(010)81055256　印装质量热线：(010)81055316

反盗版热线：(010)81055315

前 言

为了深入贯彻落实党的二十大精神和《关于推动现代职业教育高质量发展的意见》，继续深化职业教育"三教"改革，依托教育部第一批职业教育现场工程师专项培养计划《自动化专业类现场工程师联合培养项目》（教职成厅[2024]12号）的研究成果，编者以自动化岗位的需求为目标，以西门子 S7-1200 PLC 为载体，开发了"岗课赛证"融通的工作手册式教材。

本书具有以下特点。

1. 适应职业教育"三教"改革，构建"项目引领、任务驱动"的教材体系。

依托重庆工业职业技术学院与重庆长安汽车股份有限公司合作开办的"重工-长安汽车产业学院"，编者与重庆长安汽车股份有限公司合作，以真实生产项目、典型工作任务为载体开发了 5 个模块，共 16 个项目，31 个"跟我做"任务、14 个"单独练"任务和 2 个"跟我拓"任务。以学习成果为导向，每个项目均按照"跟我学→跟我做→单独练（或跟我拓）→单独测"的方式组织学习内容。"跟我学"是与任务直接相关的、学生必须掌握的知识；"跟我做"精选生产实际案例，使学生通过完成工作任务，获取知识和技能；"单独练"由学生独立完成，培养学生的知识迁移能力和创新能力；"跟我拓"以二维码的形式呈现，满足因材施教的教学需求；"单独测"针对每个项目设计了习题，加深学生对知识和技能的理解与掌握。

2. 立德树人，新技术引领，设计"岗课赛证"融通的学习任务。

对标《电工国家职业技能标准》和《可编程控制系统集成及应用职业技能等级标准》等"1+X"证书，对与 PLC 相关的国赛项目及课程内容进行解构和重构，实现"岗课赛证"融通，更好地对接自动化新岗位群的职业能力要求。每个模块均设计有"学海领航"栏目，实现素质教育、劳动教育与技能培养融合共进。

3. 满足线上线下混合式教学需求，配套丰富的数字化教学资源。

以实训设备为载体，配套有微课视频、课件、"单独测"答案、PLC 手册、教材源程序等数字化教学资源。微课视频可重现教学内容，破解学习中的难点，实现情景体验教学，更好地适应线上线下混合式教学改革需求。同时，本书在"智慧职教 MOOC"配套有在线开放课程。

对于本书提供的数字化教学资源，读者可到人邮教育社区（www.ryjiaoyu.com）获取。

本书由重庆工业职业技术学院朱开波、郭艳萍任主编，重庆工业职业技术学院钟立、郑益、张玲、孙惠娟任副主编，湖北水利水电职业技术学院黄莉和重庆长安汽车股份有限公司制造中心焊接工艺设计所谢亮参与了教材的编写工作。朱开波负责全书的选例、设计和统稿工作。

在编写本书的过程中，编者得到了重庆华数机器人有限公司在设备、技术、案例等方面给予的大力支持，在此表示衷心的感谢！

限于编者的水平，书中难免有不妥之处，敬请读者批评指正，可通过电子邮箱与编者联系：785978419@ qq.com。

编者

2024 年 12 月于重庆

数字资源列表

模块 1　认识 PLC							
名称	类别	二维码	页码	名称	类别	二维码	页码
PLC 的产生、定义及应用	视频		2	S7-1200 PLC 的外部接线	视频		13
PLC 的组成、分类及工作过程	视频		3	认识 TIA 博途软件	视频		22
认识 S7-1200 PLC	视频		6	使用 TIA 博途软件创建新项目	视频		24
S7-1200 PLC 的安装与拆卸	视频		9	使用 TIA 博途软件组态 S7-1200 PLC 硬件系统	视频		30

模块 2　基本指令的应用							
名称	类别	二维码	页码	名称	类别	二维码	页码
数据类型与数据存储区	视频		34	物料输送带的正反转控制程序的编写与调试	视频		55
触点指令和线圈指令	视频		39	接通延时定时器和保持型接通延时定时器	视频		59
电机自锁控制程序的编写与调试	视频		40	关断延时定时器和脉冲定时器	视频		61
置位指令和复位指令	视频		48	S7-1200PLC 定时器常见问题	文档		62
上升沿指令和下降沿指令	视频		50	锅炉房电机顺序启动控制程序的编写与调试	视频		62
3 路抢答器控制程序的编写与调试	视频		52	计数器指令	视频		67

续表

名称	类别	二维码	页码	名称	类别	二维码	页码
模块 2　基本指令的应用							
产品出入库数量监控程序的编写与调试	视频		70	移位指令与循环移位指令	视频		86
移动值指令	视频		75	8 台电机顺序启动控制程序的编写与调试	视频		92
电机星形-三角形降压启动控制程序的编写与调试	视频		77	数学运算指令	视频		93
比较值指令和范围比较指令	视频		79	电机定期维护控制程序的编写与调试	视频		96
啤酒灌装输送带控制程序的编写与调试	视频		81				
模块 3　程序块的创建和应用							
用数据块实现电机的自锁控制	视频		107	使用多重背景实现两组电机顺序控制程序的编写与调试	视频		126
使用 FC 实现电机手自动切换控制程序的编写与调试	视频		109	延时中断组织块 OB20 在电机延时控制中的应用	视频		135
使用 FC 实现两台电机延时启动控制程序的编写与调试	视频		112	循环中断组织块 OB30 在方波程序中的应用	视频		136
使用 FB 实现 3 台电机顺序启动控制程序的编写与调试	视频		118	硬件中断组织块 OB40 在两台水泵间歇控制中的应用	视频		137
多重背景数据块在自动冲水设备中的应用	视频		124				

续表

				模块 4 模拟量和顺序功能图的应用			
名称	类别	二维码	页码	名称	类别	二维码	页码
认识模拟量模块	视频		143	库房温度控制程序的编写与调试	视频		157
模拟量输入模块与传感器的接线	文档		145	顺序功能图	视频		158
模拟量输入输出模块 SM1234	视频		146	顺序功能图编程方法	视频		161
转换指令	视频		150	单序列在运料小车中的应用	视频		167
模拟量在储气罐压力控制中的应用	视频		154	气动机械手 PLC 控制系统的安装与调试	视频		173
两线制、三线制压力变送器与 PLC 的接线图	文档		155				

				模块 5 工艺功能和通信功能的应用			
名称	类别	二维码	页码	名称	类别	二维码	页码
高速计数器	视频		183	步进驱动器	视频		203
高速计数器的组态及基本配置	视频		188	组态轴工艺对象	视频		203
高速计数器在速度检测中的应用	视频		193	使用"轴控制面板"调试运动轴	视频		212
高速计数器在定点加工中的应用	视频		195	单轴机械手定位控制系统的安装与调试	视频		216
步进电机	视频		203	运动控制指令	视频		217

续表

模块 5　工艺功能和通信功能的应用							
名称	类别	二维码	页码	名称	类别	二维码	页码
PID 控制在恒压供水中的应用	文档		220	G120 变频器的 PROFINET 通信的硬件组态	视频		246
指针结构	文档		227	G120 变频器的 PROFINET 通信的程序调试	视频		246
S7-1200 PLC 与智能仪表的 Modbus RTU 通信	视频		238				

目　　录

模块 3

程序块的创建和应用............ 101

模块1
认识PLC

01

导学

可编程控制器（Programmable Controller，后文用 PLC 表示）是在传统逻辑控制基础上引入了计算机（Computer）技术、自动控制（Automatic Control）技术和通信（Communication）技术等的一种工业控制装置，是当前自动化领域的三大支柱技术（PLC、机器人、CAD/CAM）之一。在"工业 4.0"的时代背景下，伴随着现场总线技术和以太网技术的发展，PLC 的应用范围越来越广，包括流程型工业、离散型工业在内的钢铁、石油、电力、建材、汽车、机械制造、交通运输等领域。在智能制造领域，PLC 也能发挥重要作用，它通过程序协调控制工业机器人的动作及与生产线其他机器的配合，是实现智能制造的核心产品。

SIMATIC S7-1200 系列 PLC（后文简称 S7-1200 PLC）是德国西门子公司专门为中小型自动化控制系统设计的一款紧凑型的 PLC，它集成 PROFINET 接口，使得编程、调试过程以及控制器和人机界面（HMI）、变频器的通信可以全面地使用 PROFINET 的工业以太网技术。同时，S7-1200 PLC 具备可扩展性和灵活性，集成高速计数、脉冲输出、运动控制等高级功能，可实现简单却高度精确的自动化任务。

本模块对标《电工国家职业技能标准》中级"2.1 可编程控制器控制电路装调"及《可编程控制系统集成及应用职业技能等级标准》初级"1.2 电气设备安装""2.2 可编程控制器调试"和中级"1.1 设备选型""1.2 系统原理图绘制"的职业技能要求，设计两个项目，如表 1-1 所示，重点介绍 PLC 的工作过程、S7-1200 PLC 的硬件系统、CPU（中央处理器）模块输入输出（I/O）接线和 TIA 博途软件的安装与使用等，为 PLC 编程奠定基础。

表 1-1　工作项目和学习目标

	名称	学时
工作项目	项目 1.1 认识 S7-1200 PLC 的硬件系统	6
	项目 1.2 认识 TIA 博途软件	4
知识目标	• 了解 PLC 的组成，能说出 PLC 的工作过程。 • 能列出 S7-1200 PLC 的 CPU 模块和常见扩展模块。 • 初步掌握 S7-1200 PLC 的外部接线方法。 • 掌握 TIA 博途软件的安装和使用方法	
技能目标	• 会使用 S7-1200 PLC 的硬件手册。 • 能根据控制要求，进行 S7-1200 PLC 的硬件配置。 • 能进行 S7-1200 PLC 的输入输出接线（I/O 接线）。 • 会安装和使用 TIA 博途软件	
素质目标	• 通过上网查询 PLC 使用手册，培养检索文献资料的能力。 • 通过分析 PLC 市场品牌，树立"强国有我"的使命感和责任感	

项目 1.1　认识 S7-1200 PLC 的硬件系统

💡【项目描述】

S7-1200 PLC 是德国西门子公司于 2009 年 5 月推出的一款紧凑型自动化产品，定位在德国西门子公司原有的 S7-200 PLC 和 S7-300 PLC 产品之间，能够实现简单却高度精确的自动化任务。

S7-1200 PLC 是整体式 PLC，向外可以拓展部分模块，将 CPU 模块、信号板（SB）与信号模块（SM）、通信模块（CM）等安装到导轨上，搭建出 PLC 的硬件系统。本项目主要围绕 S7-1200 PLC 的硬件系统，介绍 PLC 的组成、分类、工作过程等，帮助读者认识 S7-1200 PLC 的 CPU 外部结构、CPU 类型和扩展模块等，学会 S7-1200 PLC 的外部接线，为正确配置 S7-1200 PLC 的硬件系统打下基础。

✥【跟我学】

PLC 的产生、定义
及应用（视频）

1.1.1　PLC 的产生、定义及应用

1. PLC 的产生及定义

1968 年，美国通用汽车公司的几个工程师设想利用计算机的控制功能制造一种新型的工业控制装置，并提出了 10 项标准，其关键点就是具备计算机的编程功能，可在现场修改程序，并且考虑当时技术人员中能使用计算机语言编程的人员很少，专门提出使用类似于继电–接触控制电路图的梯形图语言编程，这个标准就成为现代可编程控制器的蓝本。

1969 年，美国数字设备公司（DEC）研制出第一台可编程控制器，其在美国通用汽车公司自动装配线上试用并获得了成功。这种新型的工业控制装置因具有简单易懂、操作方便、可靠性高、通用灵活、体积小、使用寿命长等一系列优点，很快在世界各国的工业领域得到推广应用。

此时的可编程控制器称作可编程逻辑控制器（Programmable Logic Controller，PLC），目的是取代继电器以实现逻辑控制功能。20 世纪 80 年代，可编程逻辑控制器在传统的逻辑控制的基础上引入了微电子技术、计算机技术、自动控制技术和通信技术等，增加了模拟量运算功能、PID（比例、积分、微分）控制功能、通信功能等，成为真正具有计算机特征的工业控制装置。国际电工委员会（International Electrotechnical Commission，IEC）将可编程逻辑控制器称为可编程控制器（Programmable Controller，PC），但是为了避免与个人计算机（Personal Computer，PC）混淆，仍用 PLC 表示可编程控制器。

2. PLC 的应用

（1）开关量逻辑控制。开关量逻辑控制是现今 PLC 应用最广泛的领域之一，可以取代传统的继电–接触控制系统，实现逻辑控制和顺序控制。

（2）模拟量过程控制。PLC 配上特殊模块后，可对温度、压力、流量、液面高度等连续变化的模拟量进行闭环过程控制。

（3）运动控制。PLC 可使用专用的指令或运动控制模块对伺服电机和步进电机的速度与位置进行控制，从而实现对各种机械（如金属切削机床、数控机床、工业机器人等）的运动控制。

（4）现场数据采集处理。目前 PLC 都具有数据处理指令和数据运算指令，所以由 PLC 构成的监控系统可以方便地采集、分析和处理生产现场的数据。数据处理常用于柔性制造系统，以及机器人和机械手的大、中型控制系统。

（5）通信联网、多级控制。PLC 通过网络通信模块及远程 I/O 控制模块，实现 PLC 与 PLC 之间、PLC 与上位机之间、PLC 与其他智能设备（如触摸屏、变频器等）之间的通信功能，还能实现 PLC 分散控制、计算机集中管理的集散控制，这样可以扩大系统的控制规模，甚至可以使整个工厂实现生产自动化。

一起说 请上网查询 PLC 的主流品牌有哪些。

学海领航 20 世纪 80 年代，日本的欧姆龙、三菱、松下等公司的 PLC 率先进入我国的 PLC 市场，之后欧美的西门子、施耐德、罗克韦尔等公司的 PLC 大量涌入我国。随着 PLC 市场的不断扩大，PLC 已经发展成为一个庞大的产业。PLC 市场的集中度很高，从 2023 年我国小型 PLC 市场占有率来看，欧美品牌和日本品牌仍占据主导地位，PLC 产品的国产化发展之路比较艰难。但不可忽视的是，国产品牌正在飞速发展，汇川、信捷、和利时、英威腾等公司作为我国工业自动化控制系统的领军企业，始终坚定不移地走自主知识产权的国产化之路，立足为我国的智能制造、工业控制提供安全、可靠、高效的控制"大脑"，坚持不懈地深耕 PLC 领域，引领我国 PLC 产业的发展。2023 年，国内小型 PLC 的国产化率高达 36.1%，国产小型 PLC 的市场份额不断提升，汇川公司的小型 PLC 产品的市场份额约为 15.4%，在国内市场位居排行榜第二。

1.1.2 PLC 的组成、分类及工作过程

PLC 的组成、分类及工作过程（视频）

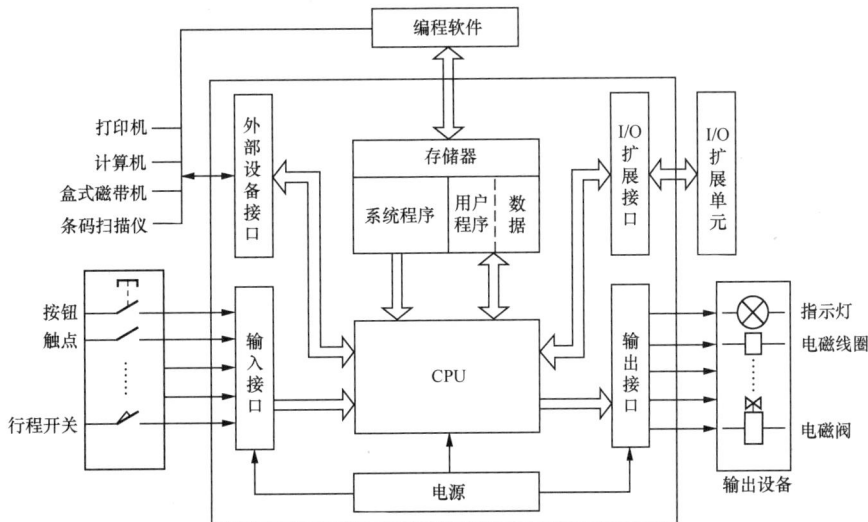

1. PLC 的组成

PLC 主要由 CPU、存储器、输入接口和输出接口（即 I/O 接口）、电源、外部设备接口、I/O 扩展接口等组成，如图 1-1 所示。

图 1-1 PLC 的组成

（1）CPU

CPU 是 PLC 的控制中心，用来处理和运行用户程序，进行逻辑和数学运算，协调控制整个系统。

（2）存储器

存储器用来存储程序和数据，分为 ROM（只读存储器）和 RAM（随机存储器）两种。

PLC 的 ROM 中固化着系统程序，用户不能直接存取、修改；RAM 中存放用户程序和工作数据，用户可对用户程序进行修改。

（3）输入接口和输出接口

① 输入接口。输入接口是连接 PLC 与其他外部设备的桥梁。生产设备的控制信号通过输入接口传送给 CPU。输入接口有数字量输入接口和模拟量输入接口两种。数字量输入接口用于接收按钮、选择开关、行程开关、接近开关和各类传感器等传来的信号。

PLC 的输入接口电路包括双光电耦合器 T 和 RC 滤波器，用于消除输入触点的抖动和外部噪声干扰，发光二极管 VD1 和 VD2 用于显示该输入端的状态，如图 1-2 所示。

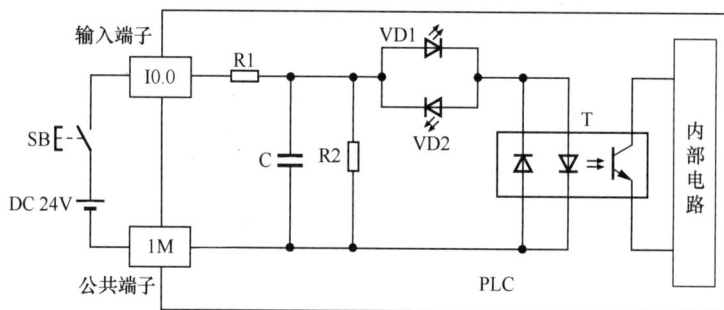

图 1-2　PLC 的输入接口电路

当输入按钮 SB 闭合时，双光电耦合器 T 导通，发光二极管 VD1 或 VD2 点亮，表示输入按钮 SB 处于接通状态，该输入端对应的过程映像输入存储区状态置于 1。当输入按钮 SB 断开时，双光电耦合器 T 不导通，VD1 和 VD2 不亮，表示输入按钮 SB 处于断开状态，该输入端对应的过程映像输入存储区状态置于 0。

② 输出接口。输出接口用于连接继电器、接触器、电磁阀线圈等，是 PLC 的主要输出口，是连接 PLC 与外部执行元件的桥梁。PLC 有 3 种输出方式，即继电器输出、晶体管输出、晶闸管输出，如图 1-3 所示。其中，继电器输出为有触点的输出方式，可用于直流或低频交流负载；晶体管输出和晶闸管输出都是无触点的输出方式，前者适用于高速、小功率直流负载，后者适用于高速、大功率交流负载。

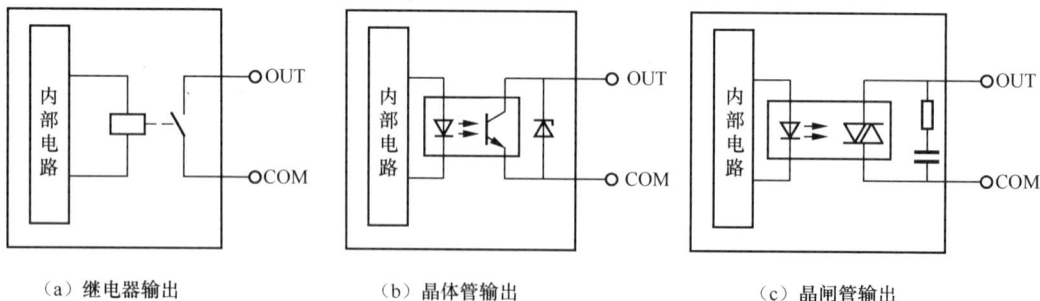

（a）继电器输出　　　　　　（b）晶体管输出　　　　　　（c）晶闸管输出

图 1-3　PLC 的输出方式

（4）电源

PLC 可以采用交流 220V 的工作电源供电，也可以采用直流 24V 的工作电源供电，有的 PLC

还可为外部提供 24V 的直流电源。

（5）外部设备接口

PLC 是通过外部设备接口（简称外设接口）实现扩展功能的，外部设备接口是在主机外壳上与外部设备配接的插座，通过电缆线可配接计算机、打印机、EPROM（可擦可编程只读存储器）写入器、触摸屏等。

（6）I/O 扩展接口

I/O 扩展接口用来增加 PLC 的 I/O 点数。当所需要的 PLC 的 I/O 点数超出 PLC 本体的配置时，PLC 可通过 I/O 扩展接口与扩展模块相接，增加 I/O 点数。模拟量输入模块 AI 和模拟量输出模块 AQ 一般也通过该接口与 PLC 本体连接。

2. PLC 的分类

（1）PLC 按结构形式分，有整体式 PLC 和模块式 PLC 两大类。

① 整体式 PLC 是将电源、CPU、存储器及 I/O 接口等各个功能块集成在一个机壳内的 PLC，其特点是结构紧凑、体积小、价格低等，一般小型的 PLC 多采用这种结构，比如西门子 S7-1200 PLC，三菱 FX_{3U} PLC、信捷 XDQ3E PLC 等，如图 1-4（a）所示。

② 模块式 PLC 是将电源模块、CPU 模块、I/O 模块等作为单独的模块安装在同一底板或框架上的 PLC，I/O 接口其特点是配置灵活、装配和维护方便，大型 PLC、中型 PLC 多采用这种结构，如西门子 S7-1500 PLC，如图 1-4（b）所示。

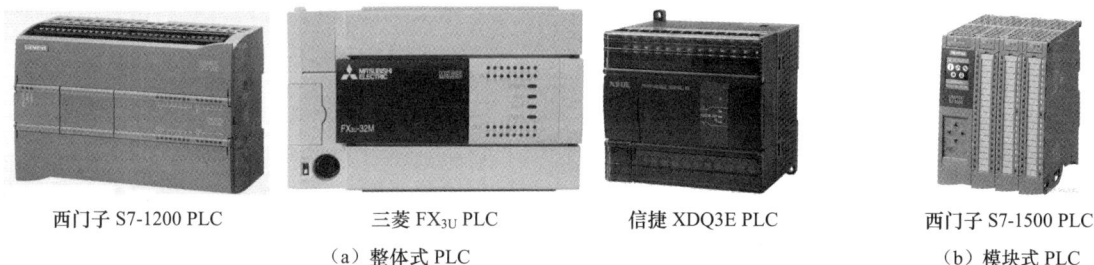

西门子 S7-1200 PLC	三菱 FX_{3U} PLC	信捷 XDQ3E PLC	西门子 S7-1500 PLC
	（a）整体式 PLC		（b）模块式 PLC

图 1-4 PLC 的分类

（2）PLC 按照 I/O 点数和存储容量可分为小型 PLC、中型 PLC、大型 PLC。

① 小型 PLC 的 I/O 点数在 256 点以下，存储器容量不超过 2KB。

② 中型 PLC 的 I/O 点数为 256～2048 点，存储器容量为 2～8KB。

③ 大型 PLC 的 I/O 点数在 2048 点以上，存储器容量为 8KB 以上。

3. PLC 的工作过程

PLC 的工作过程大致分为 3 个阶段，即输入采样、程序执行和输出刷新，如图 1-5 所示。每个扫描周期大概需要 1～100ms。

PLC 采用循环扫描工作方式，在 PLC 执行用户程序时，CPU 对梯形图自上而下、自左向右地逐次扫描，程序的执行是按语句的先后顺序进行的。这样 PLC 各线圈状态的变化在时间上是有先后的，不会出现多个线圈同时改变状态的情况，这是 PLC 控制与继电-接触控制的主要区别。

（1）输入采样

在输入采样阶段，PLC 以扫描方式依次读取所有物理输入端的状态，并将它们写入过程映像输入存储区。输入采样结束后，转入程序执行和输出刷新阶段。在这两个阶段，即使输入状态发生变化，过程映像输入存储区中相应单元的状态也不会改变。因此，如果输入的是脉冲信号，则该脉冲信号的宽度必须大于一个扫描周期，才能保证在任何情况下，该输入信号均能被读取，这种输入工作方式称为集中输入方式。

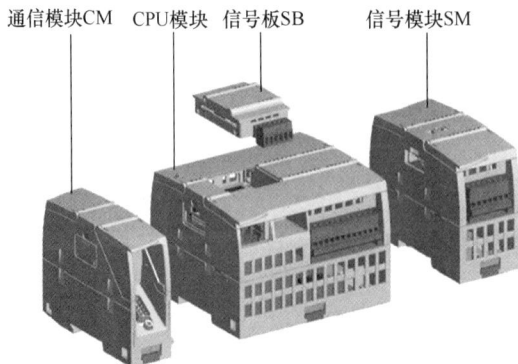

图 1-5　PLC 的工作过程

（2）程序执行

在程序执行阶段，PLC 对用户程序按先左后右、先上后下的顺序逐条进行解释和执行。CPU 从过程映像输入存储区 I0.0、I0.1 和过程映像输出存储区 Q0.0 中读取各元件当前的状态，根据用户程序给出的逻辑关系进行逻辑运算，并将运算结果写入过程映像输出存储区 Q0.0。

（3）输出刷新

在输出刷新阶段，PLC 将过程映像输出存储区的所有状态（接通/断开）传送到相应的输出锁存器中，再经输出电路的隔离和功率放大传送到 PLC 的输出端口，驱动外部执行元件动作。这种输出工作方式称为集中输出方式。

➡ **学海领航**　《增广贤文》（合作篇）中说："人心齐，泰山移。独脚难行，孤掌难鸣。"从图 1-5 所示的 PLC 的工作过程可知，PLC 通过硬件输入端口将信息采集到 PLC 中，程序根据采集的输入端口状态进行逻辑运算，最后通过硬件输出端口驱动负载动作。PLC 的硬件和软件缺一不可，必须相互配合、团结协作，才能完成控制任务。

1.1.3　S7-1200 PLC 的硬件系统

S7-1200 PLC 的硬件系统由 CPU 模块、通信模块 CM、信号模块 SM 和信号板 SB 等组成，如图 1-6 所示。

认识 S7-1200 PLC（视频）

图 1-6　S7-1200 PLC 的硬件系统

1. CPU 模块

S7-1200 PLC 的 CPU 有标准型和安全型两种。标准型 CPU 有 5 种不同的 CPU 模块，分别为 CPU 1211C、CPU 1212C、CPU 1214C、CPU 1215C 和 CPU 1217C，其性能指标如表 1-2 所示，前 4 种 CPU 模块又各有 3 种不同的类型，而 CPU 1217C 只有 DC/DC/DC 一种类型。安全型 CPU 有 CPU 1212FC、CPU 1214FC 和 CPU 1215FC 这 3 种模块，它除了拥有标准型 CPU 的所有特点外，还集成了安全功能。

表 1-2　标准型 CPU 的性能指标

型号		CPU 1211C	CPU 1212C	CPU 1214C	CPU 1215C	CPU 1217C
类型		DC/DC/DC、AC/DC/Rly、DC/DC/Rly				DC/DC/DC
物理尺寸（长×宽×深）/mm×mm×mm		90×100×75		110×100×75	130×100×75	150×100×75
本体集成 I/O	数字量	6 点输入/4 点输出	8 点输入/6 点输出	14 点输入/10 点输出		
	模拟量	2 路输入			2 路输入/2 路输出	
过程映像大小		1024 个字节输入（I）和 1024 个字节输出（Q）				
位存储器 M		4096 个字节		8192 个字节		
信号模块 SM 扩展		无	2	8		
信号板 SB、电池板 BB 或通信板 CB		1				
通信模块 CM		3				
高速计数器		最多可组态 6 个使用任意内置或信号板输入的高速计数器				
脉冲输出		最多可组态 4 路，CPU 本体脉冲频率为 100kHz，通过信号板可输出 200kHz（CPU 1217 最高支持 1MHz）脉冲				

CPU 型号的含义如图 1-7 所示。

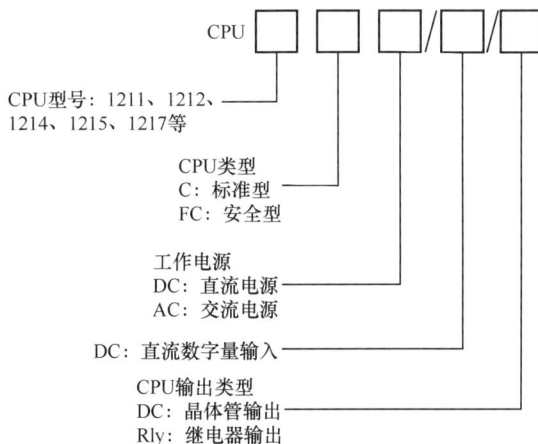

图 1-7　CPU 型号的含义

2. 通信模块 CM

通信模块 CM 安装在 CPU 模块的左侧，如图 1-6 所示。S7-1200 PLC 最多可以扩展 3 个通信模块，支持 PROFIBUS 主从站通信、RS485 和 RS232 点对点串行通信。常见的通信模块及其功能如表 1-3 所示。

表 1-3　常见的通信模块及其功能

序号	名称	功能描述
1	串行通信模块 CM1241	• 用于点对点高速串行通信，支持 RS485/422、RS232 • 执行协议：ASCII、USS Drive Protocol 和 Modbus RTU
2	紧凑型交换机模块 CSM1277	用来增加 SIMATIC 以太网接口，以便实现与操作员面板、编程设备，以及其他控制器或者办公环境的同步通信。CSM1277 和 SIMATIC S7-1200 控制器可以低成本实现简单的自动化网络
3	PROFIBUS-DP 主站模块 CM1243-5	通过使用 PROFIBUS-DP 主站模块 CM1243-5，S7-1200 PLC 可以和其他 CPU、编程设备、人机界面、远程 ET200 及 SINAMICS 进行 PROFIBUS-DP 通信
4	PROFIBUS-DP 从站模块 CM1242-5	通过使用 PROFIBUS-DP 从站模块 CM1242-5，S7-1200 PLC 可以作为一个智能 PROFIBUS-DP 从站设备与任何 PROFIBUS-DP 主站设备通信
5	GPRS 模块 CP1242-7	通过使用 GPRS 通信处理器 CP1242-7，S7-1200 PLC 可以和中央控制站、其他的远程站等设备进行远程通信
6	I/O 主站模块 CM1278	可作为 PROFINET I/O 设备的主站

3. 信号模块 SM

信号模块 SM 安装在 CPU 模块的右侧，如图 1-6 所示。S7-1200 PLC 最多可以扩展 8 个信号模块。使用信号模块，可以增加数字量 I/O 信号和模拟量 I/O 信号的点数，从而实现对外部信号的采集和对外部对象的控制。数字量模块的主要型号如表 1-4 所示。

表 1-4　数字量模块的主要型号

功能	型号	输入点数	输出点数	输入类型	输出类型
DI	SM1221 DI 8×24V DC	8 点	—	源型/漏型	—
	SM1221 DI 16×24V DC	16 点	—	源型/漏型	—
DQ	SM1222 DQ 8×Rly	—	8 点	—	继电器，干触点
	SM1222 DQ 8×Rly（双态）	—	8 点	—	继电器切换触点
	SM1222 DQ 16×Rly		16 点		继电器，干触点
	SM1222 DQ 8×24V DC		8 点		晶体管
	SM1222 DQ 16×24V DC		16 点		晶体管
DI/DQ	SM1223 DI 8×24V DC，DQ 8×Rly	8 点	8 点	漏型/源型	继电器，干触点
	SM1223 DI 16×24V DC，DQ 16×Rly	16 点	16 点	漏型/源型	继电器，干触点
	SM1223 DI 8×24V DC，DQ 8×24V DC	8 点	8 点	漏型/源型	晶体管
	SM1223 DI 16×24V DC，DQ 16×24V DC	16 点	16 点	漏型/源型	晶体管

模拟量模块有模拟量输入（AI）、模拟量输出（AQ）、模拟量输入/模拟量输出（AI/AQ）等功能，其常见型号如表 1-5 所示。

表 1-5　模拟量模块的常见型号

功能	型号	输入通道	输出通道	输入类型	输出类型
AI	SM1231 AI 4×13 位	4 路	—	电压或电流（差动）：可 2 个为一组	—
	SM1231 AI 8×13 位	8 路	—		—
	SM1231 AI 4×16 位	4 路	—	电压或电流（差动）	—
AQ	SM1232 AQ 2×14 位	—	2 路	—	电压或电流
	SM1232 AQ 4×14 位	—	4 路	—	
AI/AQ	SM1234 AI 4×13 位 AQ 2×14 位	4 路	2 路	电压或电流（差动）：可 2 个为一组	电压或电流

4. 信号板 SB

信号板 SB 直接安装在 CPU 模块的正面插槽中，如图 1-8 所示，不会增加 CPU 安装空间，信号板有数字量输入信号板、数字量输出信号板、模拟量输入信号板、模拟量输出信号板和 RS485 通信板。使用信号板可以增加 PLC 的数字量 I/O 信号和模拟量 I/O 信号的点数。每个 CPU 只能安装一块信号板。常见的信号板型号如表 1-6 所示。

图1-8　信号板的安装位置

表 1-6　常见的信号板型号

型号	具体内容
SB1221	4DI，5V DC，最高 200kHz HSC（高速计数器）
	4DI，24V DC，最高 200kHz HSC
SB1222	4DQ，5V DC，0.1A，最高 200kHz PWM/PTO（脉冲调制输出/脉冲串输出）
	4DQ，24V DC，0.1A，最高 200kHz PWM/PTO
SB1223	2DI，5V DC，最高 200kHz HSC；2DQ DC 5V，0.1A，最高 200kHz PWM/PTO
	2DI，24V DC，最高 200kHz HSC；2DQ DC 24V，0.1A，最高 200kHz PWM/PTO
	2DI，24V DC；2DQ，DC 24V，0.1A
SB1232 AQ	1AQ ±10V DC（12 位）或 0～20mA（11 位）

📎 一起看　通信模块、信号模块和信号板等都需要通过自带的连接器插接在 CPU 上之后才能使用，其安装与拆卸方式请扫码观看"S7-1200 PLC 的安装与拆卸（视频）"。

S7-1200 PLC 的安装与拆卸（视频）

1.1.4　CPU 本体的外部结构

CPU 本体的外部结构（已拆卸顶部、底部两个盖板）如图 1-9 所示，它将微处理器、集成电源、输入和输出电路、内置 PROFINET、高速运动控制 I/O 以及板载模拟量输入集成到一个设计紧凑的外壳中来形成功能强大的控制器。当需要扩展系统时，可选用需要的扩展模块与 CPU 连接。

1. 电源端子和传感器电源输出端子

电源端子和传感器电源输出端子位于顶部盖板下面，是 CPU 的工作电源接线端子和 PLC 对外提供的 24V 直流电源端子，为传感器提供能量。

2. 输入输出端子

数字量输入端子是外部开关量输入信号与 PLC 连接的接线端子，在顶部盖板下面。此外，顶部盖板下面还有数字量输入公共端。

数字量输出端子是外部负载与 PLC 连接的接线端子，在底部盖板下面。此外，底部盖板下面还有数字量输出公共端。

模拟量输入输出端子位于顶部盖板下面的右侧，用来连接模拟量输入信号和模拟量输出信号。

✏ 注意　　S7-1200 PLC 中 CPU 的输入输出端子可拆卸，便于调试和维护。

3. 数字量输入输出指示灯

数字量输入指示灯用于显示是否有输入控制信号接入 PLC。当指示灯亮时，表示有控制信号接入 PLC。

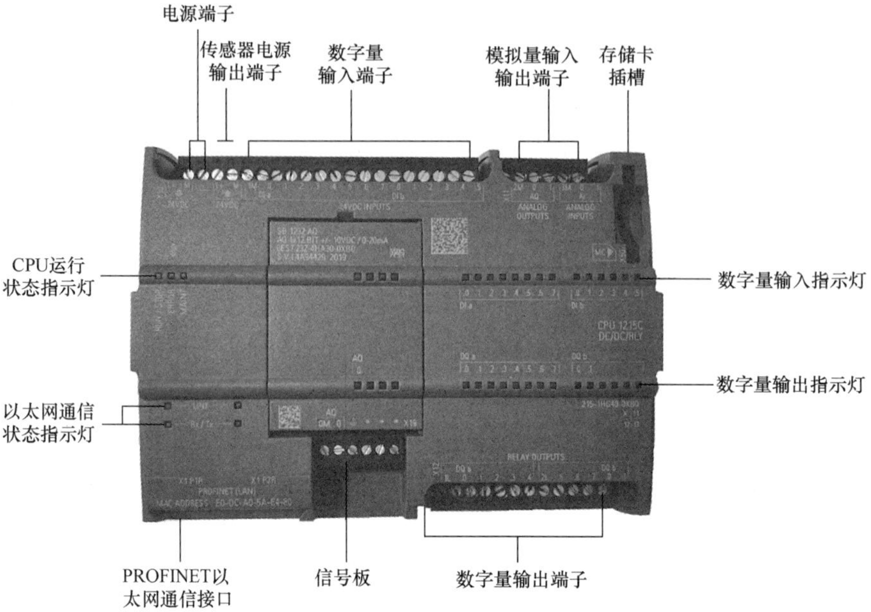

图 1-9　CPU 本体的外部结构

数字量输出指示灯用于显示是否有输出信号驱动执行设备。当指示灯亮时，表示有输出信号驱动执行设备。

4. PROFINET 以太网通信接口

CPU 下部左侧集成有 PROFINET 以太网通信接口（如 RJ 45 接口），如图 1-10 所示，用于 PLC 编程、HMI 通信、PLC 之间的通信以及 PLC 与驱动设备之间的通信。

5. CPU 运行状态指示灯

CPU 运行状态指示灯有 RUN/STOP 指示灯、ERROR 指示灯和 MAINT 指示灯这 3 种。

（1）RUN/STOP 指示灯。

RUN/STOP 指示灯用于指示 CPU 当前的工作模式，CPU 有 3 种工作模式：STOP 模式、STARTUP 模式和 RUN 模式。

① 当 RUN/STOP 指示灯的颜色为橙色时，指示 STOP 模式，此时 CPU 不执行任何程序，用户可以下载项目。

② 当 RUN/STOP 指示灯的颜色为绿色时，指示 RUN 模式，重复执行扫描周期。在 RUN 模式的启动阶段不处理任何中断事件。

③ 当 RUN/STOP 指示灯的颜色为绿色和橙色交替闪烁时，指示 CPU 正在启动（STARTUP 模式），执行一次启动 OB（组织块，如果存在）。

（2）ERROR 指示灯。

ERROR 指示灯为红色闪烁状态时，指示有错误，如 CPU 内部错误、存储卡错误或组态错误（模块不匹配）等，为红色时指示硬件出现故障。

（3）MAINT 指示灯。

MAINT 指示灯在每次插入存储卡时闪烁，强制 I/O 点时点亮。

6. 以太网通信状态指示灯

CPU 底部盖板下面有 4 盏指示 PROFINET 通信状态的指示灯。LINK 指示灯为绿色时，指示 CPU

与其他通信设备成功连接；如果 Rx/Tx 指示灯为黄色闪烁状态，则说明 CPU 正在和其他设备传送数据。

7. 存储卡插槽

顶部盖板下面最右侧是存储卡插槽，用来插入存储卡，如图 1-11 所示，存储卡用来进行程序传输和固件升级等。

图 1-10 PROFINET 以太网通信接口

图 1-11 将存储卡插入存储卡插槽

1.1.5 S7-1200 CPU 的接线图

S7-1200 PLC 的标准型 CPU 模块有 5 种类型，由于 CPU 模块、输出类型和外部供电方式等不同，PLC 的外部接线也不尽相同，下面以 CPU 1215C 为例介绍 CPU 的端子接线。CPU 1215C 一共有 3 种，分别是采用交流供电继电器输出方式的 CPU 1215C AC/DC/Rly，其接线如图 1-12 所示；采用直流供电继电器输出方式的 CPU 1215C DC/DC/Rly，其接线如图 1-13 所示；采用直流供电晶体管输出方式的 CPU 1215C DC/DC/DC，其接线如图 1-14 所示。

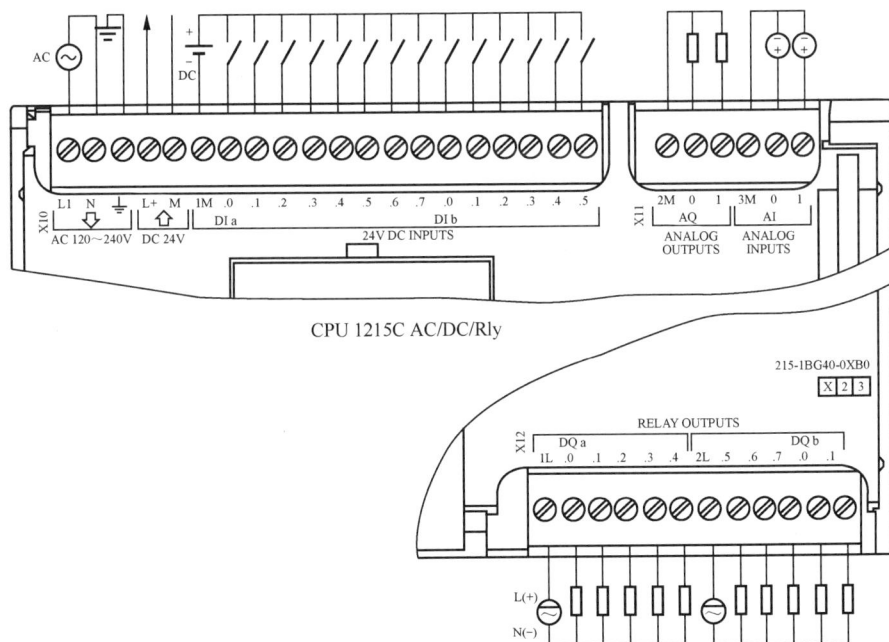

图 1-12 CPU 1215C AC/DC/Rly 的接线

S7-1200 PLC 的外部端子包括 PLC 电源端子、供外部传感器用的 DC 24V 电源端子（L+、M）、数字量输入端子（DI）和数字量输出端子（DO）、模拟量输入端子（AI）和模拟量输出端子（AO）等，其主要完成电源、输入信号和输出信号等的连接。

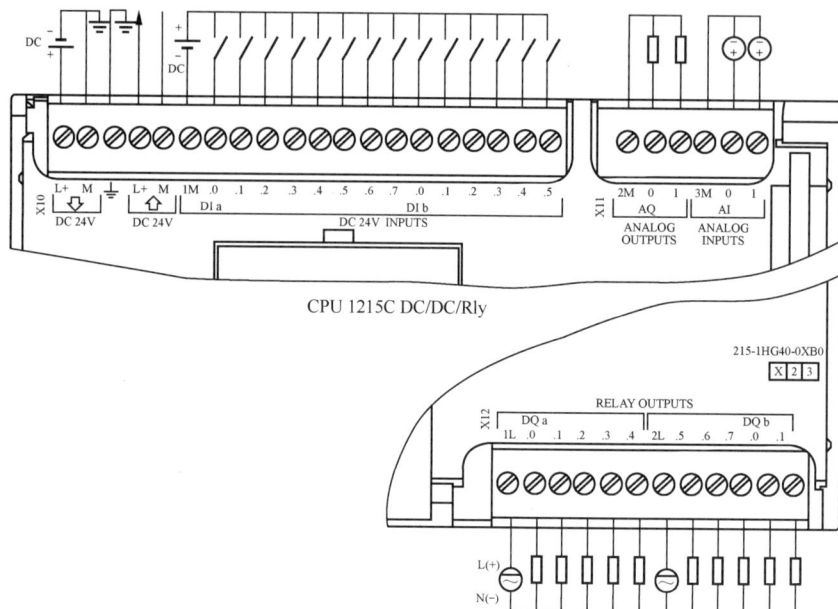

图 1-13　CPU 1215C DC/DC/ Rly 的接线

图 1-14　CPU 1215C DC/DC/DC 的接线

1. PLC 电源端子

　　PLC 电源端子均位于 PLC 上部的左侧。CPU 模块的供电通常有两种情况，一种是直接使用工频交流电，通过 L1、N 输入端子连接，对电压的要求比较宽松，120～240V 均可使用，如图 1-12 中的 CPU 1215C AC/DC/Rly；另一种是直接使用直流 24V 开关电源供电，如 CPU 1215C DC/DC/Rly 通过 L+、M 输入端子连接，如图 1-13 所示，或 CPU 1215C DC/DC/DC 通过 L+、M 输入端子连接，如图 1-14 所示。PLC 电源端子上均有朝向里面的箭头，提醒使用人员不要接错。

2. 传感器用电源端子

　　CPU 1215C AC/DC/Rly、CPU 1215C DC/DC/Rly 和 CPU 1215C DC/DC/DC 的上部端子中

均有箭头朝外的 L+、M 两个 DC 24V 输出端子，为传感器供电，注意，这对端子不是电源输入端子。

3. 数字量输入端子（DI）

CPU 1215C 一共有 14 个数字量输入端子，分布在 CPU 本体的上部，端子编号采用八进制数，分别是 I0.0～I0.7 及 I1.0～I1.5，公共端为 1M，与 DC 24V 电源相连。

4. 数字量输出端子（DO）

S7-1200 CPU 的数字量输出端子有两种类型，即继电器型和晶体管型，图 1-12 和图 1-13 中 CPU 采用的是继电器输出端子，图 1-14 中 CPU 采用的是晶体管输出端子，从图中可以看出，CPU 1215C 共有 10 个输出端子，分布在 CPU 模块的下部，主要连接继电器、接触器、电磁阀线圈、指示灯、蜂鸣器等，端子编号采用八进制数。

5. 模拟量输入端子（AI）和模拟量输出端子（AO）

CPU 1215C 的本体还集成有两路模拟量输入端子，只能接收 0～10V 的电压信号，模拟量输入端子分布在 PLC 上部的右侧，分别是 0、1、3M；还有两路模拟量输出端子，只能输出 0～20mA 的电流信号，分别是 0、1、2M。

【跟我做】

S7-1200 PLC 的
外部接线（视频）

任务 1　S7-1200 PLC 的外部接线

1. 任务导入

由图 1-2 可知，S7-1200 PLC 输入接口电路包括双光电耦合器 T，因此其数字量输入端连接可以采用漏型和源型两种接线方式，方便外接 PNP 和 NPN 输出型光电传感器。根据 S7-1200 PLC 的不同输出方式，数字量输出端既可以连接交流负载，也可以连接直流负载，以便驱动不同类型的负载。

本任务将开关（或按钮）、传感器、线圈、指示灯等外围元器件正确连接到 PLC 的输入输出端子上，让 PLC 正常工作并完成输入信号的采集和输出负载的驱动。

2. 工具和设备

CPU 1215C DC/DC/Rly 和 CPU 1215C DC/DC/DC 各 1 块、按钮若干、NPN 和 PNP 输出型光电传感器各 1 个、指示灯若干、《S7-1200 PLC 硬件手册》1 本、电工工具 1 套、万用表 1 块。

3. 数字量输入端子的接线

因为 S7-1200 PLC 的数字量输入端内部为双光电耦合的二极管，数字量输入端支持漏型或源型的接线方式。当电源的负极与公共端 1M 相连时，为漏型（即 PNP 型）接线方式，电流从数字量输入端子流入，如图 1-15（a）所示；当电源的正极与公共端 1M 相连时，为源型（即 NPN 型）接线方式，电流从数字量输入端子流出，如图 1-15（b）所示。

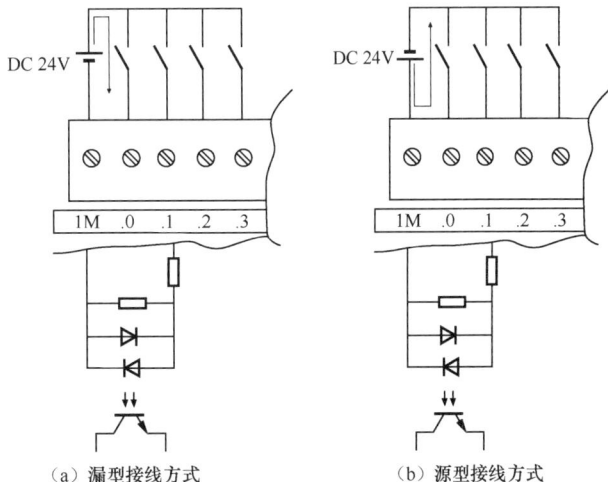

（a）漏型接线方式　　（b）源型接线方式

图 1-15　数字量输入端子的接线

> ✏️ **注意**
>
> 西门子 PLC 输入端源型接线方式和漏型接线方式的定义是根据 PLC 输入端子上 I 点的电流流向来区分的（西门子 PLC 与三菱 PLC 对此的定义相反，三菱 PLC 定义的源型接线方式、漏型接线方式是根据 COM 端电流流向来区分的）。
>
> 源型接线方式：电流从 I 点流出时，意为电流源头。
>
> 漏型接线方式：电流从 I 点流入时，意为电流流向处。

S7-1200 PLC 中 CPU 模块输入端子可以与开关、按钮等无源器件及各种传感器等有源器件连接。如图 1-16（a）所示，开关、按钮等器件都是无源干触点器件，当 PLC 输入端 I0.0 所接的开关或按钮闭合时，电流从输入端 I0.0 流入，I0.0 的输入指示灯点亮。

图 1-16（b）所示为 PLC 输入端与三线制 NPN 输出型光电传感器的接线。将三线制 NPN 输出型光电传感器的棕色线（24V 电源正极）和蓝色线（24V 电源负极）分别与电源正、负极相连，将黑色线与 PLC 的 I0.1 输入端子相连。当用手遮挡传感器时，三线制 NPN 输出型光电传感器导通，I0.1 的输入指示灯点亮。将黑色线和 0V 线连接，相当于输出低电平（0V），此时电流从输入端 I0.1 流出，该接线方式为源型接线方式。

图 1-16（c）所示为 PLC 输入端与三线制 PNP 输出型光电传感器的接线。分别将三线制 PNP 输出型光电传感器的棕色线（24V 电源正极）和蓝色线（24V 电源负极）与电源正、负极相连，将黑色线与 PLC 的 I0.2 输入端子相连。当用手遮挡传感器时，三线制 PNP 输出型光电传感器导通，I0.2 的输入指示灯点亮。将黑色线和 24V 电源线连接，相当于输出高电平（24V），此时电流从输入端 I0.2 流入，该接线方式为漏型接线方式。

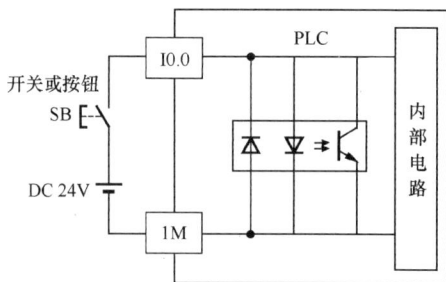

（a）干触点输入端的接线方式

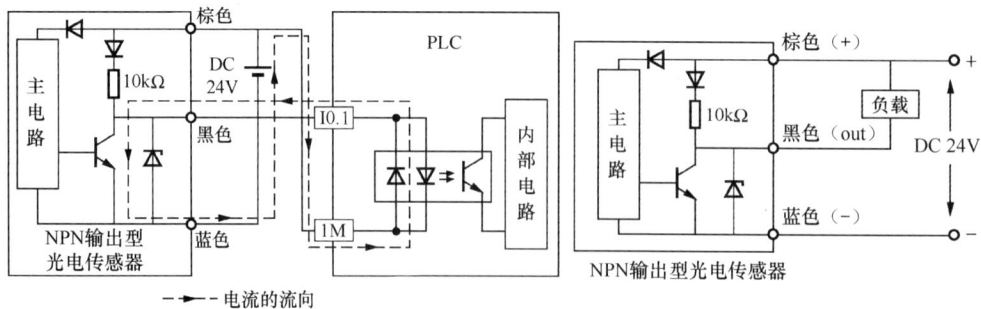

（b）NPN输出型光电传感器的接线方式（源型）

图 1-16　开关及传感器的接线方式

（c）PNP输出型光电传感器的接线方式（漏型）

图 1-16　开关及传感器的接线方式（续）

4．数字量输出端子的接线

图 1-17（a）所示为继电器输出型 PLC 的接线方式，从图中可以看出，每 5 个端子为 1 组，共分 2 组。Q0.0～Q0.4 为第一组，公共端为 1L；Q0.5～Q1.1 为第二组，公共端为 2L。继电器输出端子是一组共用一个公共端的干触点，可以接交流或直流，电压最高到 220V，每点的额定电流为 2A。例如，可以接 24V/110V/220V 交直流信号。但要保证一组输出端子接同样的电压（一组共用一个公共端，如 1L、2L）。如图 1-17（a）所示，Q0.0～Q0.4 输出端子接的是 AC 220V 电源，Q0.5～Q1.1 输出端子接的是 DC 24V 电源，PLC 输出电路无内置熔断器，为了防止负载短路等故障烧断 PLC 的基板配线，每隔 5 点设置 2A 熔断器。继电器输出端子接直流电源时，公共端接正极或负极都可以。

图 1-17（b）所示为晶体管输出型 PLC 的接线方式，10 个输出端子为一组，这里只画出 4 个输出端子，公共端为 4L+、4M。晶体管输出端子只能接 DC 20.4～28.8V 电源，每个端子的额定电流是 0.5A。如果晶体管输出端子需要驱动大电流或交流负载，如驱动 AC 220V 接触器线圈，则需要通过中间继电器进行转换，如图 1-17（b）所示。

晶体管输出型 PLC 的输出是 PNP（即高电平）输出，只能接成源型，即高电平输出，不能接成漏型。晶体管输出端子能输出高频脉冲，常用于控制步进驱动器和伺服驱动器的运动场合，而继电器输出端子不具备这种功能。

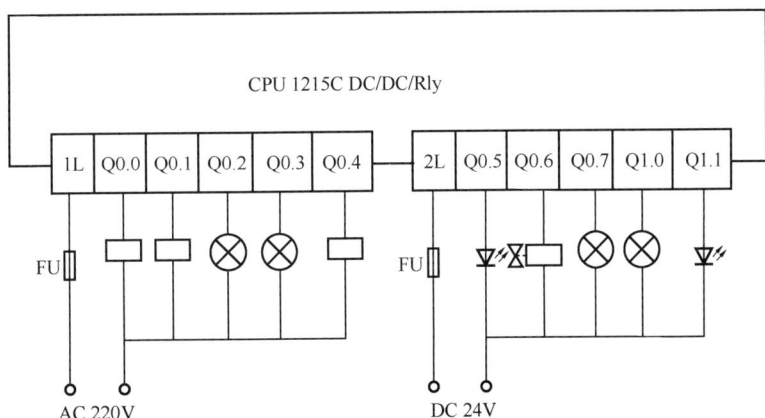

（a）继电器输出型PLC的接线方式

图 1-17　数字量输出端子的接线

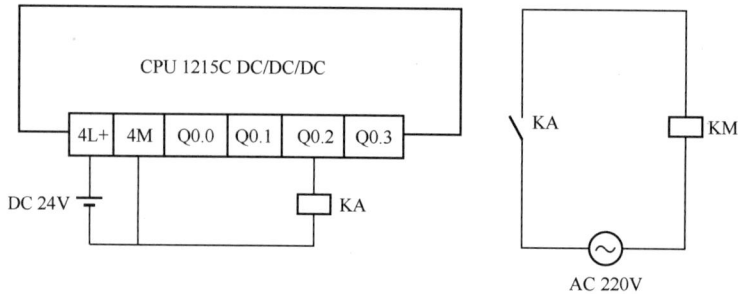

（b）晶体管输出型PLC的接线方式

图 1-17　数字量输出端子的接线（续）

⟳【单独练】

任务 2　S7-1200 PLC 的硬件配置

有一台 S7-1200 PLC 需要 18 点数字量输入、20 点数字量输出，还需要 3 路模拟量输入和 5 路模拟量输出。其中输入端 I0.5 接入 1 个三线制 PNP 输出型接近开关，输出端需要接 DC 24V 的电磁阀和 AC 220V 的接触器线圈，PLC 的输入输出端如何接线？选择哪种输出方式的 CPU？还需要配置哪些型号的信号模块？

➡【单独测】

1. 填空题

（1）PLC 是引入了＿＿＿＿＿＿技术、＿＿＿＿＿＿技术、＿＿＿＿＿＿技术等的一种工业控制装置。

（2）PLC 按结构形式可分为＿＿＿＿＿＿和＿＿＿＿＿＿两类。

（3）PLC 主要由＿＿＿＿＿＿、＿＿＿＿＿＿、＿＿＿＿＿＿、＿＿＿＿＿＿、＿＿＿＿＿＿等组成。

（4）PLC 有 3 种输出方式：＿＿＿＿＿＿、＿＿＿＿＿＿、＿＿＿＿＿＿。

（5）PLC 采用＿＿＿＿＿＿工作方式，其工作过程大致分为 3 个阶段：＿＿＿＿＿＿、＿＿＿＿＿＿和＿＿＿＿＿＿。

（6）S7-1200 PLC 的硬件系统由＿＿＿＿＿＿、＿＿＿＿＿＿、和＿＿＿＿＿＿等组成。

（7）S7-1200 PLC 的 CPU 模块有＿＿＿＿型和＿＿＿＿型两种，标准型 CPU 有 5 种不同的 CPU 模块，分别为 CPU ＿＿＿＿、CPU ＿＿＿＿、CPU ＿＿＿＿、CPU ＿＿＿＿和CPU ＿＿＿＿。

（8）S7-1200 PLC 的数字量输入端内部有双光电耦合的二极管，数字量输入端支持＿＿＿＿和＿＿＿＿的接线方式。

（9）CPU 1215C 最多可以扩展＿＿＿＿个信号模块、＿＿＿＿个通信模块。信号模块安装在CPU 模块的＿＿＿＿侧，通信模块安装在 CPU 模块的＿＿＿＿侧。

（10）CPU 1215C 本体集成有＿＿＿＿点数字量输入、＿＿＿＿点数字量输出、＿＿＿＿点模拟量输入输出。

2. 选择题

（1）CPU 1215FC 模块为（　　　）。

    A．标准型   B．安全型

（2）CPU 1215C AC/DC/Rly 所属的 CPU 模块的特点为（　　　）。

    A．工作电源是直流，采用继电器输出端子

    B．工作电源是交流，采用继电器输出端子

    C．工作电源是直流，采用晶体管输出端子

    D．工作电源是交流，采用晶体管输出端子

（3）当 RUN/STOP 指示灯的颜色为橙色时，指示（　　　）模式。

    A．STOP   B．STARTUP   C．RUN

（4）信号模块 SM1222 DQ 16×Rly 属于（　　　）类型。

    A．16 点继电器输入   B．16 点晶体管输入

    C．16 点继电器输出   D．16 点晶体管输出

（5）信号板需要安装在 CPU 模块的（　　　）。

    A．左侧   B．右侧   C．正面插槽中

3. 分析题

（1）S7-1200 PLC 的数字量输入端可以同时接 NPN 型和 PNP 型两种传感器吗？

（2）S7-1200 PLC 的输出端子有继电器型和晶体管型两种类型，它们的区别是什么？

（3）晶体管输出型 PLC 的数字量输出端可以接漏型设备吗？

项目 1.2　认识 TIA 博途软件

🔍【项目描述】

项目 1.1 介绍了 S7-1200 PLC 的硬件配置和接线，要想实现控制要求，还需要使用 TIA 博途软件对 S7-1200 PLC 进行硬件组态和编程。TIA 博途软件是全集成自动化平台（Totally Integrated Automation Portal，TIA Portal）软件的简称，是一个可以完成各种自动化任务的工程软件，它为用户带来一系列全新的数字化企业功能，可充分满足"工业 4.0"的"智能工厂"和"智能生产"的要求。

硬件组态就是用 TIA 博途软件生成一个与实际硬件系统相同的系统。硬件组态包括 CPU 模块、信号模块、通信模块和信号板的添加以及它们相关参数的设置。

本项目主要围绕使用 TIA 博途软件创建一个工程项目并进行硬件组态，帮助读者了解 PLC 的编程语言，学会 TIA 博途软件的安装方法，认识 TIA 博途软件的 Portal 视图和项目视图，为后面正确使用 TIA 博途软件编写、调试程序奠定基础。

✛【跟我学】

1.2.1　PLC 的编程语言

常用的 PLC 编程语言有顺序功能图、梯形图、语句表（又称指令表）、功能块图、结构化文本等。

S7-1200 PLC 支持 3 种编程语言：梯形图、功能块图和结构化文本。

1. 顺序功能图

顺序功能图（Sequential Function Chart，SFC）是位于其他编程语言之上的真正的图形化编程语言，又称状态转移图。它是一种针对顺序控制系统进行编程的图形编程语言，特别适合编写顺序流程控制程序。TIA 博途软件以 S7-Graph 表示顺序功能图，S7-1200 PLC 不支持顺序功能图，但 S7-300 PLC、S7-400 PLC、S7-1500 PLC 等支持顺序功能图。

2. 梯形图

（1）梯形图的组成

梯形图（Ladder Diagram，LAD）是一种与继电-接触控制电路 [见图 1-18（a）] 相似的图形语言，如图 1-18（b）所示，TIA 博途软件以 LAD 表示梯形图，西门子自动化全系列 PLC 均支持梯形图。

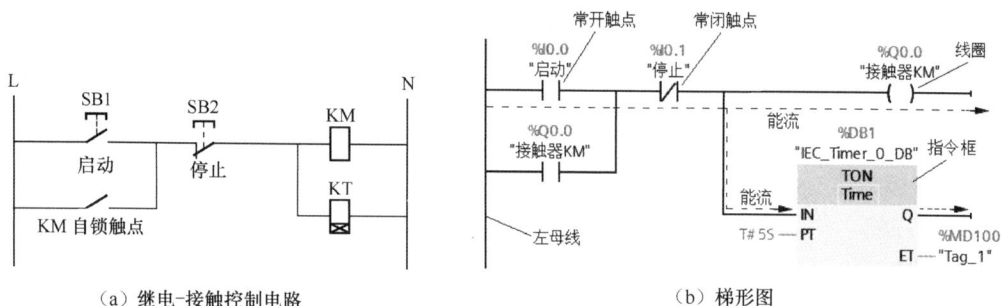

（a）继电-接触控制电路　　　　　　　　　　（b）梯形图

图 1-18　电气原理图与梯形图的对比

梯形图主要由母线、触点、线圈和指令框等组成，其两侧的平行竖线为仿真动力电源的左右母线，是每段程序的起始点和终止点，在进行 PLC 编程时，习惯性地只画出左母线，右母线常常被省略。如图 1-18（a）所示，可将左母线看成能流提供者，触点闭合则能量流过，触点断开则能量阻断，这种能量流称为能流，来自能源的能流通过一系列逻辑控制条件，根据运算结果决定线圈的逻辑输出。梯形图中各元件的功能如下。

① 触点：分常开触点和常闭触点，表示逻辑输入条件，用于模拟开关、按钮、内部条件等。常开触点闭合时有能流流过，常闭触点断开时阻断能流。

② 线圈：通常表示逻辑输出结果，能流流到，则该线圈被激励，常用来控制指示灯、继电器或接触器线圈和内部标志位等。

③ 指令框：代表具有某种特定功能的指令，如定时器指令、计数器指令、移动值指令、数学运算指令等。当能流到达该框时，执行其功能。

梯形图中的程序段由以上逻辑元件组成并代表一条完整的线路。能流从左母线经程序中触点 I0.0、I0.1 流过，以激励 Q0.0 线圈得电或指令框工作，其能流方向如图 1-18（a）所示。

（2）梯形图编程注意事项

① 每个程序段必须以一个触点开始，以线圈或指令框终止，不要使用比较指令终止程序段。

② 梯形图中的触点、线圈和指令框等不是物理意义上的实物元件，而是由电子电路和存储器组成的虚拟元件，又称为"软元件"。输入触点（输入端）在存储器中相应位为 1 状态时，表示线圈通电，常开触点闭合或常闭触点断开；输入触点在存储器中相应位为 0 状态时，表示线圈失电，常开触点断开或常闭触点闭合。

③ 梯形图每一个程序段中流过的能流不是真正的物理电流。

④ PLC 在执行程序时，每次执行一个程序段，顺序为从左至右，然后自上而下逐个扫描、执行程序段，一旦 CPU 到达程序的结尾，就回到程序的顶部重新开始执行，即 PLC 采用循环扫描工作方式。而在继电-接触控制电路中，只要满足逻辑关系，就可以同时执行满足条件的分支程序，即继电-接触控制电路采用并行工作方式。

（3）TIA 博途软件梯形图的特点

在 TIA 博途软件中，梯形图的画法更加灵活，程序的编写更加高效，主要体现在以下几个方面。

① 一个程序段支持多个独立分支结构，如图 1-19 所示。对这种结构的支持，可使程序更加紧凑。

② 可以串联编辑线圈类指令和指令框。在 TIA 博途软件中，线圈类指令或指令框的出现不再是一条分支电路结束的标志，信号可以继续向后方传递，这样该指令框的信号可以继续在同一条通路上使用，如图 1-20 所示。

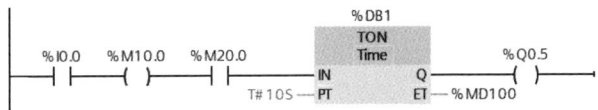

图 1-19 一个程序段支持多个独立分支结构

图 1-20 线圈类指令和指令框串联

③ 在 TIA 博途软件中，所有指令都可以在该指令显示的地方就地选择其他类似的指令。在图 1-21 中，选中一个需要更改的指令，然后在这个指令的右上角会出现一个橙色三角形，单击这个三角形，会出现一个类似指令的选择列表，供用户就地替换。这里选择常闭触点，就能把梯形图原来的常开触点修改为常闭触点。

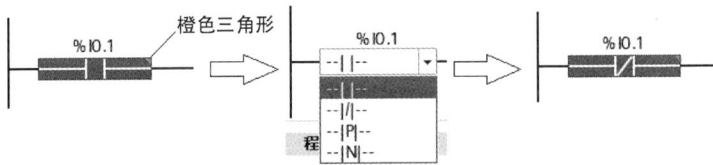

图 1-21 指令替换

不仅指令可以替换，指令内的参数也可以替换。如图 1-22 所示，加法指令的数据类型参数是 Int，在指令上有两个橙色三角形，上面的三角形表示指令替换，下面的三角形表示数据类型替换，单击下面的橙色三角形，在出现的数据类型的选择列表中选择"DInt"，就将原梯形图中加法指令的数据类型由有符号 16 位整数替换为有符号 32 位整数。

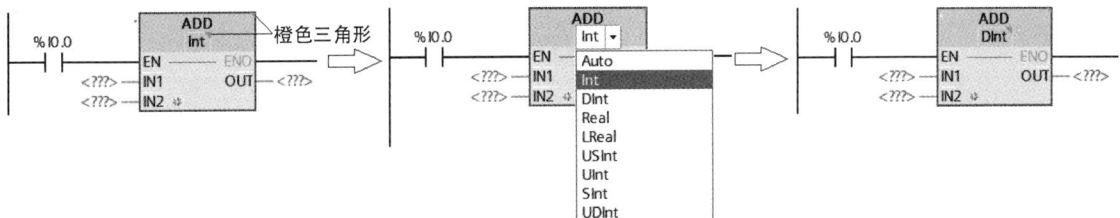

图 1-22 参数替换

3. 语句表

语句表（Statement List，STL）是使用文本形式的 STL 指令助记符和参数来创建程序的编程语言。语句表由助记符和操作数构成，采用助记符来表示操作功能，操作数是指定的存储器地址。一般 PLC 程序的梯形图和语句表可以相互转换。S7-1200 PLC 不支持语句表，但 S7-300 PLC、S7-400 PLC、S7-1500 PLC 等支持语句表。

4. 功能块图

功能块图（Function Block Diagram，FBD）是采用逻辑门电路的编程语言，有数字电路基础的人很容易掌握。功能块图指令由输入段、输出段及逻辑关系函数等组成。方框的左侧为逻辑运算的输入变量，右侧为输出变量，输入输出端的小圆圈表示"非"运算，信号自左向右流动，如图 1-23 所示。

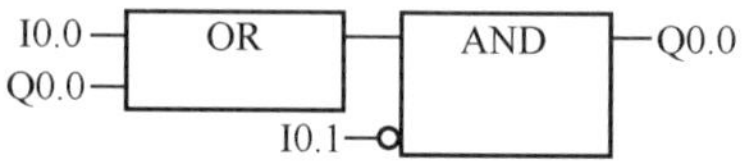

5. 结构化文本

结构化文本（Structured Text，ST）是用结构化的描述文本来描述程序的一种编程语言，它是类似于高级语言的一种编程

图 1-23　功能块图

语言。在大中型的 PLC 系统中，常采用结构化文本来描述控制系统中各个变量的关系。大多数 PLC 制造商采用的结构化文本与 BASIC 语言、Pascal 语言或 C 语言等高级语言相似，但为了应用方便，在语句的表达方法及语句的种类等方面都进行了简化。TIA 博途软件以 SCL 表示结构化文本编程语言，S7-1200 PLC、S7-300 PLC、S7-400 PLC、S7-1500 PLC 等均支持 SCL。

1.2.2　TIA 博途软件的安装与视图

TIA 博途软件集成有编程软件 SIMATIC STEP 7，用于西门子 HMI、工业 PC 和标准 PC 的组态软件 SIMATIC WinCC，用于西门子变频器、伺服驱动器的驱动软件 SINAMICS Startdrive 和模拟仿真软件 PLCSIM 等，它们具有统一的软件框架，在同一个开发环境中能对西门子的所有 PLC、HMI 和驱动产品等进行组态、编程和调试。

SIMATIC STEP 7 编程软件分为基本版（Basic）和专业版（Professional）两种，其中，SIMATIC STEP 7 Basic 只能对 S7-1200 PLC 进行编程，而 SIMATIC STEP 7 Professional 可以对 S7-1200 PLC、S7-1500 PLC、S7-300 PLC、S7-400 PLC 和 WinAC 等进行编程。

PLCSIM 用于提供一个全面的仿真环境，用于在不使用实际硬件的情况下调试和验证单个 PLC 程序，并且允许用户使用 SIMATIC STEP 7 的所有调试工具，其中包括监控表、程序状态、在线与诊断功能以及其他工具，但不支持高速计数器以及运动控制系统的仿真。

1. 安装 TIA 博途软件

（1）TIA 博途软件的安装环境

安装 TIA 博途 V17 对计算机配置的要求如表 1-7 所示。

表 1-7　安装 TIA 博途 V17 对计算机配置的要求

硬件/软件	建议配置
CPU	Intel®Core™ i5-8400H（2.5～4.2GHz，4 核+超线程，8MB 智能缓存）或更高
内存	16GB 或更高（对于大型项目为 32GB）
硬盘	SSD，配备至少 50GB 的可用空间
显示器	15.6in（1in=2.54cm）宽屏显示器（1920×1080 像素或更高）
操作系统	Windows 11 专业版（64 位）、Windows 10 专业版（64 位）、Windows Server（64 位）

（2）安装前的准备

① 安装 TIA 博途软件时，建议关闭所有打开的软件、防火墙和杀毒软件等。

② 安装 ".NET Framework 3.5"。

将计算机连接到互联网，依次选择"控制面板"→"程序和功能"→"启用或关闭 Windows 功能"，勾选 ".NET Framework 3.5(包括.NET 2.0 和 3.0)" 复选框，如图 1-24 所示，单击"确定"按钮，按照提示步骤安装或更新 ".NET Framework 3.5"。

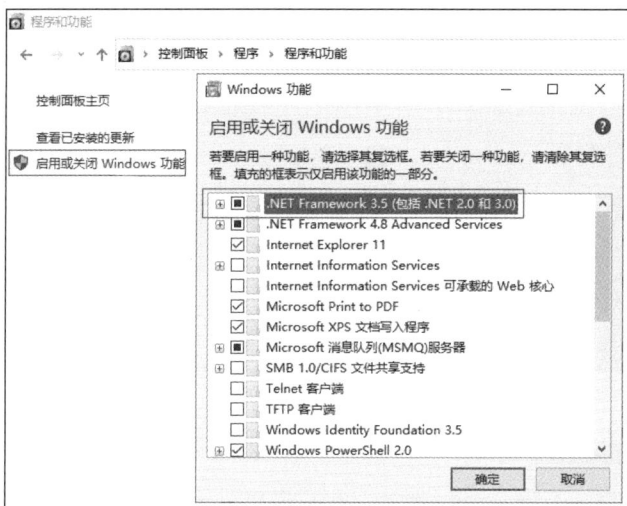

图 1-24 安装 ".NET Framework 3.5" 的界面

③ 安装 TIA 博途软件时，为了避免安装过程中计算机重启，请采用下面的解决方案。

在键盘上按住 "WIN+R" 键，在弹出的运行对话框中输入 "regedit"，单击"确定"按钮，打开注册表编辑器。选中注册表中的 "HKEY_LOCAL_MACHINE\System\CurrentControlSet\Control" 中的 "Session Manager"，选中右侧窗口中的 "PendingFileRenameOperations" 并删除。

（3）安装 TIA 博途 V17

① 安装编程软件 SIMATIC STEP 7 和触摸屏组态软件 SIMATIC WinCC。双击 TIA 博途 V17 文件夹中的安装包 "TIA_PORTAL_STEP7_Prof_Safety_WINCC_Adv_Unified_V17.iso"，右击 "Start" 文件，选择"以管理员身份运行"，出现图 1-25 所示的安装界面，选中"安装语言：中文"单选按钮，单击"下一步"按钮。

根据安装过程中的提示，依次选择安装路径、接受许可条款，然后单击"下一步"按钮。进入安装界面，确认无误后，单击"安装"按钮，就进入了自动安装过程。按照软件的提示信息一步步安装，整个安装过程持续的时间因计算机而有所不同。最后选中"稍后启动计算机"单选按钮并单击"完成"按钮。

② 安装仿真软件 PLCSIM。打开 "S7-PLCSIM17" 文件夹，右击 "Start" 文件，选择"以管理员身份运行"，单击"下一步"按钮即可，软件自动识别设置好的安装路径，安装仿真软件。最后选中"重新启动计算机"单选按钮并单击"完成"按钮，TIA 博途软件安装完成。

💫 小提示　　TIA 博途软件还需要安装授权，才能使用；如果仅用于 PLC 编程和触摸屏组态，可以不用安装驱动调试软件 SINAMICS Startdrive。

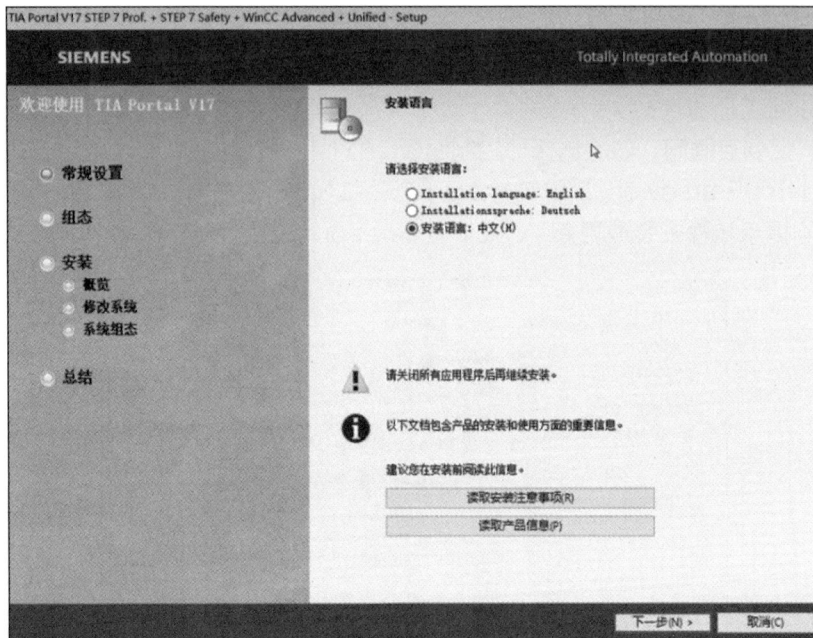

图 1-25　安装界面

2. TIA 博途软件的视图

TIA 博途软件主要提供两种不同的视图，即基于任务的 Portal（门户）视图和基于项目的项目视图，两种视图之间可以相互切换。

（1）Portal 视图

Portal 视图如图 1-26 所示，它是根据工具功能组成的面向任务的视图，初学者可以借助面向任务的用户指南以及适合其自动化任务的编辑器进行工程组态。

① 任务选项：为各个任务区提供基本功能，可处理"启动""设备与网络""PLC 编程""运动控制&技术"等各种任务。Portal 视图提供的任务选项取决于所安装的软件。

② 所选任务选项对应的操作：选择任务选项后可以选择对应的操作，例如选择"启动"任务后，可以进行"打开现有项目""创建新项目""移植项目""关闭项目"等操作。

③ 所选操作的选择面板：选择面板的内容与所选的操作相匹配，例如选择"打开现有项目"后，列表将显示最近使用的项目，可以从列表中选择并打开。

④ "项目视图"链接：可以使用"项目视图"链接切换到项目视图。

⑤ 当前打开项目的路径：可查看当前打开项目的路径。

（2）项目视图

如图 1-27 所示，项目视图是有项目组件的结构化视图，用户可以在项目视图中直接访问所有的组件、编辑器、参数及数据等，并进行高效的组态和编程。

① 标题栏：显示当前打开的项目的名称，例如"电机自锁控制"。

② 菜单栏：提供软件使用的全部命令，例如项目、编辑、视图等。

③ 工具栏：提供常用命令或工具的快捷按钮，例如保存项目、转至在线等。

④ "项目树"：通过项目树可以访问所有设备和项目数据，也可以在项目树中执行任务，如添加新设备、编辑现有组件、打开编辑器和处理项目数据等。

认识 TIA 博途
软件（视频）

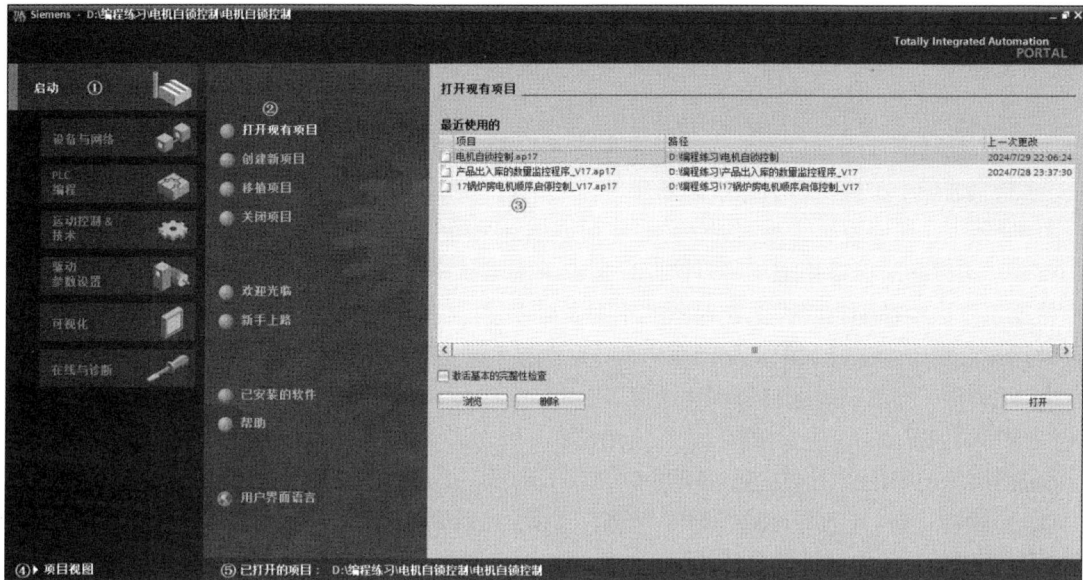

图 1-26　Portal 视图

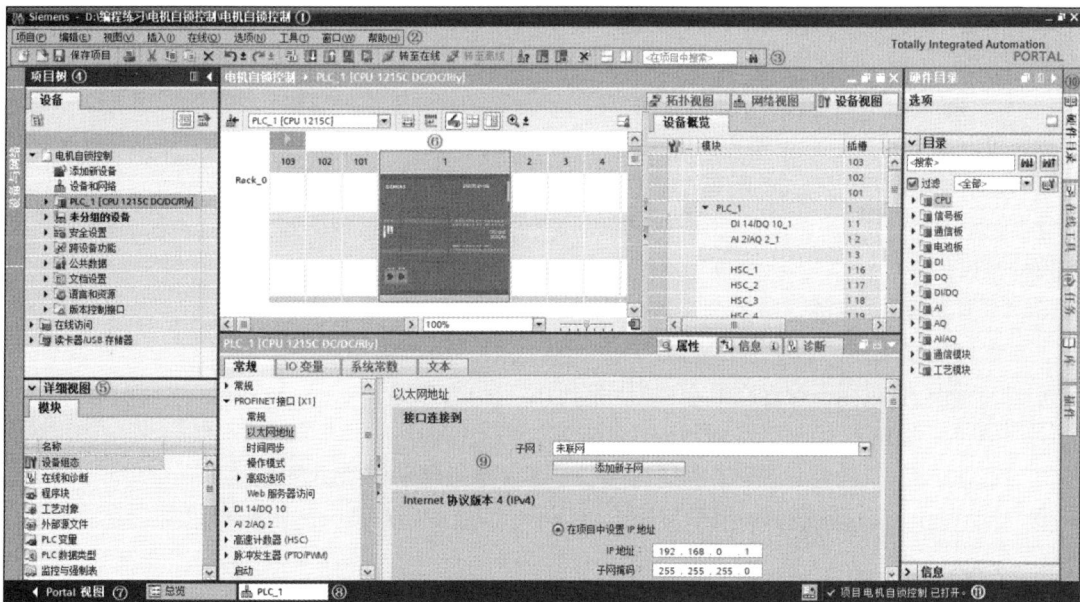

图 1-27　项目视图

⑤ "详细视图"：显示项目树中已选择的内容，例如 "PLC_1[CPU 1215C DC/DC/Rly]" 项目的内容。

⑥ 工作区：显示和打开对象并对其进行编辑，这些对象包括编辑器、视图和表格等。工作区中可以同时打开多个对象，正常情况下，工作区中一次只能显示多个已经打开的对象中的某一个，其余以选项卡的形式显示在编辑器栏中。如果任务需要同时显示两个对象，可以单击工具栏中的 "水平拆分编辑器空间" 按钮 或 "垂直拆分编辑器空间" 按钮 进行水平或垂直显示。

⑦ "Portal 视图" 链接：单击后可以从当前视图切换到 Portal 视图。

⑧ 编辑器栏：显示所有打开的编辑器，在编辑器栏中可以对打开的编辑器进行快速切换。

⑨ 巡视窗口：显示用户在工作区中所选对象的属性和信息，该窗口有"属性""信息"和"诊断"3 个选项卡。当用户选择不同的对象时，巡视窗口会显示用户可组态的属性。

"属性"选项卡：用于显示被选定对象的属性，可以更改可编辑的属性。

"信息"选项卡：用于显示被选定对象的其他信息和已经执行的动作。

"诊断"选项卡：提供有关系统诊断事件、已组态消息事件以及连接诊断事件的信息。

⑩ 任务卡：在项目视图右侧的条形栏中可以找到可用的任务卡，例如硬件目录、在线工具、任务、库等。可以随时折叠和重新打开这些任务卡，使用哪些任务卡取决于已经安装的软件。

根据工作区中被编辑或被选定对象的不同，可以使用任务卡执行一些附加操作。这些操作包括从硬件目录或者库中选择对象、在项目中查找和替换对象、显示已选定对象的诊断信息等。

⑪ 状态栏：显示当前运行过程的进度。

（3）"项目树"

"项目树"位于项目视图左侧，如图 1-28 所示。

① 标题栏：有"自动折叠"▥ 和"折叠"◀ 两个按钮，用于自动和手动折叠项目树。单击"折叠"按钮◀，项目树将缩小到左边界，其箭头变为指向右侧的箭头▶，单击"折叠"按钮▶，可以再次打开项目树。单击"自动折叠"按钮▥，可以自动折叠项目树。

② 工具栏：有"创建新组"▦、"显示/隐藏列标题"▥ 和"最大化/最小化概览视图"▦ 3 个按钮，它们的主要作用分别是创建新的用户文件夹、显示或隐藏列标题、对设备概览图进行最大化和最小化操作。

③ 项目：存放与项目有关的所有对象和操作，例如设备、语言和资源等。

④ 设备：项目中的每个设备都有一个单独的文件夹，属于该设备的对象和操作都排列在此文件夹中，例如该设备的组态、程序块、工艺对象等。

⑤ "公共数据"：存放可跨多个设备使用的数据，例如公共消息类、日志、脚本和文本列表等。

⑥ "文档设置"：用于设定以后需要打印的项目文档的布局。

⑦ "语言和资源"：用于确定项目语言和文本。

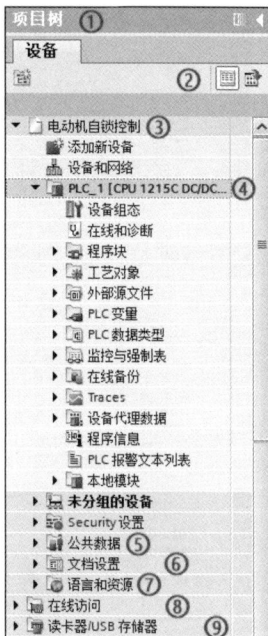

图 1-28 "项目树"

⑧ "在线访问"：包含 PG/PC 的所有接口，即使是未用于与模块通信的接口也包括在其中。

⑨ "读卡器/USB 存储器"：用于管理连接到 PG/PC 的所有读卡器和其他 USB 存储介质。

🔄【跟我做】

任务 1　使用 TIA 博途软件创建新项目

1. 任务导入

本任务主要是以 TIA 博途 V17 为例，创建一个新项目，并为新项目添加 1 块 CPU 1215C DC/ DC/Rly、1 块 SM1221 DI16×24V DC、1 块 SM1222 DQ 16×Rly、1 块 SM1234 和 1 块 CM1241 等。

使用 TIA 博途
软件创建新项目
（视频）

2. 工具和设备

1 块 CPU 1215C DC/DC/Rly、1 块 SM1221 DI16×24V DC、1 块 SM1222 DQ 16×Rly、

1 块 SM1234、1 块 CM1241（RS485）、1 台安装有 TIA 博途 V17 的计算机、《S7-1200 可编程控制器系统手册》。

3. 创建新项目

打开 TIA 博途 V17，如图 1-29 所示，选中标记①处的"启动"→标记②处的"创建新项目"，在标记③处"项目名称"右侧输入"电机自锁控制"，单击标记④处的"路径"最右侧的按钮…，选择项目保存路径，单击标记⑤处的"创建"按钮，完成新项目的创建。弹出图 1-30 所示的"新手上路"界面，单击"项目视图"或"打开项目视图"，进入项目视图。

图 1-29　创建新项目

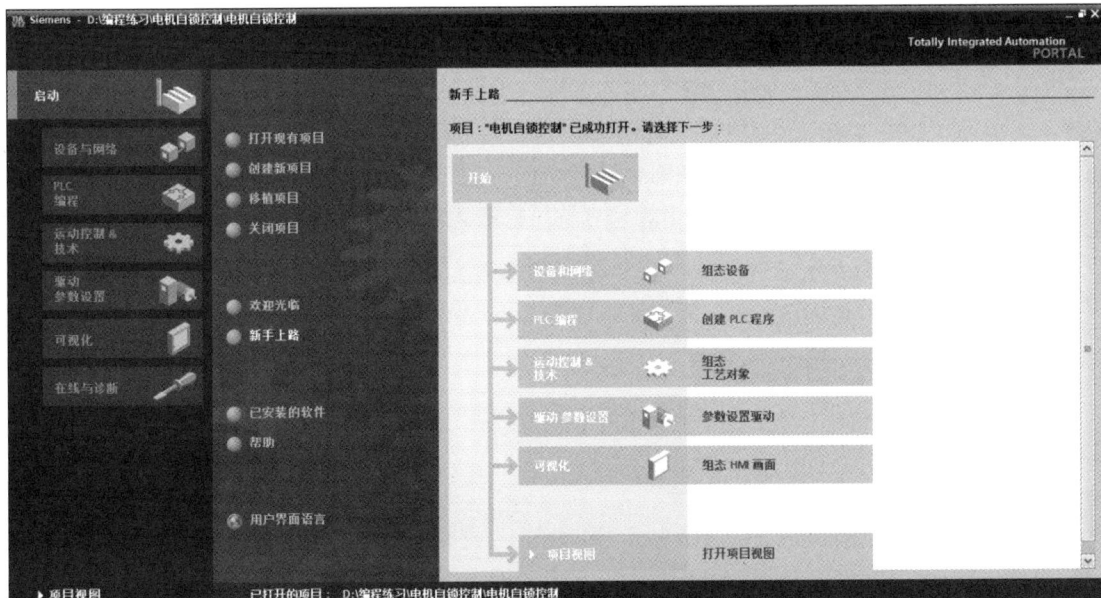

图 1-30　"新手上路"界面

4．硬件组态

（1）添加 CPU

在项目视图的"项目树"中标记①处双击"添加新设备"，弹出图 1-31 所示的"添加新设备"对话框，可以修改设备名称，这里保持系统默认名称"PLC_1"。选择标记②处的"控制器"，选中标记③处的"CPU 1215C DC/DC/Rly"文件夹下的订货号"6ES7 215-1HG40-0XB0"，在标记④处显示所添加 CPU 的订货号、版本和说明等，单击标记⑤处"确定"按钮，完成新设备的添加，并打开"设备视图"。

图 1-31　"添加新设备"对话框

（2）设置 CPU 的以太网地址

在图 1-32 所示界面的"设备视图"中双击标记①处已经添加的 CPU 以太网接口，打开巡视窗口，选中"常规"中标记②处的"以太网地址"，在标记③处将 PLC 的"IP 地址"设置为"192.168.0.1"，"子网掩码"设置为"255.255.255.0"，在标记④处取消勾选"自动生成 PROFINET 设备名称"复选框，并将"PROFINET 设备名称"修改为"1200 plc"。

> 🐭 小提示　　添加 CPU 之后，在"项目树""设备视图"和"网络视图"中都可以看到添加的 CPU 1215C DC/DC/Rly，如图 1-33 所示，CPU 模块位于 1 号插槽位置。

（3）在"设备视图"中添加模块

在硬件组态时，需要将 I/O 模块或通信模块放置到工作区的机架插槽内，有两种放置硬件对象的方法。

① 用"拖曳"的方法放置硬件对象。

单击图 1-33 所示界面最右边竖条上标记①处的"硬件目录"，打开"硬件目录"界面。打开文件夹"\通信模块\点到点\CM1241(RS485)"，选中标记②处的订货号为"6ES7 241-1CH30-0XB0"的 CM1241（RS485）通信模块，其背景变为深色。CPU 左边的 3 个插槽四周出现深蓝色的方框，将此通信模块拖曳到机架中 CPU 左边标记③处的 101 号插槽，该模块浅色的图标和订货号随着鼠标指针一起移动。没有移动到允许放置该模块的工作区时，鼠标指针的形状为 ⊘（禁止放置）；已移动到允许放置该模块的工作区时，鼠标指针的形状变为 ⯭（允许放置），同时选中的 101 号插槽出现浅色的边框。松开鼠标左键，拖动的模块将被放置到选中的标记③处的插槽。

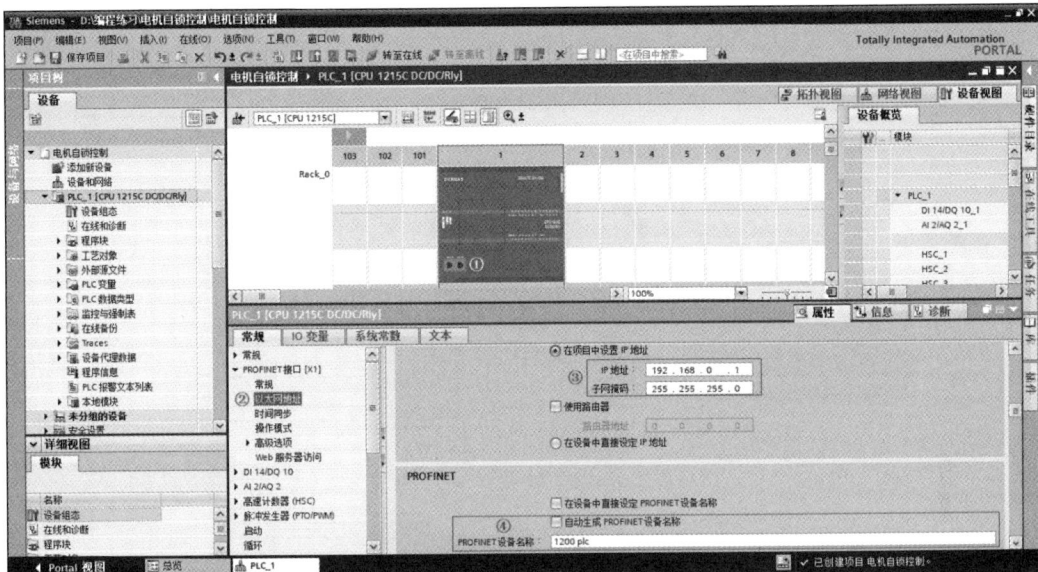

图 1-32　设置 CPU 的以太网地址

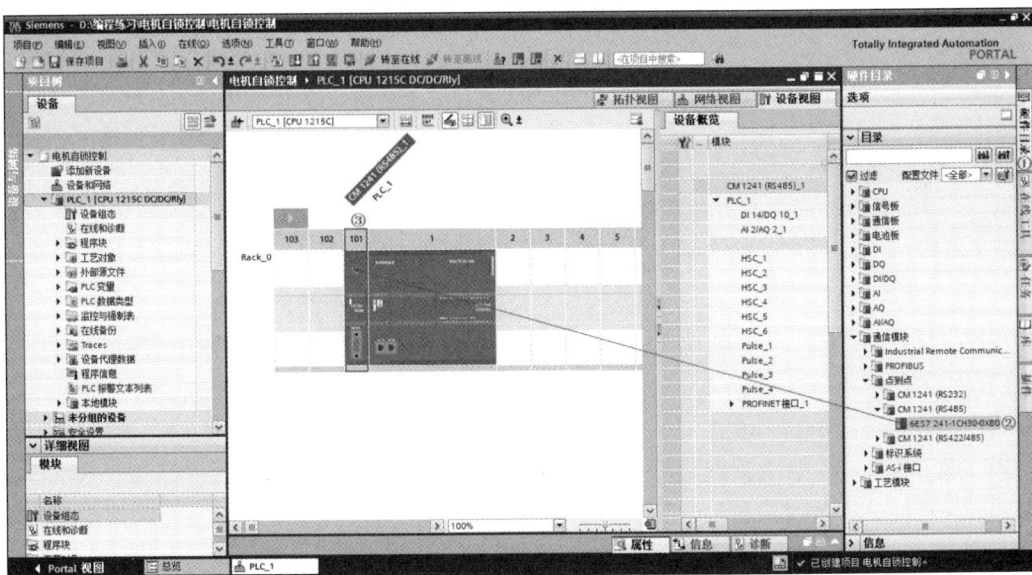

图 1-33　添加通信模块 CM1241

② 用双击的方法放置硬件对象。

放置模块还有另外一个简便的方法。如图 1-34 所示，首先单击机架中需要放置模块的标记①处的 2 号插槽，使它的四周出现深蓝色的边框，双击"硬件目录"中标记②处要放置的订货号为"6ES7 221-1BH32-0XB0"的数字量输入模块 SM1221 DI 16×24V DC，该模块便出现在选中的 2 号插槽中。

彩图 1-33

采用相同的方法，将标记③和标记④处的数字量输出模块 SM1222 DQ 16×Relay 和模拟量输入输出模块 SM1234 分别插入 3 号、4 号插槽位置，如图 1-34 所示。

彩图 1-34

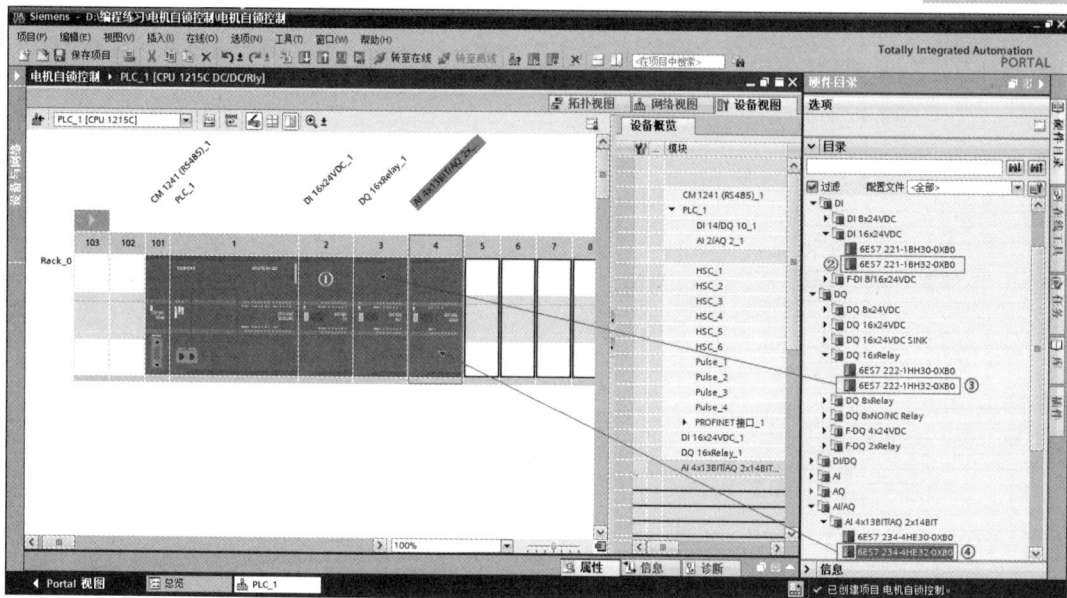

图 1-34　添加其他模块

> 📌 **一起说**　S7-1200 PLC 的订货号和固件版本显示在实际硬件设备上的哪个位置？如何查询？

> 💧 **小提示**　① 硬件组态时，设备在 TIA 博途软件中选择的订货号和版本必须与实际硬件设备完全匹配，否则会引起下载失败；可用在线访问检查固件版本。
> ② 可以将模块插入已经组态的两个模块中间，插入点右边的所有信号模块将向右移动一个插槽的位置，新的模块被插入空出来的插槽。

如果在"设备视图"中将图 1-35 所示界面的标记①处缩放级别设置为 200%，可以在标记②处显示 I/O 模块的各个 I/O 通道。如果已经为通道定义了 PLC 变量，则显示 PLC 变量的名称。

（4）"硬件目录"中的"过滤"

如果勾选了图 1-35 中"硬件目录"界面左上角标记③处的"过滤"复选框，激活了"硬件目录"的过滤功能，"硬件目录"界面只显示与工作区有关的硬件。例如打开 S7-1200 PLC 的"设备视图"时，如果勾选了"过滤"复选框，"硬件目录"界面不会显示其他控制设备，只显示 S7-1200 PLC 的组件。

（5）模块的 I/Q 地址

组态信号模块时，TIA 博途软件会自动分配它们的 I/Q 地址，为编写程序提供必要条件。将鼠标指针放在图 1-35 中的标记④处，当鼠标指针的形状变为 ↔ 时，按住鼠标左键向左拖动，使"设备概览"界面变大，显示添加的 CPU、通信模块、信号模块的插槽、I 地址、Q 地址、类型、订货号和固件等。在图 1-35 中的标记⑤处对应的 I 地址和 Q 地址列，可以修改 DI、DQ 和 AI/AQ 等模块的 I/Q 地址，也可以采用默认的 I/Q 地址。

图 1-35　设备概览

（6）删除、复制与粘贴硬件组件

可以删除"设备视图"或"网络视图"中选中的硬件组件，删除组件后的插槽可供其他组件使用。如图 1-36 所示，选中 2 号插槽并右击，在快捷菜单中选择执行"删除"命令，将数字量输入模块 SM1221 DI 16×24V DC_1 删除。

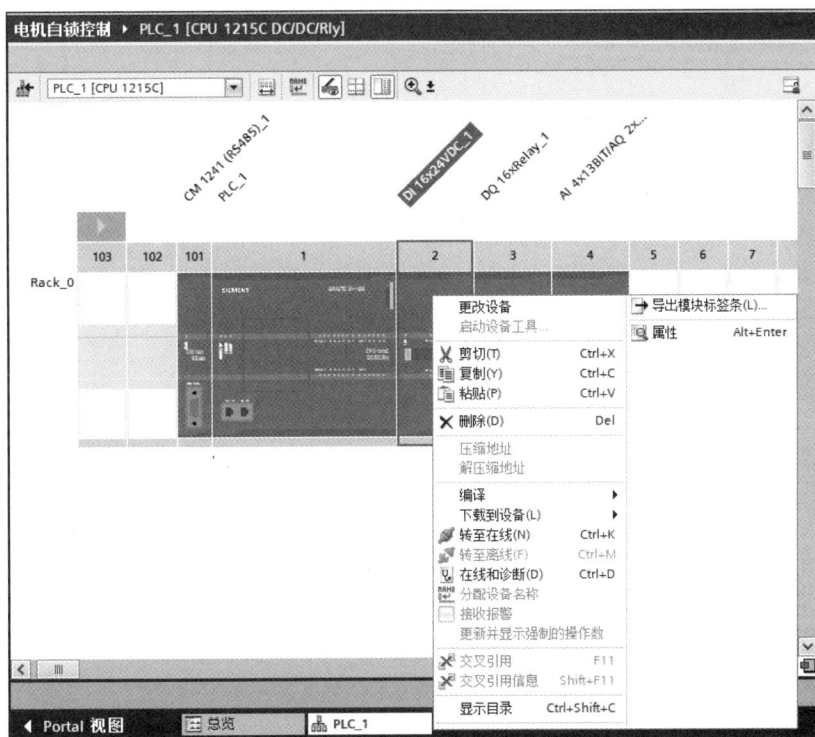

图 1-36　删除、复制、粘贴硬件组件

可以在"项目树""网络视图"或"设备视图"中复制硬件组件，然后将保存在剪贴板上的组件粘贴到其他地方。如图 1-36 所示，选中需要复制的硬件组件所在的插槽并右击，在快捷菜单中选择执行"复制"或"粘贴"命令。

💠 **小提示** ┊ CPU 模块必须在 1 号插槽。

（7）更改设备的型号

右击图 1-34 所示界面中要更改型号的 CPU 或通信模块、信号模块等，在出现的快捷菜单中选择执行"更改设备"命令，双击出现的"更改设备"对话框的"新设备"列表中用来替换的设备的订货号，设备型号即可被更改。

5. 打开和保存项目

在图 1-26 中，选中标记③处需要打开的项目，单击"打开"按钮，即可打开选中的项目。

在图 1-34 中，选择菜单栏中"项目"，单击"保存"命令，即可保存现有的项目。单击工具栏中的"保存项目"按钮🔲，也可保存现有项目。

6. 归档和恢复

项目归档的目的是把整个项目的文件压缩到一个压缩文件中，以便备份和转移。在图 1-34 中，单击菜单栏中的"项目"→"归档"，在弹出的对话框中填写项目名称，选择归档的路径，单击"归档"按钮，生成一个扩展名为.zap17 的压缩文件。当需要使用时，单击菜单栏中的"项目"→"恢复"，在弹出的对话框中选择要恢复的压缩文件，单击"打开"按钮，压缩文件即可恢复为原来的项目文件。

↩【单独练】

使用 TIA 博途软件
组态 S7-1200 PLC
硬件系统（视频）

任务 2　使用 TIA 博途软件组态硬件系统 ══════

有一个 S7-1200 PLC 的硬件系统，其 CPU 的型号为 CPU 1215C AC/DC/Rly，配置有输入输出信号模块 SM1223 DI 16×24VDC，DQ16×24VDC，信号板 SB1232 AQ。请根据"跟我做"介绍的硬件组态方法，使用 TIA 博途软件创建一个项目并添加 CPU 模块、信号模块和信号板等。

➡【单独测】

1. 填空题

（1）S7-1200 PLC 支持＿＿＿＿、＿＿＿＿和＿＿＿＿3 种编程语言。

（2）TIA 博途软件以＿＿＿＿表示顺序功能图，S7-1200 PLC＿＿＿＿顺序功能图，S7-300 PLC、S7-400 PLC、S7-1500 PLC 等支持顺序功能图。

（3）梯形图主要由＿＿＿＿、＿＿＿＿、＿＿＿＿和＿＿＿＿等组成。

（4）梯形图中的常开触点闭合时有＿＿＿＿流过，常闭触点断开时＿＿＿＿能流。

（5）PLC 在执行梯形图时，按照＿＿＿＿、＿＿＿＿的顺序执行。

（6）SIMATIC STEP 7 编程软件分为＿＿＿＿版和＿＿＿＿版两种。

（7）TIA 博途软件主要提供_____视图和_____视图，两种视图之间可以相互切换。

（8）TIA 博途软件以_____表示结构化文本编程语言。

（9）巡视窗口显示用户在工作区中所选对象的_____和_____。

2. 选择题

（1）以下编程语言不能用于 S7-1200 PLC 编程的是（   ）。

    A. 梯形图   B. 功能块图   C. 语句表   D. 结构化文本

（2）TIA 博途软件集成的 PLCSIM 的主要作用是（   ）。

    A. 仿真调试

    B. 组态可视化监控系统，支持触摸屏和 PC 工作站

    C. 硬件组态和编写 PLC 程序

    D. 设置和调试变频器

模块2
基本指令的应用

02

导学

掌握 S7-1200 PLC 的基本指令是学习 S7-1200 PLC 编程的基础，该指令主要由位逻辑运算指令、定时器指令、计数器指令、移动值指令、比较指令、移位指令与循环移位指令、数学运算指令等组成。这些指令是编写复杂逻辑控制程序的基础，也是中级电工和《可编程控制系统集成及应用职业技能等级标准》"1+X"证书考试的重要知识点和技能点。

本模块对标《电工国家职业技能标准》中级"2.1 可编程控制器控制电路装调"和高级"3.1 可编程控制系统分析、编程与调试维修"以及《可编程控制系统集成及应用职业技能等级标准》中级"2.2 控制器程序开发""3.1 控制器程序调试"的职业技能要求，设计 7 个工作项目（工作项目和学习目标如表 2-1 所示），重点介绍 S7-1200 PLC 基本指令的功能和应用，程序的上传和下载，TIA 博途软件的变量表、监控表、强制表的应用以及仿真等。

表 2-1　工作项目和学习目标

	名称	学时
工作项目	项目 2.1 位逻辑运算指令的应用	6
	项目 2.2 定时器指令的应用	4
	项目 2.3 计数器指令的应用	4
	项目 2.4 移动值指令的应用	2
	项目 2.5 比较指令的应用	2
	项目 2.6 移位指令与循环移位指令的应用	4
	项目 2.7 数学运算指令的应用	2
知识目标	<ul><li>能列出 S7-1200 PLC 的数据类型和系统存储器类型。</li><li>知道 S7-1200 PLC 的寻址方式。</li><li>初步掌握 TIA 博途软件的基本操作，熟悉软件的主要功能。</li><li>掌握 S7-1200 PLC 的硬件电路接线方法。</li><li>熟悉 S7-1200 PLC 基本指令的功能和使用方法</li></ul>	
技能目标	<ul><li>能根据控制要求进行 S7-1200 PLC 的硬件电路接线。</li><li>能根据控制要求，结合设备手册，正确组态 S7-1200 PLC 的硬件系统。</li><li>能正确使用 TIA 博途软件和基本指令编写简单的控制程序。</li><li>能使用编程手册进行 S7-1200 PLC 的软硬件调试</li></ul>	
素质目标	<ul><li>培养在分析和解决问题时学以致用、勤于探索的能力。</li><li>弘扬中国文化，增强文化自信。</li><li>培养融会贯通的创新和实践能力</li></ul>	

项目 2.1　位逻辑运算指令的应用

💡【项目描述】

位逻辑运算指令用于二进制数的逻辑运算，主要包括触点指令、线圈指令、置位指令、复位指令、上升沿指令和下降沿指令等，它们都是常用的指令。

在介绍了 PLC 的工作过程和 S7-1200 PLC 的硬件系统组成以及 TIA 博途软件的基础上，本项目主要按照 GB/T 4728.7—2022《电气简图用图形符号 第 7 部分：开关、控制和保护器件》和 GB/T 37391—2019《可编程序控制器的成套控制设备规范》等国家标准设计和安装 PLC 控制系统的硬件电路，使用位逻辑运算指令编写电机的自锁控制、3 路抢答器的控制、物料输送带的正反转控制等 3 个任务的简单程序并能进行软硬件调试。

✛【跟我学】

2.1.1　S7-1200 PLC 的数据类型

1. 数制

所有通过 S7-1200 PLC 处理的数据（数值、字符等）都以二进制形式表示，编程中常用的数制形式如下。

（1）二进制

二进制数的位（bit）只有 0 和 1 两种取值，可以用来表示开关量（或数字量）的两种不同的状态，如触点的接通和断开、线圈的得电和失电、灯的亮和灭等。在 S7-1200 PLC 梯形图中，如果该位是 1，则表示对应的线圈为得电状态，触点为转换状态（常开触点闭合、常闭触点断开）；如果该位为 0，则表示对应的线圈为失电状态，触点为复位状态（常开触点断开、常闭触点闭合）。

二进制数用于在 PLC 中表示十进制数或者其他（如字符等）数据。二进制数用 2# 表示，其运算规则遵循"逢二进一"，它的各位的权是以 2 的 N 次方标识的。例如，2#0000 0100 1000 0110 就是 16 位二进制常数，其对应的十进制数为 $2^{10}+2^7+2^2+2^1=1158$。

（2）十六进制

十六进制数的 16 个数字是 0～9、A～F，其中，A～F 分别对应十进制数 10～15。十六进制数用 16# 表示，十六进制数的运算规则是"逢十六进一"，它的各位的权是以 16 的 N 次方标识的。例如，将二进制数 2#1000 1111 分为两组来看，分别是 2#1000 和 2#1111，每 4 位二进制数对应 1 位十六进制数，正好可以表示十六进制数 16#8 和 16#F，那么这个二进制数可以表示为 16#8F。

➡ **学海领航**　成语"半斤八两"出自我国古代十六进制的衡器流行时期。秦始皇在兼并六国之后推出了统一度量衡的政策，其中明确规定了度量衡中，衡的进位制为十六进制，即 1 斤=16 两。我国早期的计算工具——算盘每一档分上二珠、下五珠，每一档能表示 0～15，这样满 16 就向前进一档，成为一种十六进制和十进制通用的计算工具。

（3）BCD 码

BCD 码用 4 位二进制数（或者 1 位十六进制数）表示 1 位十进制数。例如，1 位十进制数 9 的 BCD 码是 1001。4 位二进制数有 16 种组合，但 BCD 码只用到前 10 个（0000～1001），后 6 个（1010～1111）没有在 BCD 码中使用。BCD 码 1001 0110 0111 0101 对应的十进制数为 9675。

2. 数据类型

数据类型用于指定数据的长度和属性。S7-1200 PLC 中每个指令参数至少支持一种数据类型，而有些参数支持多种数据类型。

S7-1200 PLC 指令系统使用的数据类型有基本数据类型、复合数据类型和其他数据类型等。这里只介绍常用的基本数据类型，每个基本数据类型都具有固定长度且不超过 64 位。不同基本数据类型的长度格式和取值范围如表 2-2 所示。

数据类型与数据存储区（视频）

表 2-2　不同基本数据类型的长度格式和取值范围

数据类型		符号	位数	取值范围	示例
位和位序列	位	Bool	1	1 或 0	TRUE、FALSE 或 1、0
	字节	Byte	8	16#00～16#FF	16#21、16#7A
	字	Word	16	16#0000～16#FFFF	16#F1C0、16#A67B
	双字	DWord	32	16#00000000～16#FFFFFFFF	16#20F30AF6
整数	无符号短整数	USInt	8	0～255	78、2#01001110
	无符号整数	UInt	16	0～65535	65295、0
	无符号双整数	UDInt	32	0～4294967295	4042322160
	有符号短整数	SInt	8	−128～127	+50，16#50
	有符号整数	Int	16	−32768～32767	−30000、+30000
	有符号双整数	DInt	32	−2147483648～2147483647	−2131754992
浮点数	32 位浮点数	Real	32	$\pm 1.175495 \times 10^{-38} \sim \pm 3.402823 \times 10^{38}$	12.45、−5.6
	64 位浮点数	LReal	64	$\pm 2.2250788585072020 \times 10^{-308} \sim$ $\pm 1.7976931348623157 \times 10^{308}$	12345.123456789E−40、1.2E+40
时间和日期	时间	Time	32	T#−24d20h31m23s648ms～T#24d20h31m23s647ms	T#5m30s
	日期	Date	16	D#1990-01-01～D#2168-12-31	D#2009-12-31
字符	字符	Char	8	16#00 到 16#FF	'A'、't'、'@'

（1）位和位序列数据类型

位和位序列数据类型包括位（Bool）、字节（Byte）、字（Word）和双字（DWord）4 种。位又叫布尔数据类型，可赋值为 TRUE、FALSE 或 1、0，占用 1 位存储空间。

（2）整数数据类型

整数数据类型包括无符号整数和有符号整数，如表 2-2 所示。在计算机中，所有数据都是以二进制的形式存储的，整数一律用补码来表示和存储，正整数的补码是它本身，负整数的补码为正整数的反码加 1。USInt、UInt、UDInt 为无符号整数；SInt、Int、DInt 为有符号整数，其最高位为符号位，符号位为 0 表示正整数，符号位为 1 表示负整数。

（3）浮点数数据类型

浮点数数据类型又称为实数，包括 32 位或 64 位浮点数。Real 是 32 位浮点数，LReal 是 64 位浮点数，用于显示有理数，可以显示十进制数，包括小数部分，也可以被描述成指数形式。

（4）时间和日期数据类型

时间数据类型的符号是 Time，长度为 32 位，格式为 T#天（d）、小时（h）、分钟（m）、秒（s）和毫秒（ms）；日期数据类型的符号是 Date，长度为 16 位，格式为 D#年、月和日。

（5）字符数据类型

字符数据类型主要指 Char，占用 8 位，用于输入 16#00～16#FF 的字符。

2.1.2　S7-1200 PLC 的存储区和寻址方式

1. 存储区

S7-1200 PLC 提供了用于存储用户程序、数据和组态信息的存储器，分别是装载存储器、工作存储器、系统存储器。

（1）装载存储器

装载存储器用于非易失性地存储用户程序、数据和组态信息等，具有断电保持功能，位于存储卡或 CPU 中。

（2）工作存储器

工作存储器集成在 CPU 的高速存取 RAM 中，是易失性存储器，用于在执行用户程序时存储用户项目的某些内容，如组织块和函数块。

（3）系统存储器

系统存储器是 CPU 为用户程序提供的存储组件，它被划分为若干个存储区，如表 2-3 所示。系统存储器用于存储用户程序的操作数据，使用指令可以对相应存储区内所存储的数据进行读写、访问。

表 2-3　系统存储器的存储区划分

存储区	说明	是否强制	保持性
过程映像输入存储区（I）	在扫描周期开始时，PLC 从物理输入存储区复制到过程映像输入存储区	否	否
物理输入存储区（I_:P）	立即读取 CPU、SB 和 SM 上的物理输入	是	否
过程映像输出存储区（Q）	在扫描周期开始时，将过程映像输出存储区中的值写入输出模块	否	否
物理输出存储区（Q_:P）	立即写入 CPU、SB 和 SM 上的物理输出	是	否
位存储器（M）	用于存储用户程序的中间运算结果或标志位	否	是（可选）
临时存储器（L）	存储块的临时数据，只能供块内部使用	否	否
数据块（DB）	数据存储器，同时也是函数块 FB 的参数存储器	否	是（可选）

① 过程映像输入存储区。过程映像输入存储区在用户程序中的标识符为 I，它是专门用来接收 PLC 外部开关信号的元件。在每次循环扫描周期开始时，CPU 会对各个物理输入端进行集中采样，并将采样值写入过程映像输入存储区中。过程映像输入存储区的等效电路如图 2-1 所示。当 SB 闭合时，输入继电器 I0.0 的线圈得电，即过程映像输入存储区相应位写入 1，程序中对应的常开触点 I0.0 闭合，常闭触点 I0.0 断开；当 SB 断开时，则输入继电器 I0.0 的线圈失电，即过程映像输入存储区相应位写入 0，程序中对应的常开触点 I0.0 和常闭触点 I0.0 复位。

过程映像输入存储区中的数据只能由外部信号驱动，不能由内部指令改写；在编写程序时，只能出现过程映像输入存储区的触点，不能出现其线圈。过程映像输入存储区允许用户程序以位（如 I0.0）、字节（如 IB1）、字（如 IW2）或者双字（ID0）的寻址方式进行访问。

② 物理输入存储区。物理输入存储区的标识符是在 I 点的地址或符号地址后面加:P，例如 I0.3:P 或 Start:P，可以立即读取 CPU、信号板和信号模块的数字量输入和模拟量输入。物理输入是过程映像输入 I 的立即寻址，它采用直接从被访问点而非过程映像输入存储区获得数据的寻址方式，因此这种访问被称为"立即读"访问，且访问是只读的。

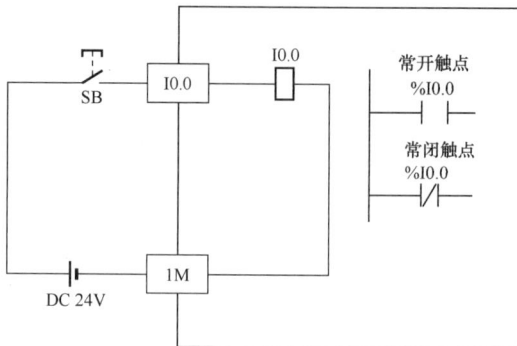

图 2-1　过程映像输入存储区的等效电路

小提示　物理输入端从直接连接在该点的现场设备接收数据值，因此写物理输入是被禁止的。用 I_:P 访问物理输入存储区不会影响存储在过程映像输入存储区的对应值。

③ 过程映像输出存储区。过程映像输出存储区在用户程序中的标识符为 Q，每次循环扫描周期结束时，CPU 会将过程映像输出存储区中的数据传送给 PLC 的物理输出端，再由硬触点驱动外部负载，这一过程可以形象地将过程映像输出存储区比作输出继电器，其等效电路如图 2-2 所示。每个输出继电器线圈的常开触点都与相应的输出端子相连，当有驱动信号输出时，输出继电器线圈得电，过程映像输出存储区相应位为 1 状态，其对应的硬触点闭合，从而驱动外部负载，使接触器 KM 线圈得电；输出继电器线圈失电则不能驱动负载。

图 2-2　过程映像输出存储区的等效电路

输出继电器线圈的通断只能由内部指令驱动，即过程映像输出存储区的数据只能由内部指令写入；过程映像输出存储区允许用户程序以位（如 Q0.5）、字节（如 QB1）、字（如 QW2）或双字（QD0）的寻址方式进行访问。

小提示　用户程序访问 PLC 的输入和输出地址区域时，通常不是直接读写输入输出模块中的信号状态，而是访问 CPU 的过程映像输入输出存储区。过程映像输入输出存储区的输入和输出都以关键字符%开头（%表示绝对地址寻址），例如%I0.6、%IW20、%Q0.2、%QW20 等。

④ 物理输出存储区。物理输出存储区的标识符是在输出 Q 点的地址后面加"：P"，例如 Q0.3:P。与过程映像输出存储区不同，它不经过过程映像输出存储区的扫描，程序访问物理输出存储区时，

直接将逻辑运算结果写入 CPU、信号板和信号模板上的物理输出存储区并同时写入过程映像输出锁存器中，物理输出存储区采用立即寻址方式。

⑤ 位存储器。位存储器的标识符是 M，它是 CPU 中数量较多的一种存储器，用来存储运算的中间操作状态或其他控制信息。位存储器不能直接驱动外部负载，其常开触点和常闭触点在编程时可以无限次使用。位存储器可以按位（如 M10.0）、字节（MB6）、字（MW20）或双字（MD30）来读写 M 区的数据。

> **小提示** 默认情况下位存储器 M 中的数据在断电后无法保存，若需要保存该数据，则应将该数据设置成断电保持。

⑥ 临时存储器。临时存储器的标识符是 L，用来存储代码块被使用时的临时数据。临时存储器 L 类似于位存储器 M，两者的区别在于位存储器 M 是全局的，临时存储器 L 是局部的。

临时存储器主要存放 FB（函数块）或 FC（函数）运行过程中的临时变量，它只在 FB 或 FC 被调用的过程中有效，调用结束后该变量的临时存储器将被操作系统收回。临时存储器中的数据是局部有效的，也称为局部变量，它只能被调用的 FB 访问。

⑦ 数据块。数据块（Data Block）的标识符是 DB，用来存储程序的各种数据，包括中间操作状态或者 FB 的其他控制信息参数以及某些指令（如定时器指令、计数器指令）需要的数据结构。

对数据块可以按位（如 DB1.DBX3.5）、字节（如 DB1.DBB2）、字（如 DB1.DBW4）或双字（如 DB1.DBD10）等 4 种寻址方式进行访问。在访问数据块中的数据时，要指明数据块的名称，如 DB1.DBW20 中 DB1 为数据块的名称。

如果启用了块属性"优化的块访问"，不能用绝对地址访问数据块和代码块的接口区中的临时局部数据。

2. 寻址方式

S7-1200 PLC 的寻址可以通俗地理解为访问存储区中的数据，所谓寻址方式就是指令执行时获取操作数的方式。

CPU 将信息存储在不同的存储单元中，每个位置均具有唯一的地址。寻址时，数据地址以代表存储区类型的标识符开始，随后是表示数据长度的标记，然后是存储单元编号；对于二进制位寻址，还需要在一个小数点分隔符后指定位地址编号。

（1）位寻址方式

位寻址方式为[存储区标识符]+[字节地址].[位地址]，如图 2-3 所示，其中，第 0 位为最有效低位（LSB），第 7 位为最高有效位（MSB）。

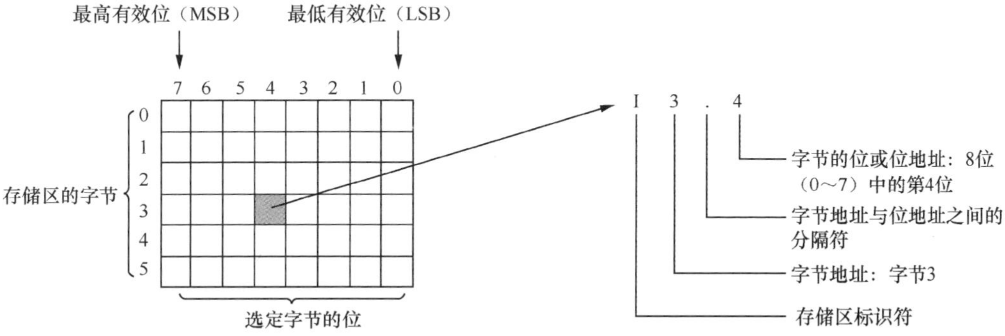

图 2-3　位寻址方式

（2）字节寻址方式

相邻的 8 位二进制数组成一个字节。字节寻址方式为[存储区标识符]+字节长度符 B+[字节地址]，如图 2-4 所示，MB100 表示由 MB100.7～MB100.0 这 8 位组成的字节。

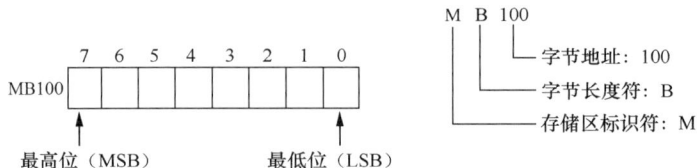

图 2-4　字节寻址方式

（3）字寻址方式

两个相邻的字节组成一个字。字寻址方式为[存储区标识符]+字长度符 W+[起始字节地址]，例如，MW100 表示由 MB100 和 MB101 这两个字节组成的字，如图 2-5 所示。

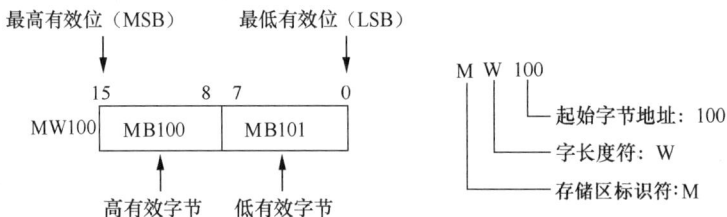

图 2-5　字寻址方式

（4）双字寻址方式

两个相邻的字组成双字。双字寻址方式为[存储区标识符]+双字长度符 D+[起始字节地址]，例如，MD100 表示由 MB100～MB103 这 4 个字节组成的双字，如图 2-6 所示。

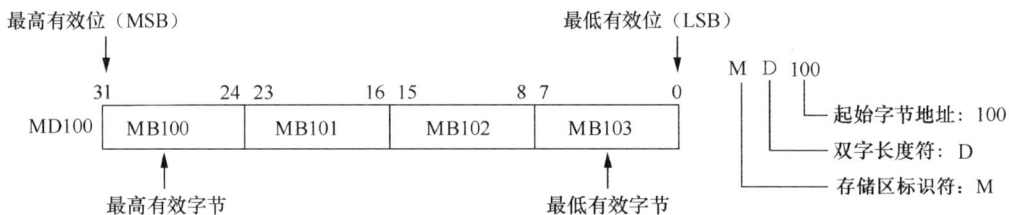

图 2-6　双字寻址方式

从图 2-5 和图 2-6 可以看出，MW100 包括 MB100 和 MB101 这两个字节，MD100 包括 MB100、MB101、MB102、MB103 这 4 个字节，即 MW100 和 MW102，这些地址是互相交叠的。当涉及多字节组合寻址时，应注意以下几点。

① 以组成字 MW100 和双字 MD100 的起始字节 MB100 的地址作为 MW100 和 MD100 的地址。

② 遵循"高地址，低字节"的规律，组成 MW100 和 MD100 的起始字节 MB100 为 MW100 和 MD100 的最高有效字节，地址的数值最大的字节为字和双字的最低有效字节。

（5）数据块的寻址方式

数据块的位寻址方式为 DB[数据块地址].DBX[字节地址].[位地址]，如 DB1.DBX4.3；字节寻址方式为 DB[数据块标识符].DBB[起始字节地址]，如 DB1.DBB2；字寻址方式为 DB[数据块标识符].DBW[起始字节地址]，如 DB1.DBW2；双字寻址方式为 DB[数据块标识符].DBD[起始字节地址]，如 DB1.DBD4。

【例 2-1】 如图 2-7 所示，如果 MD0=16#1F，那么，MB0、MB1、MB2、MB3 的数值是多少？M0.0 和 M3.0 的数值是多少？

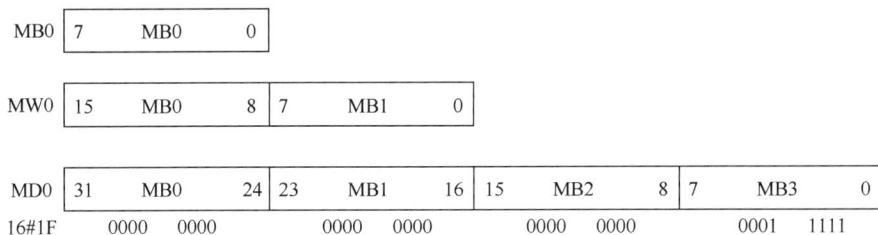

图 2-7 例 2-1图

解： MD0 是双字，它包含 4 个字节，1 个字节包含 2 个十六进制位，因此 MD0=16#1F= 16#0000001F= 2#0000 0000 0000 0000 0000 0000 0001 1111，由图 2-7 可知，MB0=16#00，MB1=16#00，MB2= 16#00，MB3=16#1F。由于 MB0=16#00，所以 M0.0=0，由于 MB3= 16#1F=2#0001 1111，所以 M3.0=1。

2.1.3 触点指令和线圈指令

1. 触点指令与线圈指令的格式及功能

触点指令和线圈指令的格式及功能如表 2-4 所示。

触点指令和线圈
指令（视频）

表 2-4 触点指令和线圈指令的格式及功能

指令名称	操作数类型	梯形图	功能
常开触点	Bool	"IN" —| |—	常开触点在指定的操作数"IN"为 1 状态（ON）时闭合，为 0 状态（OFF）时断开
常闭触点	Bool	"IN" —| / |—	常闭触点在指定的操作数"IN"为 1 状态（ON）时断开，为 0 状态（OFF）时闭合
取反	Bool	—| NOT |—	取反指令可对逻辑运算结果（RLO）的信号状态进行取反
线圈输出	Bool	"OUT" —( )—	可以使用线圈输出指令来置位指定操作数"OUT"的位。 当线圈的输入信号状态为 1 时，指定操作数"OUT"为 1 状态； 当线圈的输入信号状态为 0 时，指定操作数"OUT"为 0 状态
赋值取反	Bool	"OUT" —(/)—	使用"赋值取反"指令，可对逻辑运算结果进行取反。 当线圈的输入信号为 1 时，指定操作数"OUT"为 0 状态； 当线圈的输入信号为 0 时，指定操作数"OUT"为 1 状态

触点指令包括常开触点指令、常闭触点指令、取反指令等，其格式如图 2-8（a）所示，其中，①是能流输入信号，②是能流输出信号，③是操作数，触点指令读取操作数"IN"的状态，其功能如表 2-4 所示。

线圈指令包括线圈输出指令和赋值取反指令，其格式如图 2-8（b）所示。当线圈的输入信号状态为 1 时，指定操作数"OUT"为 1 状态，表示线圈中有能流流过，我们通常借用继电-接触控制电路中的术语，将此时线圈为 1 的状态，称为线圈得电；当线圈的输入信号状态为 0 时，指定操作数"OUT"为 0 状态，表示线圈中没有能流流过，即线圈失电。

赋值取反指令中间有一条斜线，其功能如表 2-4 所示。

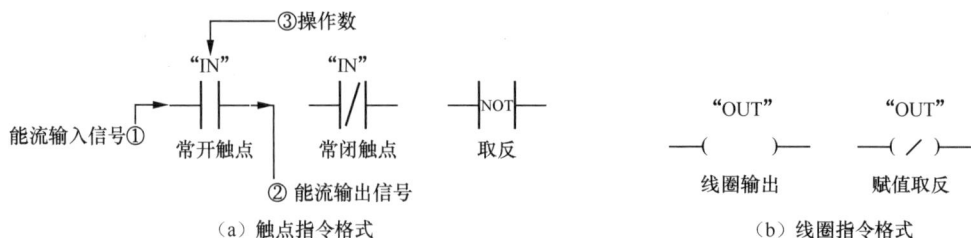

（a）触点指令格式　　　　　　　　　　（b）线圈指令格式

图 2-8　触点指令和线圈指令的格式

2. 触点指令和线圈指令示例

如图 2-9 所示，程序段 1 中，在没有按下 PLC 外接的任何按钮时，I0.0 的常开触点断开，经过取反指令 NOT 之后，Q0.2 线圈得电，I0.0 的常闭触点闭合，Q0.1 线圈得电。按下按钮 I0.0 不松手，此时 I0.0 的常开触点闭合，Q0.0 线圈得电，Q0.2 线圈失电，I0.0 的常闭触点断开，Q0.1 线圈失电；松开按钮 I0.0，此时 I0.0 的常开触点断开，Q0.0 线圈失电，Q0.2 线圈得电；I0.0 的常闭触点重新闭合，Q0.1 线圈得电。

> **小提示**　程序段 1 梯形图中所有输入端子连接的均是常开按钮。

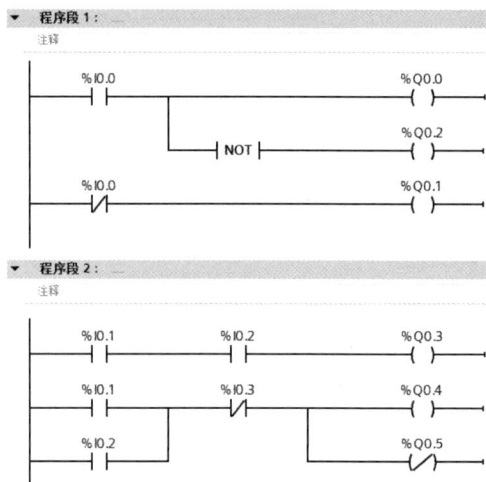

图 2-9　触点指令和线圈指令示例

程序段 2 是触点指令和线圈指令的串联和并联应用，在没有按下任何按钮时，第二行程序中，由于 I0.1 或 I0.2 的常开触点断开，赋值取反指令的输入信号为 0 状态，Q0.5 线圈得电；第一行程序中，同时按下 I0.1 和 I0.2 时，其常开触点闭合，Q0.3 线圈得电，只要松开两个按钮中的一个，比如松开 I0.1，则 Q0.3 线圈失电。第二行程序中，只要按下其中任何一个按钮，比如按下 I0.1，其常开触点闭合，则 Q0.4 线圈得电，Q0.5 线圈失电。如果此时按下按钮 I0.3，则 I0.3 的常闭触点断开，Q0.4 线圈失电，Q0.5 线圈得电。

3. 触点指令和线圈指令的使用注意事项

（1）触点指令可以并联和串联使用，但不能放在梯形图的最后，两个或多个触点指令串联时，将逐位进行"与"运算，两个或多个触点指令并联时，将逐位进行"或"运算，同一个触点指令的使用次数不受限制。

（2）线圈输出指令可以放在梯形图的任意位置，对 S7-1200 PLC 来讲，该指令既可以串联使用，也可以并联使用，最好放在每个梯形图的最右侧。同一地址的线圈指令原则上只允许出现一次。

（3）线圈输出指令不能用于驱动输入继电器 I。

（4）赋值取反指令没有操作数。

【跟我做】

任务 1　电机的自锁控制

1. 任务导入

在工业生产领域，单台电机的连续运行（又叫自锁控制）比较常见，利用接触器可以实现三相

电机自锁控制程序的编写与调试
（视频）

异步电机的自锁控制，其电路如图 2-10 所示。现在由 PLC 控制一台三相异步电机的启停。具体控制要求：当按下启动按钮 SB1 时，电机启动并连续运行；当按下停止按钮 SB2 或热继电器 FR 动作时，电机停止。

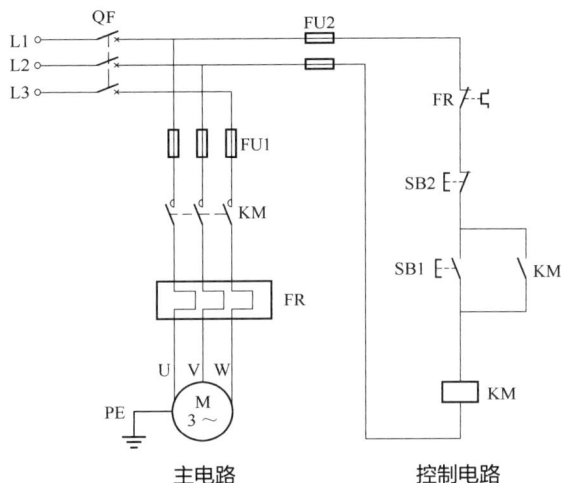

图 2-10　利用接触器实现的电机自锁控制电路

2. 工具和设备

CPU 1215C DC/DC/Rly 1 块、三相异步电机 1 台、按钮若干、接触器和热继电器各 1 个、安装有 TIA 博途软件的计算机 1 台、《S7-1200 可编程控制器系统手册》1 本、电工工具 1 套、万用表 1 块。

3. 硬件电路

根据电机自锁控制要求，PLC 的 I/O 分配如表 2-5 所示。

表 2-5　PLC 的 I/O 分配

输　入			输　出		
输入继电器	输入元件	作　用	输出继电器	输出元件	作　用
I0.0	SB1	启动	Q0.0	KM	电机运行
I0.1	SB2	停止			
I0.2	FR	过载保护			

采用 PLC 控制，图 2-10 中的主电路仍然不变，只需要将表 2-5 中的输入元件分别接到 PLC 的输入端子 I0.0、I0.1 和 I0.2 上，输出元件接到 PLC 的输出端子 Q0.0 上，如图 2-11 所示，将图 2-10 中的控制电路用图 2-15 所示的电机自锁控制程序替代，就可以实现电机自锁控制要求。

➡ 学海领航　根据国家标准 GB 50054—2011《低压配电设计规范》和 GB/T 16895.1—2008《低压电气装置 第 1 部分：基本原则、一般特性评估和定义》，图 2-11 中的电机和 PLC 都必须正确接地，才能防范触电事故，保证人身和设备安全。请上网查询保护接地的作用及原理。

图 2-11　采用 PLC 实现的电机自锁控制电路

> 比较图 2-10 和图 2-11 可以看出，它们的控制方式不同。继电-接触控制系统属于硬件接线控制系统，如图 2-12（a）所示，按钮下达指令后，通过继电器接线控制逻辑决定接触器线圈是否得电，从而控制电机的工作状态。PLC 控制系统属于存储程序控制系统，如图 2-12（b）所示，按钮下达指令后，由 PLC 程序控制逻辑决定接触器线圈是否得电，从而控制电机的工作状态。PLC 利用程序中的"软继电器"取代传统的物理继电器，使控制系统的硬件结构大大简化，具有维护方便、编程简单、控制功能强、可靠性高、控制灵活等一系列优点。

🌟 小提示

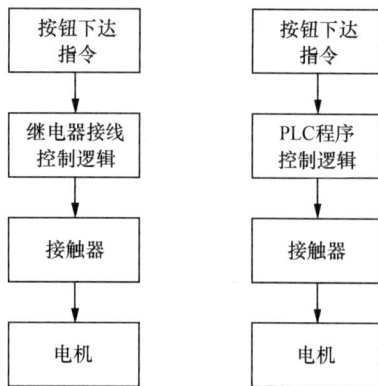

（a）继电-接触控制系统　　（b）PLC 控制系统

图 2-12　两种控制系统

4. 创建项目

按照模块 1 中的图 1-29 创建"电机自锁控制"的新项目。

5. 硬件组态

（1）按照模块 1 中的图 1-31 添加 CPU。

🌟 小提示　　硬件组态时，选择的设备型号必须和实际硬件的型号完全一致，否则控制无法实现。

（2）按照模块 1 中的图 1-32 设置 CPU 的以太网地址。

6．编写程序

（1）添加变量表。如图 2-13 所示，在项目树下，依次单击"PLC_1[CPU 1215C DC/DC/Rly]"→"PLC 变量"选项，双击"添加新变量表"，添加"电机自锁控制变量表"并双击打开，在弹出的窗口"名称"列中输入"启动"，数据类型选择"Bool"，地址输入"I0.0"，依次添加"停止"I0.1、"过载保护"I0.2、"电机运行"Q0.0。

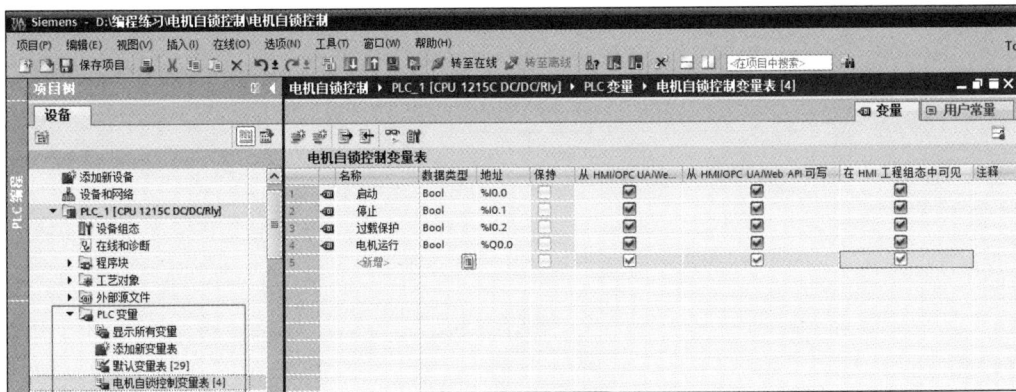

图 2-13　添加变量表

> **小提示**　"PLC 变量"文件夹下有 4 个选项："显示所有变量""添加新变量表""默认变量表"和用户定义的"电机自锁控制变量表"。

　　"显示所有变量"包含"全部的 PLC 变量""用户常量""CPU 系统常量"3 个选项，该变量表不能删除或移动；双击"添加新变量表"可以创建用户定义的变量表，可以对用户定义的变量表进行重命名、整理并合并为组或删除，用户定义的变量表中包含 PLC 变量和用户常量；"默认变量表"是系统创建的，项目的每个 CPU 都有一个"默认变量表"，该表不能删除、重命名或移动。

　　对于程序中使用的变量，如果没有在用户定义的变量表中定义，则会自动添加到"默认变量表"中。

　　（2）如图 2-14（a）所示，在"项目树"下，依次单击"PLC_1[CPU 1215C DC/DC/Rly]"→"程序块"选项，双击标记①处的"Main[OB1]"，即可进入程序编辑器。在程序编辑器中，可以通过右侧的"指令"界面或"块标题"上部的收藏夹访问需要使用的指令。

　　（3）单击图 2-14（a）中"指令"界面的"位逻辑运算"，将标记②处的常开触点 ┤├（或收藏夹中的常开触点 ┤├）拖到梯形图编辑区"程序段 1"的梯级上，当出现绿色方框时，松开鼠标左键，将常开触点放置到梯级左侧，触点上面的"<??.?>"表示地址未赋值，同时在"程序段 1"左侧出现红色图标 ⊗，表示此程序段正在编辑中或有错误。双击标记③处的"<??.?>"，在弹出的窗口中输入 I0.0 并按 Enter 键，程序段 1 左侧的红色图标 ⊗ 自动消失。按照此方法依次插入 I0.1 的常闭触点、I0.2 的常开触点、Q0.0 的线圈等，接着单击收藏夹中的"打开分支"图标 ↦，将其拖到 I0.0 常开触点左侧，出现绿色方框时，松开鼠标左键，插入"打开分支"，如图 2-14（b）所示，继续在"打开分支"右侧插入 Q0.0 的常开触点。如图 2-14（c）所示，在标记①处单击选中，在标记②处单击"嵌套闭合"图标 ↰，将 Q0.0 常开触点并联在 I0.0 常开触点的右侧，如图 2-15（a）所示。

> **小提示**　指令上方的"<??.?>"表示需指定变量。可直接输入存储变量的绝对地址（例如 I0.0）或变量名（例如"启动"），如果变量已在变量表中声明，则可通过双击"<??.?>"，再单击右侧按钮 ▦，从"参数助手"下拉列表中直接选择所对应的变量地址。

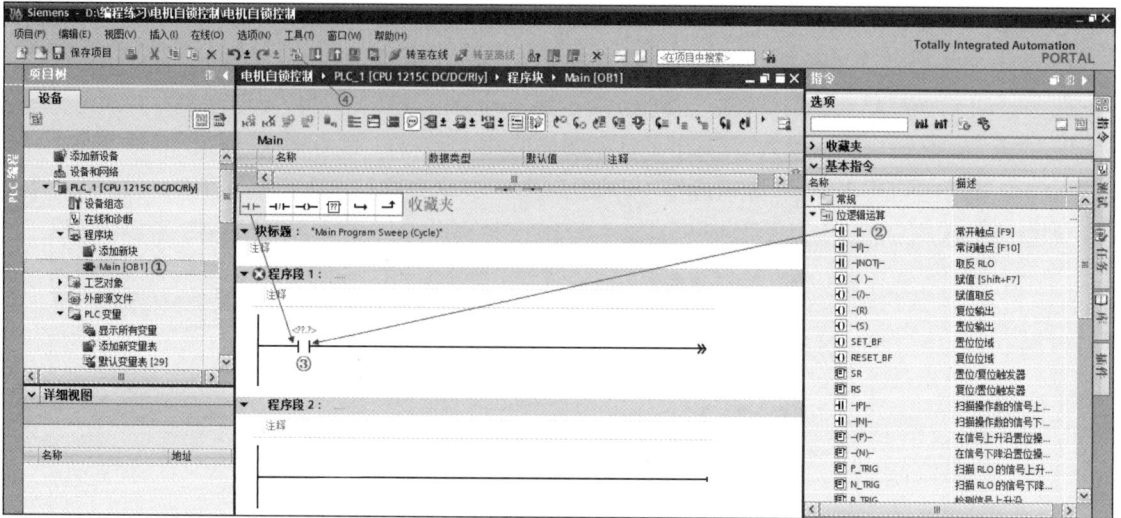

（a）插入常开触点

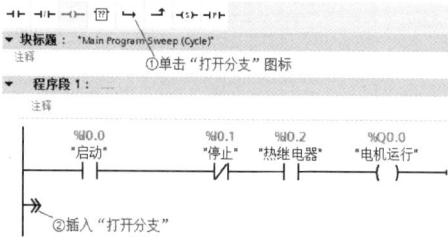

（b）插入"打开分支"

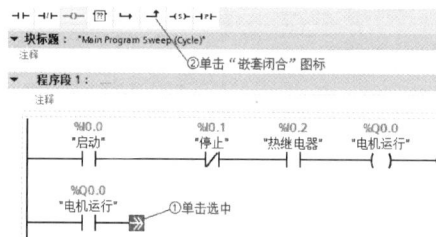

（c）插入"嵌套闭合"

图 2-14　输入程序

（4）单击程序编辑器工具栏中"绝对/符号操作数"按钮右侧的图标，可以在下拉列表中选择"符号和绝对值""符号""绝对"3 种显示方式，也可以单击按钮左侧的图标，在 3 种显示方式之间切换，如图 2-15 所示。

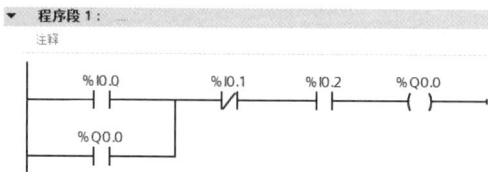

（a）"绝对"地址显示方式

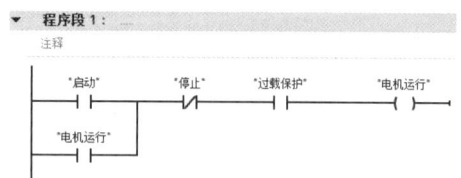

（b）"符号"地址显示方式

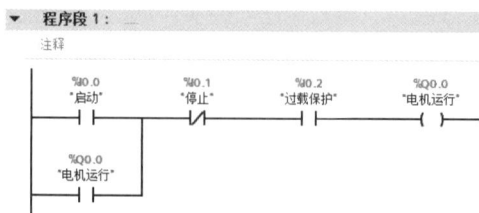

（c）"符号和绝对值"显示方式

图 2-15　电机自锁控制程序

📌 一起说 ： 如果将图 2-11 中的停止按钮 SB2 接常闭触点，则图 2-15 中的程序如何修改？

（5）程序编写完毕后，需要对其进行编译。单击图 2-14（a）中程序编辑器工具栏上标记④处的"编译"按钮，对项目进行编译。如果出现错误，编译后在程序编辑器下面的巡视窗口中将会显示具体的错误信息。必须修改程序中的所有错误才能下载。如果没有编译程序，在下载之前 TIA 博途软件会自动对程序进行编译。

7. 下载项目

（1）设置计算机的 IP 地址。

目前下载程序只能使用 PLC 集成的 PN 口，因此首先要设置计算机的 IP 地址，这是计算机与PLC 建立通信的首要步骤。具体操作如下。

① 本例的操作系统为 Windows 10，在任务栏右下角单击"WLAN"按钮 📶，在弹出的界面选择"网络和 Internet"。如图 2-16 所示，依次单击"以太网"→"更改适配器选项"，右击"网络连接"中的"以太网"，在弹出的快捷菜单中选择"属性"。

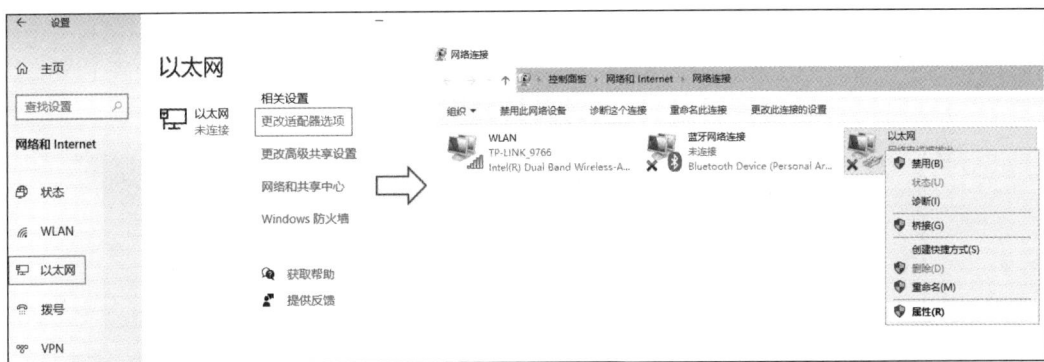

图 2-16　网络连接

② 在图 2-17 所示的对话框中找到"Internet 协议版本 4（TCP/IPv4）"，单击"属性"按钮，在弹出的对话框中选中"使用下面的 IP 地址"单选按钮，在"IP 地址"处输入"192.168.0.100"，其中 192.168.0 要与目标 CPU 的前 3 个地址相同，"子网掩码"保持默认的"255.255.255.0"，然后单击"确定"按钮即可。

🔔 小提示 ： S7-1200 PLC 出厂时默认的 IP 地址是 192.168.0.1，必须将计算机 IP 地址的前 3个字节设置成与 PLC 的 IP 地址一致（即在同一个网段），后一个字节应为 1～254（不使用 0 和 255），避免与 PLC 的 IP 地址的最后一个字节重复。

（2）项目下载。

下载之前，要确保 S7-1200 PLC 与计算机之间已经用网线连接在一起，打开以太网接口上面的盖板，通信正常时 LINK 指示灯（绿色）亮，Rx/Tx 指示灯（橙色）周期性闪烁。

① 选中"项目树"中的"PLC_1[CPU 1215C DC/DC/Rly]"，单击工具栏上的"下载到设备"按钮 📥（或选择菜单中的"在线"→"下载到设备"），打开图 2-18 所示的"扩展的下载到设备"对话框，选择"PG/PC 接口的类型"为"PN/IE"，在"PG/PC 接口"的下拉列表中选择实际使用的网卡，选中"显示所有兼容的设备"，单击"开始搜索"按钮。

🔔 小提示 ： "PG/PC 接口"表示计算机网卡的型号，在不同的计算机中可能不同。

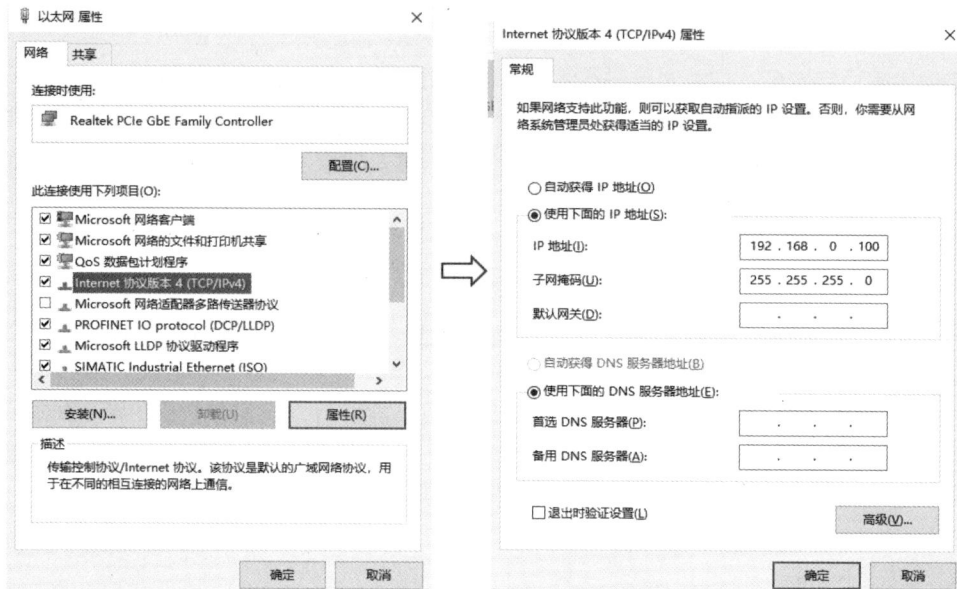

图 2-17　设置计算机的 IP 地址

图 2-18　"扩展的下载到设备"对话框

　　② 用 TIA 博途软件搜索可以连接的设备，搜索到的设备显示在图 2-19（a）中的"选择目标设备"列表中，单击"下载"按钮，在弹出的图 2-19（b）所示的"装载到设备前的软件同步"对话框中单击"在不同步的情况下继续"按钮，弹出图 2-19（c）所示的"下载预览"对话框。在该对话框中单击"无动作"右侧的下拉按钮，选择"全部停止"，此时"装载"按钮由灰色变为可用状态，单击"装载"按钮，将程序下载到 PLC 中，最后单击"完成"按钮。

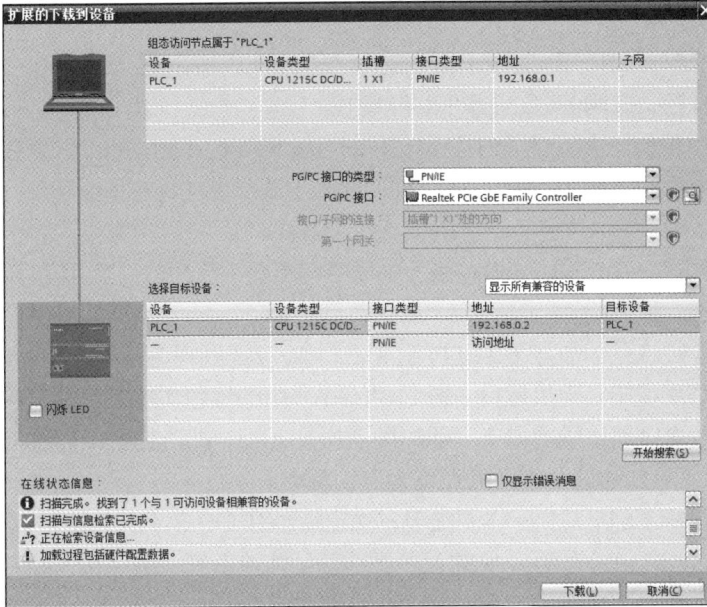

（a）搜索结果

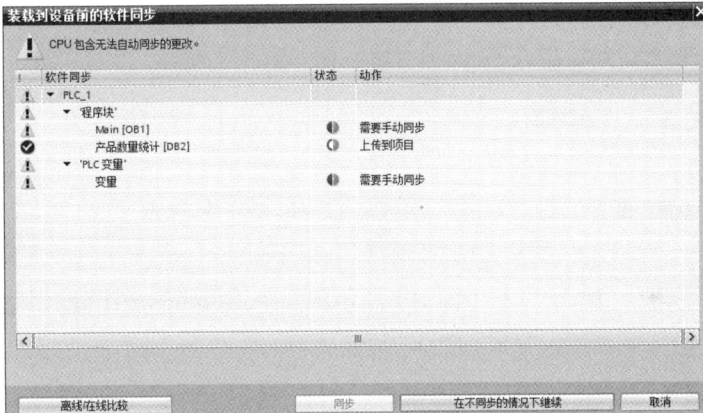

（b）"装载到设备前的软件同步"对话框

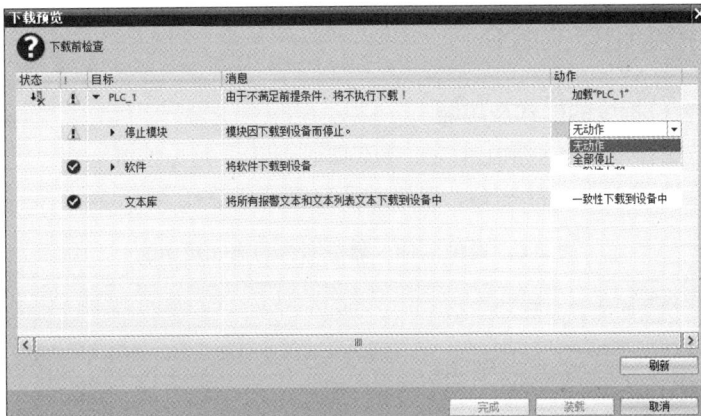

（c）"下载预览"对话框

图 2-19 下载项目

8. 运行和监控程序

（1）单击图 2-14（a）所示界面中工具栏的"启动 CPU"按钮 ，此时 PLC 上的 RUN/STOP 指示灯由橙色变为绿色，说明 PLC 处于 RUN 模式。

（2）单击图 2-14（a）所示界面中工具栏的按钮 转至在线，PLC 即可转为在线状态。此时"项目树"顶端会出现橙色标志，"项目树"各个选项后面出现绿色的标志即 和 ，表示正常，否则必须进行诊断或重新下载。

（3）在程序编辑区，单击图 2-14（a）中程序编辑器工具栏的"启用/禁用监视"按钮 ，程序进入在线监视状态。

（4）如图 2-20（a）所示，按下启动按钮 I0.0，Q0.0 线圈得电并自锁，此时输出指示灯 Q0.0 点亮，接触器 KM 线圈得电，电机运行。图 2-20（a）中的绿色实线表示能流接通，触点和线圈变成绿色实线，表示触点接通，线圈得电。此时即使松开 I0.0，能流仍可以通过 Q0.0 的常开触点继续接通 Q0.0 线圈，Q0.0 的这个常开触点称为自锁触点。

（5）按下停止按钮 I0.1，Q0.0 线圈失电，输出指示灯 Q0.0 熄灭，接触器 KM 线圈释放，电机停止运行。如图 2-20（b）所示，此时蓝色虚线表示能流断开，触点和线圈变成蓝色虚线，表示触点断开，线圈失电。

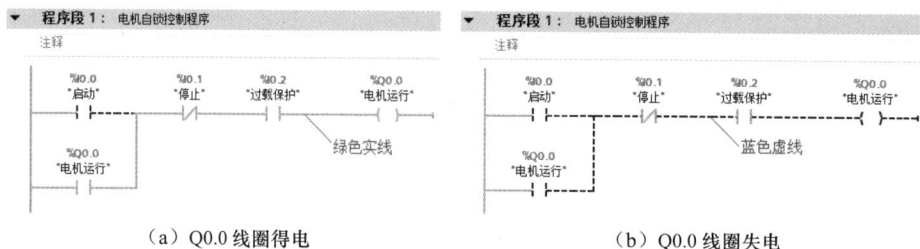

（a）Q0.0 线圈得电　　　　　　　　　　（b）Q0.0 线圈失电

彩图 2-20

图 2-20　在线监控

（6）程序调试完毕后，单击图 2-14（a）所示界面中工具栏的按钮 保存项目，将调试好的程序保存在计算机中。

✛【跟我学】

2.1.4　置位指令和复位指令

置位指令和复位指令（视频）

1. 置位指令、复位指令的格式及功能

置位指令、复位指令包括置位输出指令、复位输出指令、置位位域指令、复位位域指令、置位/复位触发器指令、复位/置位触发器指令，其格式及功能如表 2-6 所示。

表 2-6　置位指令、复位指令的格式及功能

指令名称	操作数类型	梯形图	功能
置位输出	Bool	"OUT"—(S)	当输入信号的状态为 1 时，将指定操作数"OUT"置位为 1
复位输出	Bool	"OUT"—(R)	当输入信号的状态为 1 时，将指定操作数"OUT"复位为 0
置位位域	OUT: Bool, n: UInt	"OUT"—(SET_BF)"n"	当输入信号的状态为 1 时，将指定操作数"OUT"所在地址开始处的"n"位置位为 1

续表

指令名称	操作数类型	梯形图	功能
复位位域	OUT: Bool, n: UInt	"OUT" —(RESET_BF)— "n"	当输入信号的状态为 1 时,将指定操作数 "OUT" 所在地址开始处的 "n" 位复位为 0
置位/复位触发器	Bool	"OUT" S SR Q R1	SR 是复位优先触发器,如果置位 S 和复位 R1 两个输入信号的状态都为 1,则操作数 "OUT" 为 0 状态
复位/置位触发器	Bool	"OUT" R RS Q S1	RS 是置位优先触发器,如果复位 R 和置位 S1 两个输入信号的状态都为 1,则操作数 "OUT" 为 1 状态

2. 置位指令、复位指令示例

（1）置位输出指令和复位输出指令

如图 2-21（a）所示,当 I0.0 闭合时,Q0.0 线圈置位,即使 I0.0 断开时,Q0.0 线圈仍得电并保持;只有当 I0.1 闭合时,Q0.0 线圈才复位。时序图如图 2-21（b）所示。

（a）梯形图　　　（b）时序图

图 2-21　置位输出指令和复位输出指令

（2）置位位域指令和复位位域指令

如图 2-22 所示,置位位域指令和复位位域指令的①操作数表示要置位或复位的位域的起始软元件,②操作数表示要置位或复位的软元件的位数。

若置位位域指令和复位位域指令下面的操作数 n=1,其功能与置位输出指令和复位输出指令的功能相同。

如图 2-23 所示,当 I0.2 闭合时,置位位域指令使 Q0.1、Q0.2、Q0.3 的线圈置位,即使 I0.2 断开,Q0.1、Q0.2、Q0.3 的线圈仍得电并保持;只有当 I0.3 闭合时,Q0.1、Q0.2、Q0.3 的线圈才复位。

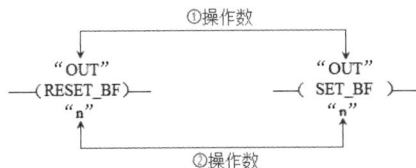

图 2-22　置位位域指令和复位位域指令

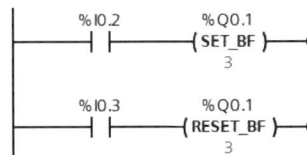

图 2-23　置位输出指令和复位输出指令

（3）置位/复位触发器指令和复位/置位触发器指令

置位/复位触发器（SR）和复位/置位触发器（RS）有置位输入端 S 和复位输入端 R 两个输入端、一个输出端 Q 和一个操作数 "OUT",每个参数的含义如表 2-7 所示。

表 2-7　SR 指令和 RS 指令中参数的含义

参数	数据类型	说明
S、S1	Bool	置位输入,1 表示优先
R、R1	Bool	复位输入,1 表示优先
OUT	Bool	置位或复位的位元件
Q	Bool	遵循 "OUT" 位的状态

小提示　输出端 Q 遵循 "OUT" 位的状态，即操作数 "OUT" 的当前信号状态被传送到输出端 Q，并可在此进行查询。

SR 指令是复位优先触发器指令，RS 指令是置位优先触发器指令，两个指令的真值表如表 2-8 所示。

表 2-8　SR 指令和 RS 指令的真值表

SR			RS		
S	R1	Q	S1	R	Q
0	0	先前状态	0	0	先前状态
0	1	0	0	1	0
1	0	1	1	0	1
1	1	0	1	1	1

如图 2-24（a）所示，当 I0.0 闭合时，SR 指令和 RS 指令均通过置位输入端 S 分别使 Q0.5 和 Q0.6 的线圈置位，即使 I0.0 断开，Q0.5 和 Q0.6 的线圈仍得电并保持；当 I0.1 闭合时，SR 指令和 RS 指令均通过复位输入端 R 分别使 Q0.5 和 Q0.6 的线圈复位，Q0.5 和 Q0.6 的线圈失电，Q0.5 和 Q0.6 均保持 0 状态。如果同时按下 I0.0 和 I0.1，可以看到 SR 指令的输出 Q0.5 状态变为 0，RS 指令的输出 Q0.6 状态变为 1。时序图如图 2-24（b）所示。

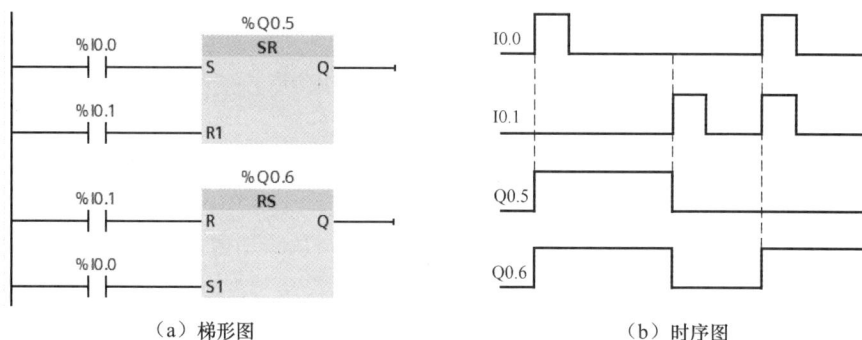

（a）梯形图　　（b）时序图

图 2-24　SR 指令和 RS 指令

3. 置位指令、复位指令的使用注意事项

（1）置位指令、复位指令具有记忆和保持功能，某一软元件一旦被置位，就始终保持得电状态，直到对它进行复位为止，一旦被复位，就始终保持复位状态，直到重新被置位。

（2）置位位域指令和复位位域指令用于将从指定起始位开始的 N 个连续的位地址置位（变为 ON）或复位（变为 OFF）。

（3）置位输出指令、复位输出指令通常成对使用，两个指令之间可以插入别的程序段，也可单独使用。

（4）置位输出指令、复位输出指令在程序中写在后面的指令有优先权。

（5）置位输出指令、复位输出指令可放置在程序段的任何位置，置位位域指令和复位位域指令必须是分支中最右端的指令。

2.1.5　上升沿指令和下降沿指令

1. 上升沿指令和下降沿指令的格式与功能

上升沿指令和下降沿指令包括边沿触点检测指令（P 触点指令和 N 触点指

上升沿指令和下降沿指令（视频）

令）、边沿线圈检测指令（P 线圈指令和 N 线圈指令）、边沿触发器检测指令（P 触发器指令和 N 触发器指令），其格式与功能如表 2-9 所示。

表 2-9　上升沿指令和下降沿指令的格式与功能

指令名称	操作数类型	梯形图	功能
P 触点指令	Bool	"IN" —┤P├— "M_BIT"	当在操作数 "IN" 位上检测到状态由 0 变 1 的上升沿时，触点接通一个扫描周期
N 触点指令	Bool	"IN" —┤N├— "M_BIT"	当在操作数 "IN" 位上检测到状态由 1 变 0 的下降沿时，触点接通一个扫描周期
P 线圈指令	Bool	"OUT" —(P)— "M_BIT"	当在输入能流中检测到信号状态由 0 变 1 的上升沿时，立即将操作数 "OUT" 接通 1 个扫描周期
N 线圈指令	Bool	"OUT" —(N)— "M_BIT"	当在输入能流中检测到信号状态由 1 变 0 的下降沿时，立即将操作数 "OUT" 接通 1 个扫描周期
P 触发器指令	Bool	P_TRIG CLK　Q "M_BIT"	当 P 触发器指令检测到 CLK 输入的逻辑状态由 0 变 1 的上升沿时，输出端 Q 接通 1 个扫描周期
N 触发器指令	Bool	N_TRIG CLK　Q "M_BIT"	当 N 触发器指令检测到 CLK 输入的逻辑状态由 1 变 0 的下降沿时，输出端 Q 接通 1 个扫描周期

边沿触点检测指令和边沿线圈检测指令中的操作数 "IN" 表示检测输入信号，"OUT" 表示检测输出信号，"P" 表示上升沿，"N" 表示下降沿。边沿触发器检测指令中的 "CLK" 是输入信号端，"Q" 是输出信号端，"TRIG" 前面的 "P" 表示检测上升沿，"N" 表示检测下降沿。

上升沿指令和下降沿指令下面的操作数 "M_BIT" 为边沿存储位，用来存储被监控输入信号的上一个扫描周期的状态。通过将输入的状态与上一个扫描周期的状态进行比较来检测边沿。

> **小提示**　　每次执行上升沿指令和下降沿指令时，都会把操作数的当前状态与上一个扫描周期的状态进行比较，同时把操作数的当前状态存储到操作数 "M_BIT" 中，供下一次扫描执行到该指令时比较使用。

2. 边沿触点检测指令示例

如图 2-25（a）所示，如果按下按钮 I0.0 时，P 触点指令检测到 I0.0 由 0 变为 1 的上升沿，Q0.0 线圈得电 1 个扫描周期，Q0.1 线圈通过置位指令一直得电；当松开按钮 I0.0 时，N 触点指令检测到 I0.0 由 1 变为 0 的下降沿，Q0.2 线圈通过置位指令一直得电，Q0.1 线圈复位。时序图如图 2-25（b）所示。

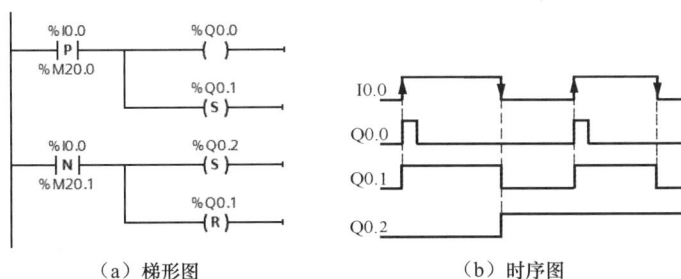

（a）梯形图　　　　　（b）时序图

图 2-25　边沿触点检测指令示例

3. 边沿线圈检测指令示例

如图 2-26 所示，当按下按钮 I0.1 时，P 线圈指令检测到 I0.1 由 0 变 1 的上升沿，M60.0 线圈得电 1 个扫描周期，M60.0 的常开触点闭合，Q0.5 线圈得电并保持，此时，由于第 1 梯级和第 2 梯级的能流流通，因此 Q0.3 和 Q0.4 线圈均得电；当松开按钮 I0.1 时，第 1 梯级和第 2 梯级的能流断开，Q0.3 和 Q0.4 线圈失电，N 线圈指令检测到 I0.1 由 1 变 0 的下降沿，M60.1 线圈得电 1 个扫描周期，其常开触点闭合，Q0.5 线圈复位。

4. 边沿触发器检测指令示例

如图 2-27 所示，当按下按钮 I0.2 时，P 触发器指令检测到 I0.2 由 0 变 1 的上升沿，P 触发器的输出端 Q 接通 1 个扫描周期，Q0.6 线圈得电 1 个扫描周期，Q0.7 线圈通过置位指令得电并保持；当松开按钮 I0.2 时，N 触发器指令检测到 I0.2 由 1 变 0 的下降沿，N 触发器的输出端 Q 接通 1 个扫描周期，Q1.0 线圈通过置位指令得电并保持，同时通过复位指令使 Q0.7 线圈复位。

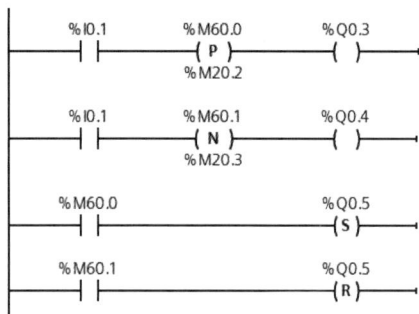

图 2-26　边沿线圈检测指令示例　　　　　图 2-27　边沿触发器检测指令示例

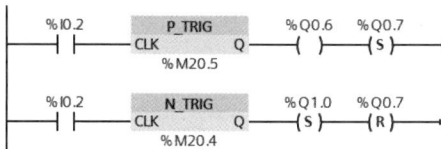

5. 上升沿指令和下降沿指令的使用注意事项

（1）P 触点指令和 N 触点指令可以放置在程序段中除分支结尾外的任何位置。

（2）P 线圈指令和 N 线圈指令可以放置在程序段中的任何位置。

（3）P 触发器指令和 N 触发器指令不能放置在程序段的开头或结尾。

（4）"M_BIT"（边沿存储位）在同一程序中只能使用一次，它的状态不能在其他地方被改写。只能使用位存储器 M、全局数据块 DB 和静态局部变量来作为边沿存储位，不能使用临时局部数据或 I/O 变量来作为边沿存储位。

🔄【跟我做】

任务 2　3 路抢答器的控制

3 路抢答器控制程序的编写与调试（视频）

1. 任务导入

设计一个 3 人智力竞赛抢答器。抢答器的外形结构如图 2-28 所示，设有主持人总台及各个参赛队分台。总台设有"开始/复位"按钮，分台设有指示灯、抢答按钮。

（1）系统初始上电后，主持人在总台上按下"开始/复位"按钮后，抢答开始指示灯 HL4 点亮，允许各队人员开始抢答，即各队抢答按钮有效。

（2）抢答开始后，任何一队抢先按下各自的抢答按钮（SB1、SB2、SB3）后，该队指示灯（HL1、HL2、HL3）点亮，并联锁其他参赛队的电路，使其他队后续抢答无效。

图 2-28 抢答器的外形结构

主持人确认抢答状态后，按下"开始/复位"按钮，将清除各队指示灯状态，继续下一次抢答。

2. 设备和工具

CPU 1215C DC/DC/Rly 1 块、按钮若干、指示灯若干、安装有 TIA 博途软件的计算机 1 台、《S7-1200 可编程控制器系统手册》1 本、电工工具 1 套、万用表 1 块等。

3. 硬件电路

根据控制要求，3 路抢答器控制的 I/O 分配如表 2-10 所示，其电路如图 2-29 所示。

表 2-10 3 路抢答器控制的 I/O 分配

输　　入			输　　出		
输入继电器	输入元件	作　　用	输出继电器	输出元件	作　　用
I0.0	SB1	1 号抢答	Q0.0	HL1	1 号指示灯
I0.1	SB2	2 号抢答	Q0.1	HL2	2 号指示灯
I0.2	SB3	3 号抢答	Q0.2	HL3	3 号指示灯
I0.3	SB4	开始/复位	Q0.3	HL4	抢答开始指示灯

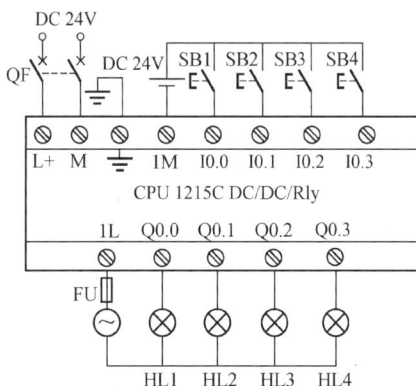

图 2-29 3 路抢答器的电路

4. 程序设计

采用 P 触点指令和 SR 指令编写的 3 路抢答器程序如图 2-30 所示。

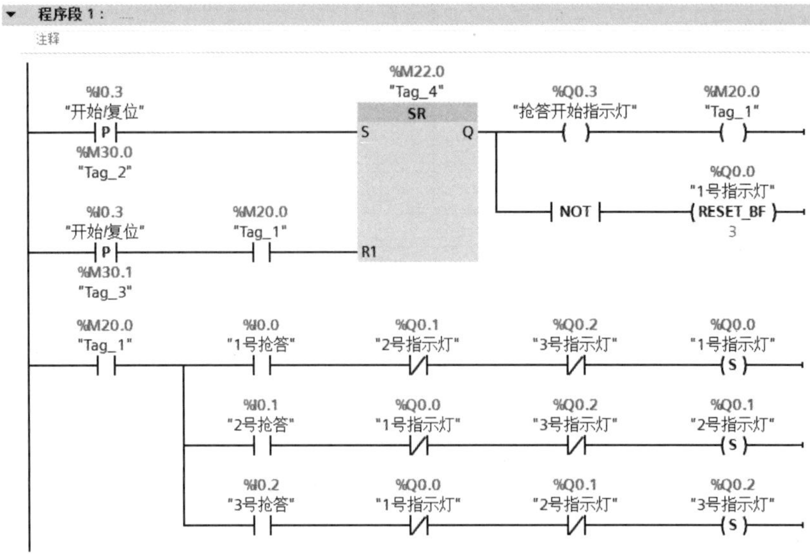

图 2-30　3 路抢答器程序

　　主持人按下"开始/复位"按钮 I0.3，Q0.3=1，M20.0=1，抢答开始指示灯 Q0.3 点亮，M20.0 的常开触点闭合，允许各队开始抢答。当 1 号队抢答成功时，1 号指示灯 Q0.0 置位并保持为 1，将 Q0.0 的常闭触点串联在其他两个队的线圈电路中，其他两个队抢答无效；其他两个队的抢答与 1 号队的抢答相似。在每一队的指示灯梯级中，均串联有其他两个队指示灯的常闭触点，保证一旦该队抢答成功，其他两个队抢答无效。

> 💡**小提示**　　S7-1200 PLC 的梯形图允许在一个程序段内输入多条独立电路，指令框（如 SR 指令）和线圈（如 Q0.3、M20.0）可以串联使用。

5. 运行、调试

　　程序编译无错误之后，将程序下载到 PLC 中并使其工作在 RUN 模式。可以使用强制表给用户程序中的各个变量分配固定值，该操作称为强制，能强制的对象只能是 I/O。

　　下面使用强制表对程序进行调试。

　　（1）创建强制表

　　在"项目树"下，找到"PLC_1[CPU 1215C DC/DC/Rly]"文件夹下的"监控与强制表"文件夹，双击"强制表"。在"强制表"中，输入该 CPU 中已经定义并选择的变量。在"名称"列输入"1 号抢答":P，按下 Enter 键后，"地址"列和"显示格式"列自动显示 I0.0:P 和布尔型，按照此方法创建图 2-31 所示的强制表。

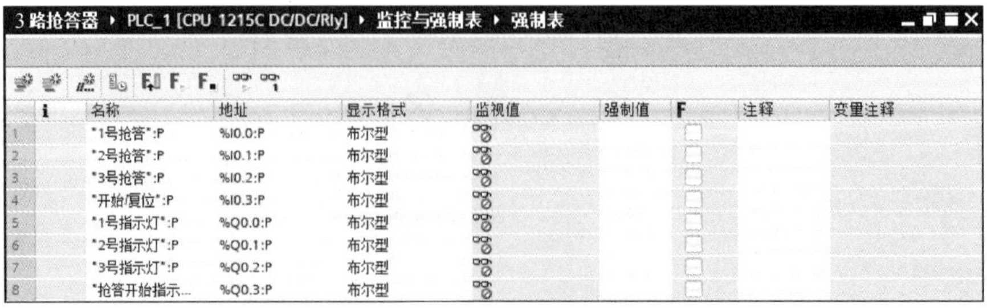

图 2-31　强制表

（2）使用强制表调试程序

如图 2-32 所示，在"开始/复位"按钮 I0.3 对应的"强制值"列输入 1（TRUE），然后勾选右侧的强制复选框。单击"启动或替换可见变量的强制"按钮 **F**，在弹出的对话框中单击"是"按钮，此时 PLC 上的"MAINT"指示灯变成橙色，Q0.3 输出指示灯点亮，现场"抢答开始指示灯"点亮，在图 2-32 所示界面的第一列出现强制标志 **F**，同时梯形图中 I0.3 触点上面出现强制标志 **F**。单击"停止所选地址的强制"按钮 **F**，取消"开始/复位"按钮 I0.3 的强制，此时 PLC 上的"MAINT"指示灯熄灭，第一列和梯形图中的强制标志 **F** 均消失。

	i	名称	地址	显示格式	监视值	强制值	F	注释	变量注释
1		"1号抢答":P	%I0.0:P	布尔型			☐		
2		"2号抢答":P	%I0.1:P	布尔型			☐		
3		"3号抢答":P	%I0.2:P	布尔型			☐		
4	**F**	"开始/复位":P	%I0.3:P	布尔型		TRUE	☑		
5		"1号指示灯":P	%Q0.0:P	布尔型			☐		
6		"2号指示灯":P	%Q0.1:P	布尔型			☐		
7		"3号指示灯":P	%Q0.2:P	布尔型			☐		
8		"抢答开始指示...	%Q0.3:P	布尔型			☐		

图 2-32　对强制表的操作

将"1号抢答"的强制值置为 1，勾选右侧的强制复选框，Q0.0 输出指示灯也被点亮，现场"1号指示灯"HL1 点亮，说明 1 号队抢答成功，单击"停止所选地址的强制"按钮 **F**，取消"1号抢答"的强制。

按照上述强制方法，将"2号抢答""3号抢答"的强制值置为 1，勾选右侧的强制复选框，Q0.0 输出指示灯和现场"1号指示灯"仍然点亮，其他指示灯没有点亮，说明 1 号指示灯点亮以后，其他指示灯已经被互锁。取消"1号抢答""2号抢答""3号抢答"的强制，将"开始/复位"按钮的强制值设为 1，此时 Q0.0 输出指示灯、现场"1号指示灯"熄灭，说明本次抢答结束，由主持人进行复位，为下一次抢答做准备。按此方法再次调试 2 号队、3 号队的抢答程序。

利用强制表调试程序结束后，单击"停止所选地址的强制"按钮 **F**，取消所有强制。

⟫【单独练】

任务 3　物料输送带的正反转控制

物料输送带由一台三相异步电机拖动，通过两个接触器 KM1 和 KM2 实现物料输送带的正反转控制，其电路如图 2-33 所示。要求用 PLC 实现图 2-33 中的控制功能，当按下正转按钮 SB2 时，电机正向运行，按下反转按钮 SB3 时，电机反转运行，按下停止按钮 SB1 或热继电器 FR 动作时，电机停止运行。请画出物料输送带的 PLC 接线图，编写程序并进行调试。

🔑 一起看　为方便用户进行程序的学习和仿真，TIA 博途软件内置了 S7-PLCSIM 仿真软件，该软件相当于 1 台虚拟的 PLC，用于模拟 PLC 程序在实际硬件设备上的运行情况，这样我们不使用真实的 PLC 硬件设备，就可以对所编写的程序进行仿真和调试。请扫码观看"物料输送带正反转控制程序的编写与调试（视频）"。

物料输送带的正反转控制程序的编写与调试（视频）

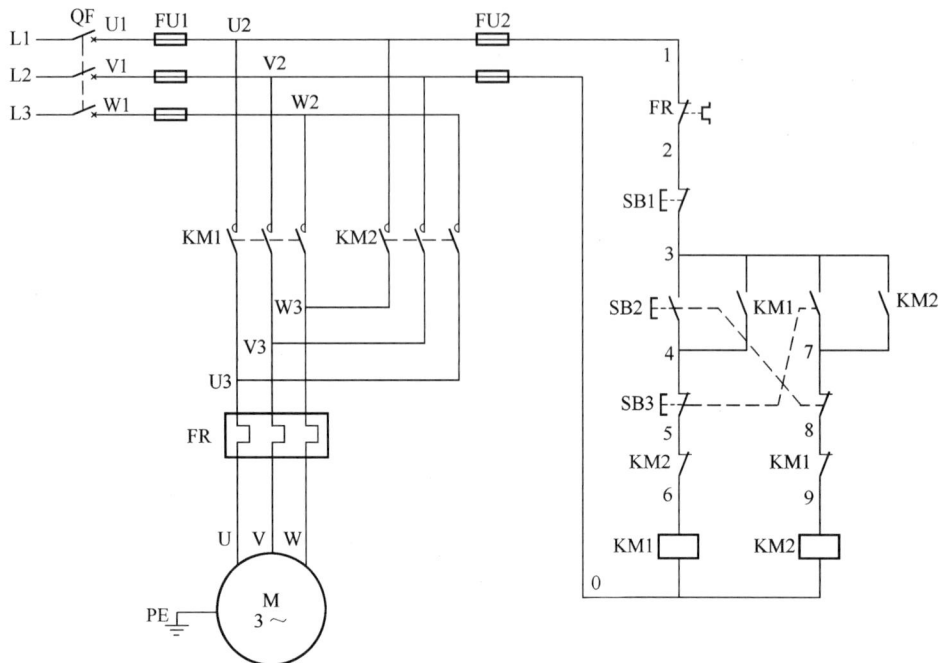

图 2-33　物料输送带的正反转控制电路

➡️ 【单独测】

1. 填空题

（1）过程映像输入存储区的标识符为_____，当 PLC 外部的输入电路接通时，过程映像输入存储区相应位为_____状态，程序中对应的常开触点_____，常闭触点_____。

（2）过程映像输入存储区允许用户程序以_____、_____、_____或者_____的寻址方式进行访问。

（3）过程映像输出存储区的标识符为_____，当有驱动信号输出时，过程映像输出存储区相应位为_____状态，其对应的硬触点_____，从而驱动外部负载。

（4）过程映像输出存储区允许用户程序以_____、_____、_____或_____的寻址方式进行访问。

（5）MW10 由 MB_____和 MB_____组成，_____是它的高位字节。

（6）MD106 由 MW_____和 MW_____组成，它的最低有效位是_____，最高有效位是_____。

（7）二进制数 2#0000 0010 1001 1101 对应的十六进制数是 16#_____，对应的十进制数是_____。

（8）BCD 码用_____位二进制数来表示 1 位十进制数。BCD 码 0100 0001 1000 0101 对应的十进制数是_____。

（9）两个或多个触点指令串联时，将逐位进行_____运算，两个或多个触点指令并联时，将逐位进行_____运算。

（10）SR 指令是_____优先触发器指令，RS 指令是_____优先触发器指令。

2. 选择题

（1）下列属于位寻址的是（　　　）。
　　A. I0.2　　　　　　　B. I12　　　　　　　C. IB0　　　　　　　D. I0

（2）下列属于字节寻址的是（　　　）。
　　A. MB10　　　　　　B. MW10　　　　　　C. ID0　　　　　　D. I0.2

（3）下列属于字寻址的是（　　　）。
　　A. MB2　　　　　　B. M10　　　　　　C. QW4　　　　　　D. I0.2

（4）下列属于双字寻址的是（　　　）。
　　A. QW1　　　　　　B. M10　　　　　　C. IB0　　　　　　D. MD28

（5）过程映像输入存储区、物理输出存储区的标识符分别为（　　　）。
　　A. I_:P、Q_:P　　　B. I_:P、Q　　　　C. I、Q_:P　　　　D. I、Q

（6）复位/置位触发器指令的复位、置位信号状态分别为0、1时，输出端状态为（　　　）。
　　A. 不定　　　　　　B. 保持　　　　　　C. 1　　　　　　D. 0

3. 分析题

（1）使用上升沿指令设计一个只用一个按钮控制电机启停的程序，即第一次按下该按钮，电机启动，第二次按下该按钮，电机停止。为了减少PLC的I/O点数，将电机的过载保护元件FR接在PLC输出电路中。试画出PLC的接线图并编写程序。

（2）将3个指示灯接在PLC的输出端上，要求SB1、SB2、SB3这3个按钮中的任意一个被按下时，灯HL0亮；任意两个按钮被按下时，灯HL1亮；3个按钮同时被按下时，灯HL2亮；没有按钮被按下时，所有灯不亮。试画出PLC的接线图并编写程序。

项目 2.2　定时器指令的应用

💡【项目描述】

如果项目2.1中的电机自锁控制的要求变为按下启动按钮，电机运行30s后停止，则需要用到PLC的定时器指令。使用定时器指令可以实现编程的时间控制。S7-1200 PLC中的定时器是IEC定时器。

本项目通过编写与调试锅炉房两台电机的顺序启动和逆序停止程序，介绍定时器的分类、指令格式和工作原理等，使读者能使用定时器指令编写时间控制程序。

✛【跟我学】

定时器指令

1. 定时器的分类

S7-1200 PLC中的定时器按工作方式的不同，可分为接通延时定时器（TON）、保持型接通延时定时器（TONR）、关断延时定时器（TOF）、脉冲定时器（TP）等4种类型。定时器指令的格式与功能如表2-11所示。

表 2-11 定时器指令的格式与功能

指令名称	梯形图	功能
接通延时定时器	%DB1 "IEC_Timer_0_DB" TON Time IN　　Q PT　　ET	将输出位 Q 在预设的延时之后设置为 1
保持型接通延时定时器	%DB1 "IEC_Timer_0_DB" TONR Time IN　　Q R PT	将输出位 Q 在预设的延时之后设置为 1 在使用 R 输入重置经过的时间之前，会跨越多个定时时段一直累加经过的时间
关断延时定时器	%DB1 "IEC_Timer_0_DB" TOF Time IN　　Q PT　　ET	输出位 Q 在预设的延时过后将被重置为 0
脉冲定时器	%DB1 "IEC_Timer_0_DB" TP Time IN　　Q PT　　ET	可生成具有预设宽度时间的脉冲
复位定时器	"操作数" —(RT)—	指令前的运算结果为 1 时，将指定 IEC 定时器的 ET 立即停止计时并回到 0 状态
加载持续时间	"操作数1" —(PT)— "操作数2"	指令前的运算结果为 1 时，将指定时间写入指定 IEC 定时器数据块的 PT 中

用户程序中可以使用的定时器数量仅受 CPU 存储器容量限制。每个定时器均使用 IEC_Timer 数据类型的 DB 结构来存储指令框顶部指定的定时器背景数据，编程软件会在插入指令时自动创建该 DB。定时器指令的格式如图 2-34 所示，图中的 "%DB2" 是定时器的背景数据块 DB，"IEC_Timer_0_DB_1" 是数据块 DB 的名称，如果需要定时 3min10s，

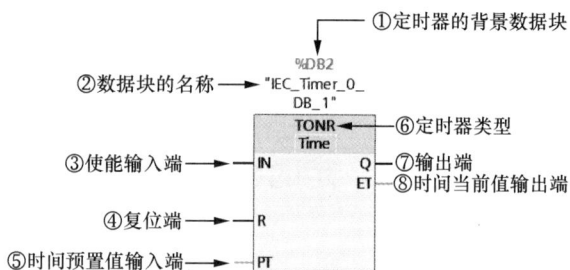

①定时器的背景数据块
②数据块的名称
③使能输入端
④复位端
⑤时间预置值输入端
⑥定时器类型
⑦输出端
⑧时间当前值输出端

图 2-34 定时器指令的格式

在 PT 输入端写入 "T#3M10S" 即可。定时器指令的参数和数据类型如表 2-12 所示。

表 2-12 定时器指令的参数和数据类型

参数	声明	数据类型	说明
IN	Input	Bool	TP、TON 和 TONR：0=禁用定时器，1=启用定时器。 TOF：0=启用定时器，1=禁用定时器
R	Input	Bool	TONR 的复位输入： 0=不重置，1=将经过的时间和 Q 位重置为 0
PT	Input	Time	时间预置值，PT 参数的值必须为正数
Q	Output	Bool	TON、TONR：时间超过 PT 参数的值后，置位输出。 TOF、TP：时间超出 PT 参数的值时，复位输出
ET	Output	Time	时间当前值

学海领航　　早在公元前 659 年，我国中原地区就使用圭表测影法来进行计时。除此之外，我国古代还有日晷、漏刻、沙漏等计时工具，请上网查询这些计时工具的计时原理，感受我国古代文明的魅力。

2. 接通延时定时器 TON

接通延时定时器在输入端 IN 闭合时开始计时，时间当前值 ET 等于时间预置值 PT 时，定时器输出位 Q 置 1。输入端 IN 断开时，定时器输出位 Q 复位为 0，清除定时器的时间当前值。

如图 2-35（a）所示，单击右侧任务卡选项中的"指令"选项，在"基本指令"中选中"接通延时定时器 TON"的图标 ⏱ TON，将其拖曳到程序编辑工作区，弹出一个"调用选项"对话框，用户可以修改"名称"，这里采用图 2-35（a）中的默认名称；可以选择"手动"编号，根据用户需要生成 DB 数据块；也可以选择"自动"编号，直接生成背景数据块 DB1，该数据块存放在"项目树"的"程序块"→"系统块"→"程序资源"中，双击"IEC_Timer_0_DB[DB1]"数据块即可读取图 2-35（b）所示的定时器的各个数据。

如图 2-35（c）所示，当 I0.0 闭合时，接通延时定时器 TON 开始定时。当接通延时定时器的时间当前值 MD100 等于时间预置值 20s 时，接通延时定时器输出位 Q 置 1，Q0.0 线圈得电；如果此时 I0.0 仍然闭合，则接通延时定时器的时间当前值 MD100 一直保持为 20s；当 I0.0 断开或 I0.1 被按下时，接通延时定时器复位，时间当前值 MD100 清零，Q0.0 线圈失电。如果 I0.0 闭合时间小于时间预置值，则接通延时定时器立即复位。时序图如图 2-35（d）所示。

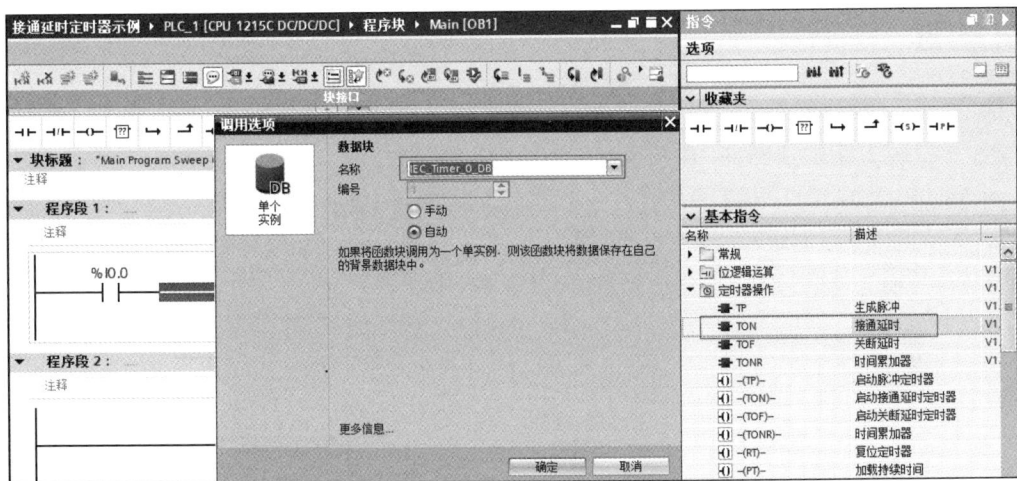

（a）使用 TON 指令调用数据块

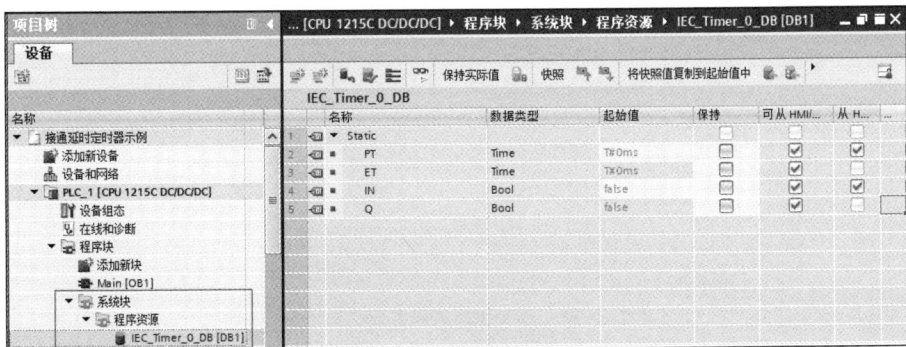

（b）DB1 定时器的各个数据

图 2-35　接通延时定时器示例

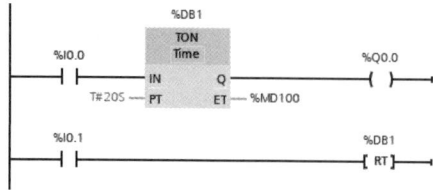

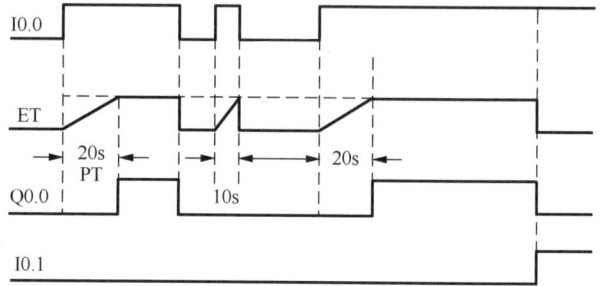

（c）梯形图　　　　　　　　　　（d）时序图

图 2-35　接通延时定时器示例（续）

> 💬 **小提示**　　S7-1200 PLC 的 IEC 定时器没有定时器号（即没有 T0、T37 这种定时器号），在使用复位定时器指令 RT 时，可以用背景数据块的编号或符号来指定需要复位的定时器，图 2-35（c）中 RT 的操作数表示指定定时器背景数据块的编号（即%DB1）。

3. 保持型接通延时定时器 TONR

保持型接通延时定时器的工作原理与接通延时定时器的工作原理相似，其区别在于计时过程中，如果保持型接通延时定时器的输入端 IN 断开，则其时间当前值 ET 存储器中的数据仍然保持，当输入端 IN 重新闭合时，时间当前值在原有数据基础上继续计时，直到累计时间达到时间预置值。保持型接通延时定时器必须使用复位端 R 来复位。

如图 2-36（a）所示，当 I0.1 闭合时，保持型接通延时定时器开始计时，运行一段时间（如 20s）后，启动输入端 I0.1 断开，由于是保持型接通延时定时器，所以时间当前值 ET（即 MD200）不变。当启动输入端 I0.1 再次闭合时，保持型接通延时定时器继续计时 10s，当达到时间预置值 30s 时，保持型接通延时定时器输出位 Q 置 1，Q0.1 线圈得电。当 I0.2 闭合时，保持型接通延时定时器复位，Q0.1 线圈失电。时序图如图 2-36（b）所示。

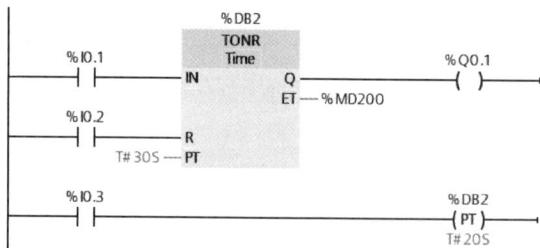

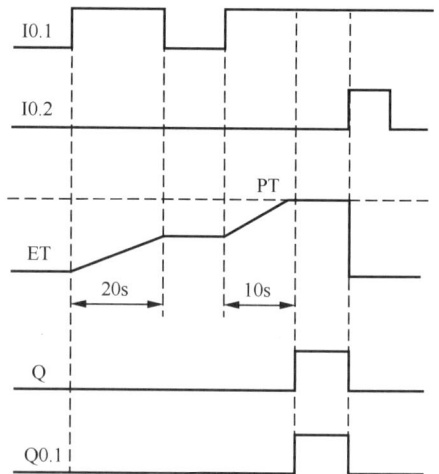

（a）梯形图　　　　　　　　　　（b）时序图

图 2-36　保持型接通延时定时器示例

当 I0.3 一直闭合时，将指定时间 20s 写入指定保持型接通延时定时器背景数据块%DB2 的 PT 中，如果此时 I0.1 闭合，20s 后，Q0.1 线圈得电。

💮 小提示　　加载持续时间指令 PT 下方的操作数表示指定的加载持续时间，此例中为 20s，指
令上方的操作数表示指定 IEC 定时器背景数据块的编号，此例中为%DB2。

🐾 一起说　　接通延时定时器和保持型接通延时定时器有什么区别？

4. 关断延时定时器 TOF

当关断延时定时器的输入端 IN 闭合时，关断延时定时器 TOF 输出位 Q 立即
置 1，并把时间当前值置为 0。当输入端 IN 断开时，关断延时定时器 TOF 计时
开始，直到时间当前值 ET 等于时间预置值 PT 时停止计时，关断延时定时器 TOF
输出位 Q 立即复位为 0，时间当前值停止递增；如果输入端 IN 断开的持续时间小
于时间预置值，则关断延时定时器 TOF 输出位 Q 保持为 1 状态。

关断延时定时器
和脉冲定时器
（视频）

如图 2-37（a）所示，当 I0.1 闭合时，关断延时定时器 TOF 的输出位 Q 置
1，Q0.1 线圈得电，同时关断延时定时器 TOF 的时间当前值 MD100 清零；当
I0.1 断开时，关断延时定时器 TOF 开始计时，当 MD100 的值达到 20s 时，关断延时定时器 TOF
停止计时，关断延时定时器 TOF 的输出位 Q 复位为 0，Q0.1 线圈失电。如果 I0.1 断开的持续时
间小于 20s（如 16s），则关断延时定时器 TOF 的输出位 Q 一直保持为 1 状态，Q0.1 线圈得电。
时序图如图 2-37（b）所示。

（a）梯形图

（b）时序图

图 2-37　关断延时定时器示例

5. 脉冲定时器 TP

当脉冲定时器的输入端 IN 闭合时，脉冲定时器 TP 输出位 Q 立即置 1，脉冲定时器 TP 开始定
时，无论后续输入端 IN 的信号如何变化，输出位 Q 置位的时间都等于时间预置值。当脉冲定时器
TP 正在定时时，如果检测到输入端闭合，脉冲定时器 TP 输出位 Q 的信号状态也不会受到影响。

如图 2-38（a）所示，当 I0.2 闭合时，脉冲定时器 TP 开始计时，输出位 Q 置 1，同时 Q0.2
线圈得电，当 MD160 的值等于时间预置值 20s 时，Q0.2 线圈失电。当 I0.2 断开时，时间当前值

MD160 复位为 0；当 I0.2 再次闭合时，脉冲定时器 TP 开始计时，此时将 I0.2 断开，可以看到时间当前值 MD160 仍然继续递增，当 MD160 的值等于时间预置值 20s 时，Q0.2 线圈失电。这说明脉冲定时器 TP 的输入端 IN 只要闭合，就触发脉冲定时器开始定时，其定时时间取决于时间预置值，而与输入端 IN 闭合的时间无关。时序图如图 2-38（b）所示。

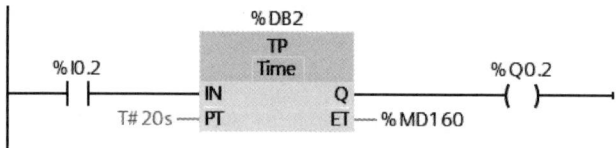

（a）梯形图

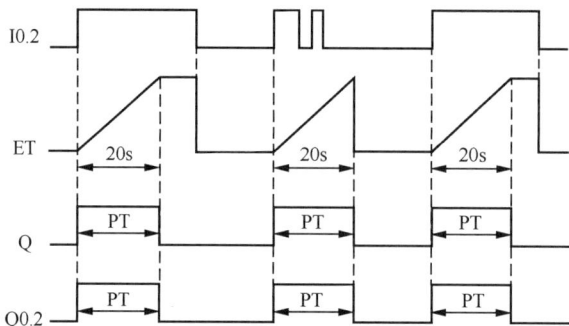

（b）时序图

图 2-38　脉冲定时器示例

> 🔑 一起看　　在使用定时器的过程中，常常会出现定时器不计时的问题，如何解决这个问题？请扫码学习"S7-1200 PLC 定时器常见问题（文档）"。

S7-1200 PLC
定时器常见
问题（文档）

🔄【跟我做】

任务 1　锅炉房电机的顺序启动控制

1. 任务要求

为保持锅炉运行期间炉膛内有一定的负压，在锅炉开始运行时，要求先启动引风电机，再启动鼓风电机；停止时先停止鼓风电机，后停止引风电机。其控制要求如下。

PLC 上电运行时，声光报警器以 1Hz 的频率闪烁 10s，然后工作指示灯常亮。按下启动按钮，引风电机启动，20s 后鼓风电机启动；按下停止按钮，鼓风电机立即停止，22s 后引风电机停止运行。

锅炉房电机顺序
启动控制程序的
编写与调试
（视频）

根据控制要求编写程序并调试。

2. 设备和工具

CPU 1215C DC/DC/Rly 1 块、三相异步电机 2 台、按钮若干、接触器和热继电器各 2 个、安装有 TIA 博途软件的计算机 1 台、《S7-1200 可编程控制器系统手册》、电工工具 1 套、万用表 1 块等。

3. 硬件电路

根据控制要求，锅炉房电机顺序控制的 I/O 分配如表 2-13 所示，其电路如图 2-39 所示。

表 2-13　锅炉房电机顺序控制的 I/O 分配

输　　入			输　　出		
输入继电器	输入元件	作　用	输出继电器	输出元件	作　用
I0.0	SB1	启动	Q0.0	KM1	引风电机
I0.1	SB2	停止	Q0.1	KM2	鼓风电机
I0.2	FR1	热保护 1	Q0.2	HL	工作指示灯
I0.3	FR2	热保护 2	Q0.3	HA	声光报警器

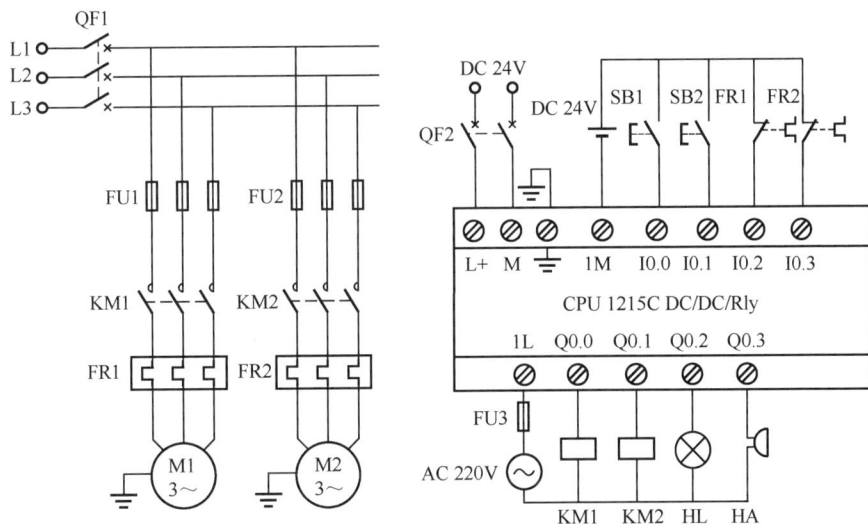

图 2-39　锅炉房电机顺序控制电路

> **一起说**　如果图 2-39 中采用晶体管输出型 CPU 1215C DC/DC/DC，工作指示灯 HL、声光报警器 HA 均采用 DC 24V 电源电压，接触器 KM1 和 KM2 的线圈电压是 AC 220V，如何接线？

4. 程序设计

（1）启用系统存储器和时钟存储器

任务要求在 PLC 上电时，声光报警器以 1Hz 频率闪烁并报警，因此需要启用 PLC 的系统和时钟存储器。

双击图 2-40 中"项目树"中的"设备和网络"，在弹出的窗口中双击 PLC 切换到"设备视图"，在巡视窗口中，依次单击"属性"→"常规"→"系统和时钟存储器"，勾选"启用系统存储器字节"和"启用时钟存储器字节"复选框，激活系统存储器和时钟存储器。

勾选"启用系统存储器字节"复选框后，"系统存储器字节的地址"默认为 1，代表字节为 MB1，用户也可以指定其他的存储字节。当 PLC 由 STOP 模式变为 RUN 模式时，M1.0 在第一个扫描周期为 1，常用来对程序进行初始化，PLC 运行时，M1.2 始终为 1，M1.3 始终为 0，如图 2-41 所示。

图 2-40　启用系统存储器和时钟存储器

时钟存储器集成在 CPU 内部。勾选"启用时钟存储器字节"复选框后，"时钟存储器字节的地址"默认为 0，代表字节为 MB0，用户也可以指定其他的存储器字节。时钟存储器的位在 RUN 模式下会随 CPU 时钟同步变化。M0.5 提供周期为 1s 的时钟脉冲，如图 2-41 所示。

（2）编写程序

根据控制要求，编写的锅炉房电机顺序控制程序如图 2-42 所示。

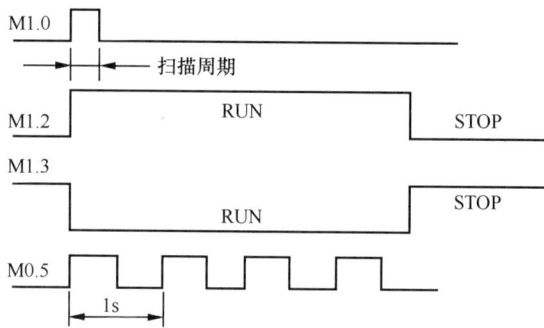

图 2-41　系统存储器和时钟存储器的时序图

程序段 1（初始化程序）：PLC 上电时，M1.0 闭合一个扫描周期，M10.0 线圈得电、M16.0 线圈被置位，其常开触点闭合，声光报警器 Q0.3 以 1Hz 的频率闪烁，脉冲定时器 TP 开始定时，定时时间达到设定的 10s 后，脉冲定时器 TP 输出 Q 断开，M10.0 线圈失电，其 N 触点闭合，工作指示灯 Q0.2 常亮，同时复位 M16.0 线圈，其常开触点断开，声光报警器 Q0.3 线圈失电，报警停止。

程序段 2：按下启动按钮 I0.0，M20.0 线圈得电，其常开触点闭合，接通关断延时定时器 TOF，Q0.0 线圈得电，引风电机启动；同时，M20.0 的常开触点闭合，接通延时定时器 TON 开始定时，20s 之后，Q0.1 线圈得电，鼓风电机启动。

当任一台电机过载或按下停止按钮 I0.1 时，复位 M20.0 线圈，接通延时定时器 TON 的输出位 Q 变为 0，Q0.1 线圈失电，鼓风电机立即停止运行；关断延时定时器 TOF 的启动端 M20.0 断开后，关断延时定时器开始延时，延时 22s 之后，输出位 Q 变为 0，Q0.0 线圈失电，引风电机停止运行。

5. 运行、调试

将编译无错误的程序下载到 PLC 中。

（1）让 PLC 进入 RUN 模式。声光报警器以 1Hz 的频率闪烁 10s，然后工作指示灯 Q0.2 常亮。

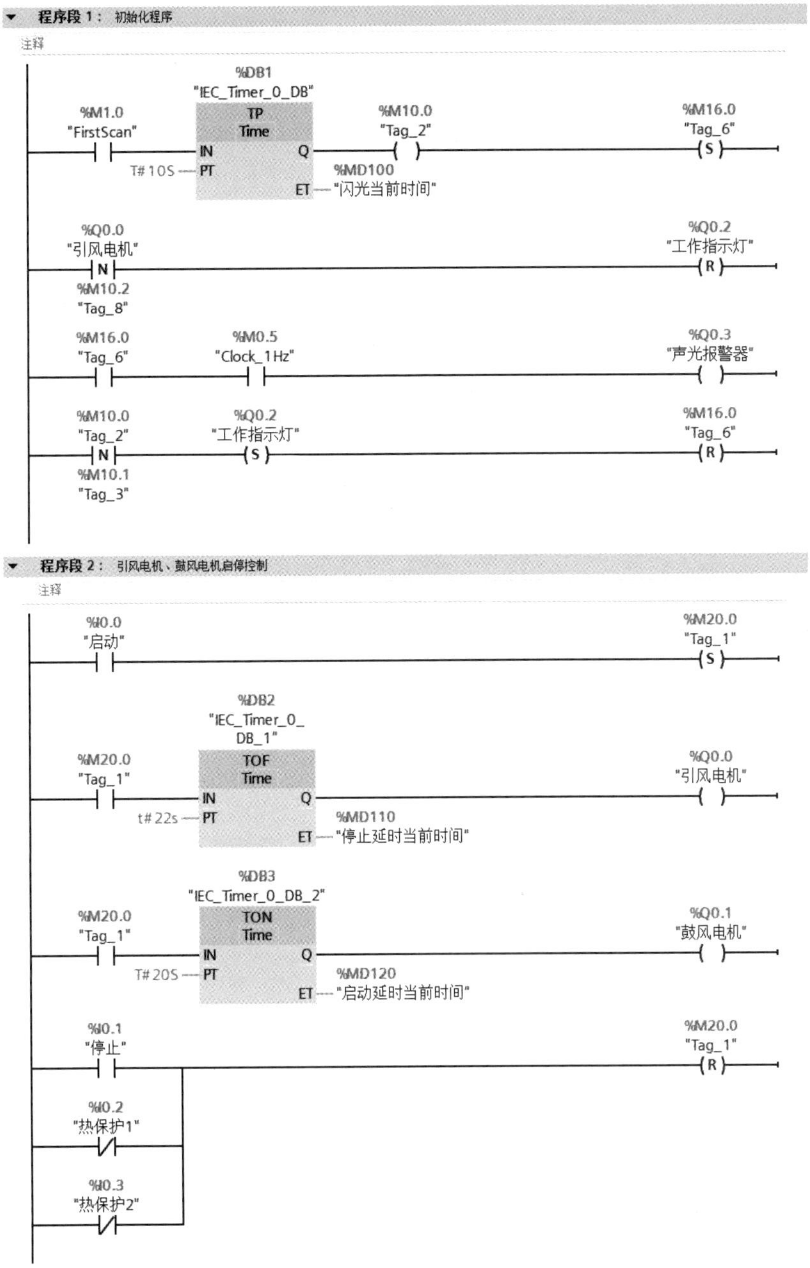

图 2-42　锅炉房电机顺序控制程序

（2）按下启动按钮 I0.0，Q0.0 线圈得电，接触器 KM1 线圈吸合，引风电机启动；接通延时定时器 TON 开始定时，时间当前值 MD120 的值持续增加，当达到设定值 20s 之后，Q0.1 线圈得电，KM2 线圈吸合，鼓风电机启动。

（3）按下停止按钮 I0.1，Q0.1 线圈失电，接触器 KM2 线圈失电，鼓风电机停止运行；关断延时定时器 TOF 开始定时，时间当前值 MD110 的值持续增加，当达到 22s 之后，Q0.0 线圈失电，KM1 线圈失电断开，引风电机停止运行。

引风电机、鼓风电机的过载保护停机过程与按下停止按钮后的过程相同。

⤵【单独练】

任务 2　电机的 Y-△ 降压启动控制

图 2-43 所示是电机的 Y-△ 降压启动控制电路，按下启动按钮 SB2，接触器 KM1 和 KM3 线圈得电，把定子绕组接成星形启动，经过 6s 延时，KM1 和 KM2 线圈得电，再把定子绕组改接为三角形全压运行。要求用 PLC 实现 Y-△ 降压启动控制功能，请画出 PLC 接线图，编写程序并进行调试。

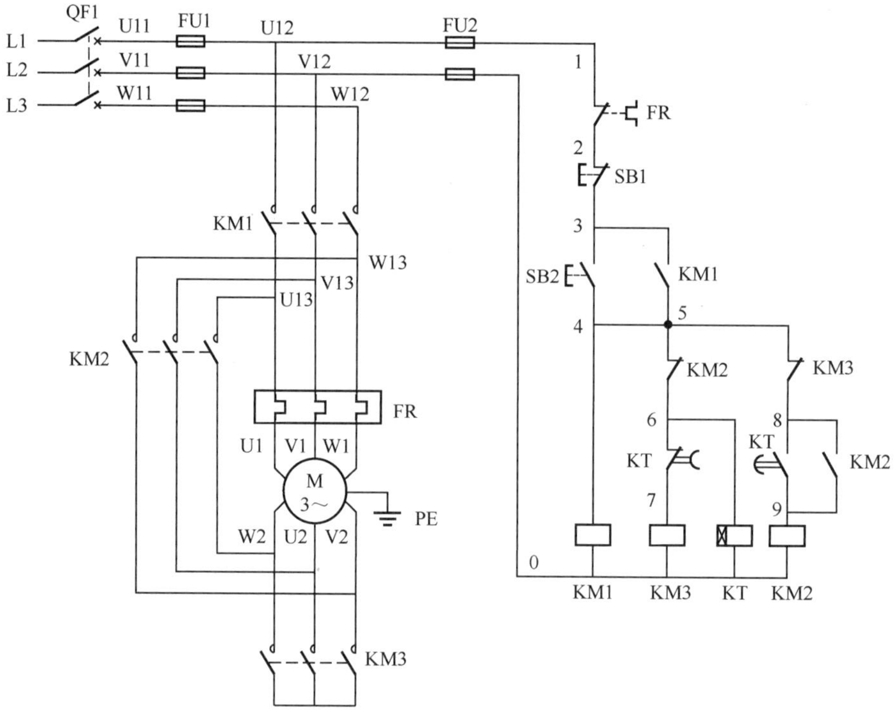

图 2-43　电机的 Y-△ 降压启动控制电路

➡【单独测】

1. 填空题

（1）按工作方式不同，定时器可分为_____延时定时器、_____延时定时器、_____延时定时器、_____定时器等 4 种类型。

（2）RT 的操作数表示指定定时器背景数据块的_____。

（3）接通延时定时器在输入端 IN_____时开始计时，时间当前值_____时间预置值 PT 时，接通延时定时器输出位 Q 置_____，其常开触点_____，常闭触点_____。

（4）如果保持型接通延时定时器的输入端 IN 断开，则其时间当前值 ET 存储器中的数据_____。

（5）必须使用_____对保持型接通延时定时器进行复位。

（6）加载持续时间指令 PT 下方的操作数 2 表示指定的加载_____。

（7）当关断延时定时器的输入端 IN 闭合时，关断延时定时器输出位 Q 立即置_____，并把时间当前值设置为_____。

（8）当关断延时定时器的输入端 IN_____时，关断延时定时器计时开始。

（9）当脉冲定时器的输入端 IN_____时，脉冲定时器输出位 Q 立即置_____，开始定时。

（10）S7-1200 CPU 默认的系统存储器和时钟存储器字节的地址分别为_____、_____。

2. 分析题

按下启动按钮，电机立即运行，工作 20s 后自动停止。在运行过程中，如果发生过载或按下停止按钮，电机立即停止运行，请画出 PLC 的接线图并编写程序。

项目 2.3 计数器指令的应用

【项目描述】

在 PLC 控制系统中，常常需要对 PLC 内部程序事件和外部过程事件进行计数，这就需要用到计数器。S7-1200 PLC 的计数器为 IEC 计数器，用户程序中可以使用的计数器的数量仅受 CPU 的存储器容量限制。

本项目通过产品出入库数量监控程序的编写与调试任务，掌握计数器的分类、指令格式和工作原理。

【跟我学】

计数器指令
（视频）

计数器指令

1. 计数器的分类

S7-1200 PLC 有 3 种计数器，分别是加计数器 CTU、减计数器 CTD 和加减计数器（CTUD），其指令的格式与功能如表 2-14 所示。计数器指令的参数包含输入参数和输出参数，每个参数的数据类型和说明如表 2-15 所示。

表 2-14 计数器指令的格式与功能

指令名称	梯形图	功能
加计数器	%DB1 "IEC_Counter_0_DB" CTU ??? CU Q R CV PV	当参数 CU 的值从 0 变为 1 时，加计数器 CTU 会使计数值加 1
减计数器	%DB1 "IEC_Counter_0_DB" CTD ??? CD Q LD CV PV	当参数 CD 的值从 0 变为 1 时，减计数器 CTD 会使计数值减 1
加减计数器	%DB1 "IEC_Counter_0_DB" CTUD ??? CU QU CD QD R CV LD PV	当加减计数器的加计数输入端 CU 或减计数输入端 CD 从 0 变为 1 时，加减计数器 CTUD 将加 1 或减 1

表 2-15　计数器指令参数的数据类型和说明

参数	声明	数据类型	说明
CU	Input	Bool	加计数输入端
CD	Input	Bool	减计数输入端
R	Input	Bool	复位输入端，将当前计数值复位为 0
LD	Input	Bool	设定计数值的装载控制端
PV	Input	SInt、Int、DInt、USInt、UInt、UDInt	设定计数值的输入端。 如果 LD=1，则 PV 的值将作为新的 CV 被装载到计数器中
Q、QU	Output	Bool	Q 是计数器输出位。 QU 是加计数输出位。 当 CV≥PV 时，输出位 Q 或 QU 为 1
QD	Output	Bool	QD 是减计数输出位。 当 CV≤0 时，输出位 QD 为 1
CV	Output	SInt、Int、DInt、USInt、UInt、UDInt	当前计数值

与定时器类似，每个计数器都需要使用一个存储在数据块中的结构来保存计数器数据。在调用计数器指令时需要分配相应的背景数据块，可以采用默认设置，也可以手动设置。表 2-14 中的"%DB1"是计数器的背景数据块，"IEC_Counter_0_DB"是数据块 DB 的名称。

计数值的取值范围取决于所选的数据类型。可以从指令框的"???"下拉列表中选择该指令的数据类型，可选的数据类型如表 2-15 所示。如果计数值是无符号整数，则可以减计数到零或加计数到范围限值。如果计数值是有符号整数，则可以减计数到负整数限值或加计数到正整数限值。

2. 加计数器 CTU

当加计数器的 CU 端输入上升沿脉冲时，计数器的当前计数值就会增加 1。当当前计数值 CV 大于或等于设定计数值 PV 时，计数器输出位 Q 置 1。当复位输入端 R 闭合时，当前计数值清零，计数器输出位 Q 复位。

如图 2-44（a）所示，将加计数器的数据类型选择为 Int。当输入端 R 的 I0.2 闭合时，加计数输入端 CU 无效；当 I0.2 断开时，加计数输入端 CU 有效。I0.1 每闭合 1 次，当前计数值 MW60 的值就加 1，直到 MW60=5 时，加计数输出位 Q 置 1，Q0.0 线圈得电，加计数器的常开触点闭合，Q0.1 线圈得电，加计数器的常闭触点断开，Q0.2 线圈失电；此时再次按下 I0.1，当前计数值 MW60 的值继续加 1，直到当前计数值 MW60 达到指定的数据类型的上限值时，MW60 的值不再增加；当 I0.2 闭合时，加计数器被复位，其当前计数值 MW60 清零，计数器输出位 Q 复位为 0，Q0.0 线圈失电，加计数器的常开触点恢复常开，Q0.1 线圈失电，加计数器的常闭触点恢复常闭，Q0.2 线圈得电。时序图如图 2-44（b）所示。

📌一起说 | 图 2-44（a）第二行和第三行梯级中分别使用了计数器输出位"IEC_Counter_0_DB".QU 的常开触点和常闭触点，请问这两个触点上面的变量"IEC_Counter_0_DB".QU 如何查找？

3. 减计数器 CTD

减计数器从设定值开始，在每一个减计数输入端 CD 输入上升沿脉冲时，减计数器的当前计数值 CV 就会减 1，当前计数值等于或小于 0 时，计数器输出位 Q 置 1，停止计数。装载控制端 LD 闭合时，减计数器复位，设定计数值 PV 的值被装载到当前计数值寄存器中，计数器输出位 Q 复位为 0。

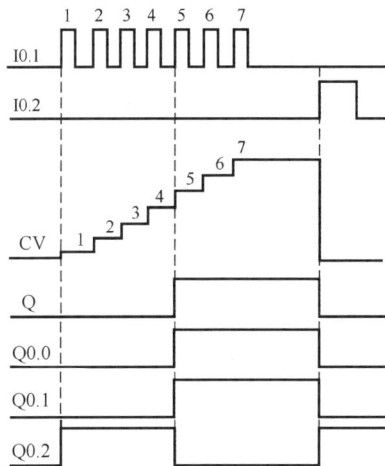

（a）梯形图

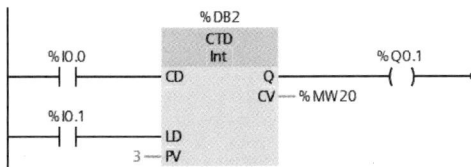

（b）时序图

图 2-44　加计数器示例

如图 2-45（a）所示，当装载控制端 LD 的 I0.1 闭合时，减计数器 CTD 的输出位 Q 被复位为 0，Q0.1 线圈失电，其设定计数值 3 被装载到当前计数值 MW20 中；当装载控制端 LD 断开时，减计数器输入端 CD 有效，I0.0 每闭合一次，其当前计数值 MW20 就减 1，当当前计数值减为 0 时，计数器输出位 Q 置 1，Q0.1 线圈得电。时序图如图 2-45（b）所示。

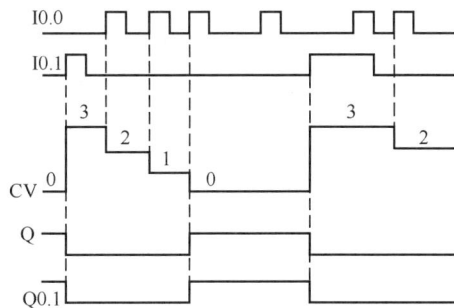

（a）梯形图　　　　　　　　　　　　　　　　（b）时序图

图 2-45　减计数器示例

4. 加减计数器 CTUD

如果检测到加减计数器的加计数输入端 CU 输入信号的上升沿，则加减计数器会使当前计数值加 1；如果检测到减计数输入端 CD 输入信号的上升沿，则加减计数器会使当前计数值减 1。

如图 2-46（a）所示，当与复位输入端 R 连接的 I0.2 断开时，输入端有效，此时加计数输入端 CU 的 I0.0 每闭合 1 次，当前计数值 MW160 就会加 1，如果当前计数值 MW160 的值大于或等于设定计数值 4，则计数器输出位 QU = 1，Q0.2 线圈得电；减计数输入端 CD 的 I0.1 每闭合一次，当前计数值 MW160 就会减 1，如果当前计数值 CV 的值小于或等于零，则计数器输出位 QD = 1，Q0.3 线圈得电。当当前计数值由 4 变为 3 时，计数器输出位 QU = 0，Q0.2 线圈失电；当当前计数值由 3 变为 4 时，计数器输出位 QU = 1，Q0.2 线圈得电。

按下 I0.2，对加减计数器进行复位，当前计数值 MW160=0，则计数器输出位 QD=1，Q0.3 得电。

按下 I0.3，PV 的值将作为新的当前计数值 CV 装载到加减计数器中，此时 MW160=4，则计数器输出位 QU = 1，Q0.2 线圈得电。时序图如图 2-46（b）所示。

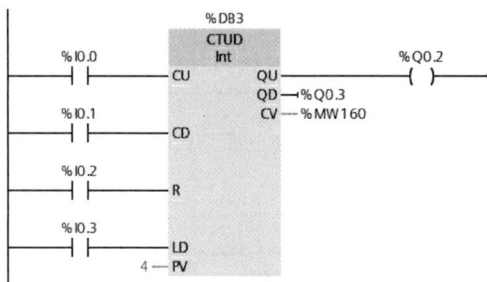

（a）梯形图

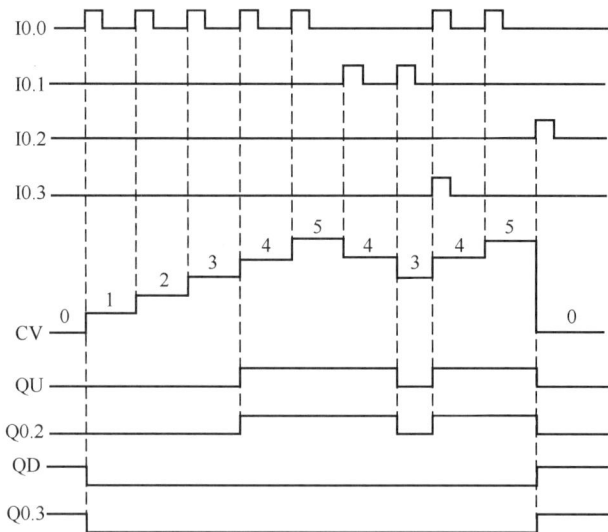

（b）时序图

图 2-46　加减计数器示例

🔄【跟我做】

任务 1　产品出入库的数量监控

1. 任务导入

在仓库管理中，每天需要统计存入和取出的产品数量，为此仓库配有两条传

产品出入库数量
监控程序的编写
与调试（视频）

送带，如图 2-47 所示，一条用来传送入库产品，另一条用来传送出库产品，在仓库的入口和出口处均设置有用于检测产品的光电检测开关，用于检测产品出入库期间，当仓库内的产品数量达到 300 件时，报警指示灯以 1Hz 的频率闪烁报警。根据控制要求，编写控制程序并调试。

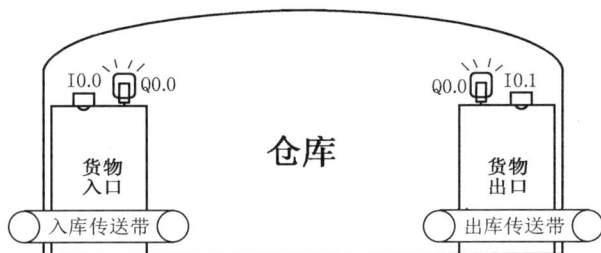

图 2-47　仓库结构

2. 设备和工具

CPU 1215C DC/DC/Rly 1 块、三相异步电机 2 台、按钮若干、接触器和热继电器各 2 个、三线制 NPN 输出型光电传感器 2 个、安装有 TIA 博途软件的计算机 1 台、《S7-1200 可编程控制器系统手册》、电工工具 1 套、万用表 1 块等。

3. 硬件电路

根据控制要求，产品出入库数量监控的 I/O 分配如表 2-16 所示，其电路如图 2-48 所示，由于 SC1 和 SC2 是 NPN 输出型光电传感器，输入公共端 1M 接 24V 电源的正极，PLC 输入端采用源型接线方式。

表 2-16　产品出入库数量监控的 I/O 分配

输　　入			输　　出		
输入继电器	输入元件	作　　用	输出继电器	输出元件	作　　用
I0.0	SC1	入库检测	Q0.0	HL	报警指示灯
I0.1	SC2	出库检测	Q0.1	KM1	入库电机
I0.2	SB1	计数器复位	Q0.2	KM2	出库电机
I0.3	SB2	计数器装载			
I0.4	SB3	启动			
I0.5	SB4	停止			

4. 程序设计

根据控制要求，设计图 2-49 所示的产品出入库数量监控程序。

程序段 1：入库传送带和出库传送带的启停控制。

程序段 2：用一个加减计数器统计仓库中产品的数量，检测到入库检测传感器 I0.0 闭合时，库存当前值 MW22 加 1，检测到出库检测传感器 I0.1 闭合时，库存当前值 MW22 减 1，为了使计数精确，入库检测传感器 I0.0 使用了上升沿指令，出库检测传感器 I0.1 使用了下降沿指令。当计数器的库存当前值 MW22 等于库存预置值 MW20 的值时，产品数量统计位的常开触点 QU 闭合，Q0.0 以周期为 1s 的时钟脉冲闪烁报警。

I0.2 闭合，对加减计数器进行复位，库存当前值 MW22 的值变为 0。

I0.3 闭合，将库存预置值 MW20 加载到库存当前值 MW22 中。

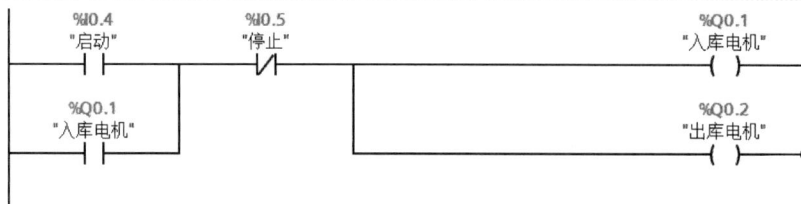

图 2-48　产品出入库数量监控电路

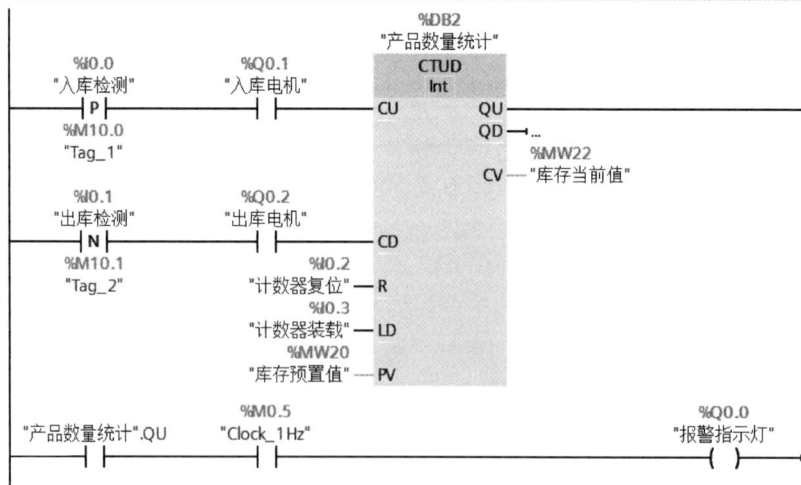

图 2-49　产品出入库数量监控程序

5. 运行、调试

为了在调试或设备维护期间，检查所有接线是否正确或对输出设备进行测试，可以在在线状态下，使用监控表来实现。监控表也叫监视表，可以显示用户程序的所有变量的当前值，也可以将特定的值分配给用户程序中的各个变量。

先将程序下载到 PLC 中，然后进行以下操作。

（1）创建监控表

在图 2-50 中左侧的"项目树"中，依次单击"PLC_1[CPU 1215C DC/DC/Rly]"→"监控与强制表"，然后双击"添加新监控表"选项，就可创建默认名称为"监控表_1"的监控表。右击"监控表_1"，在快捷菜单中选择"重命名"选项，将其名字修改为"产品数量监控表"。在监控表的"名称"列中，输入"入库检测"的符号地址，其绝对地址会在"地址"列自动出现（如果已定义绝对地址）；或在"地址"列输入 PLC 程序中使用的变量的绝对地址 I0.0，"入库检测"的符号地址会在"名称"列自动出现。"显示格式"选择"布尔型"，按照此方法添加其他变量，创建图 2-50 所示的监控表。

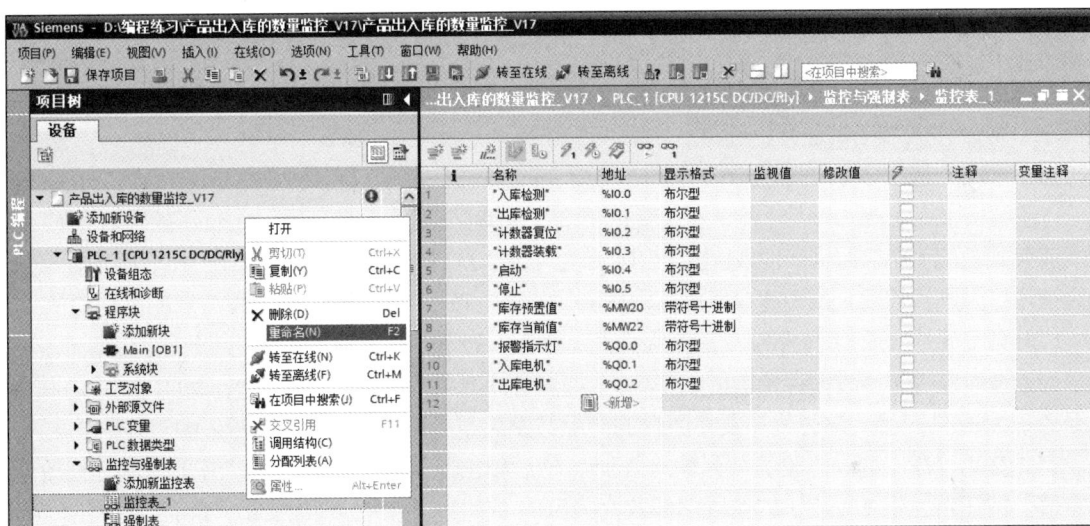

图 2-50 监控表

小提示   监控表中库存预置值 MW20 和库存当前值 MW22 的显示格式选择带符号十进制。

（2）调试程序

监控表创建完毕后，将 PLC 转至在线状态，使 PLC 处于 RUN 模式下，单击监控表中的"全部监视"按钮 ，启用"全部监视"。

此时监控表中的 I0.0～I0.5 没有输入，因此监视值均为 FALSE（即 0），库存预置值 MW20 和库存当前值 MW22 的监视值均为 0，所以计数器输出位 QU 和 QD 均为 1，监控表中 Q0.0 的监视值为 TRUE 和 FALSE 交替，报警指示灯闪烁。如图 2-51 所示，给库存预置值 MW20 赋值，为了方便调试，将 MW20 预置为 5，在"修改值"列输入 5，勾选其右侧的复选框，单击监控表工具栏中的"立即一次性修改所有选定值"按钮 ，MW20 的监视值变为 5，同时 Q0.0 的监视值变为 FALSE，报警指示灯熄灭。

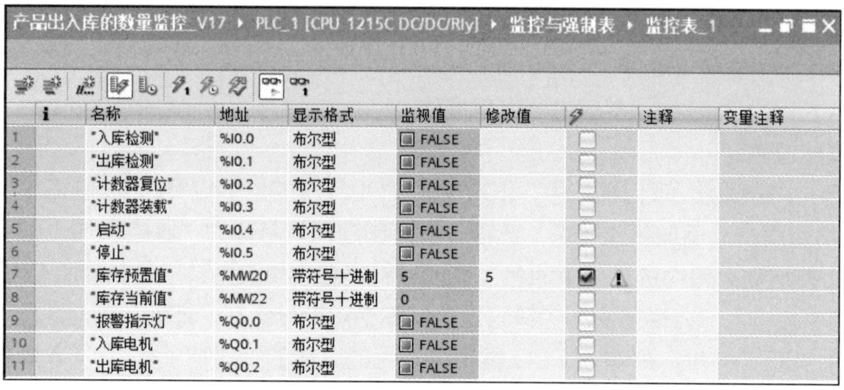

	i	名称	地址	显示格式	监视值	修改值			注释	变量注释
1		"入库检测"	%I0.0	布尔型	FALSE					
2		"出库检测"	%I0.1	布尔型	FALSE					
3		"计数器复位"	%I0.2	布尔型	FALSE					
4		"计数器装载"	%I0.3	布尔型	FALSE					
5		"启动"	%I0.4	布尔型	FALSE					
6		"停止"	%I0.5	布尔型	FALSE					
7		"库存预置值"	%MW20	带符号十进制	5	5	☑	!		
8		"库存当前值"	%MW22	带符号十进制	0					
9		"报警指示灯"	%Q0.0	布尔型	FALSE					
10		"入库电机"	%Q0.1	布尔型	FALSE					
11		"出库电机"	%Q0.2	布尔型	FALSE					

图 2-51　给库存预置值赋值

小提示　位变量为 TRUE（1 状态）时，图 2-51 中“监视值”列的方形指示灯为绿色，位变量为 FALSE（0 状态）时，“监视值”列的方形指示灯为灰色。

按下启动按钮 I0.4，监控表中 Q0.1 和 Q0.2 的监视值均变为 TRUE，接触器 KM1 和 KM2 线圈得电，两台传送带电机运行，注意，入库电机正转，出库电机反转。

按下 I0.0，监控表中“库存当前值”MW22 的监视值变为 1，再按一次 I0.0，MW22 的监视变为 2，连续按 I0.0，当 MW22 的监视值变成 5 时，说明入库了 5 件产品，此时库存当前值 MW22 等于库存预置值 MW20，加计数输出位 QU 变为 1，Q0.0 的监视值变为 TRUE 和 FALSE 交替，报警指示灯闪烁，管理人员知道仓库库存已达到目标值。按下并松开 I0.1，MW22 的监视值从 5 变为 4，再次按下并松开 I0.1，MW22 的监视值变为 3，表示现在仓库中只有 3 件产品。

可以通过监控表修改库存预置值 MW20。如果仓库产品不是从 0 开始进出库的，而是之前仓库已经有了 150 件产品，这时就需要将原有的产品数量装载到库存当前值 MW22 中。

首先在 MW20 的“修改值”列输入 150，然后单击监控表工具栏中的“立即一次性修改所有选定值”按钮，将 MW20 的监视值修改为 150，这时按下 I0.3 装载按钮，库存当前值 MW22 的监视值被装载成了 150。

按下复位按钮 I0.2，加减计数器复位，库存当前值 MW22 被重置为 0，加计数输出位 QU 复位为 0，如果 Q0.0 报警指示灯在复位之前是接通的，则按了复位按钮之后，报警指示灯将停止闪烁。

按下停止按钮 I0.5，Q0.1 和 Q0.2 的监视值变为 FALSE，接触器 KM1 和 KM2 线圈释放，两台传送带电机停止运行。

【单独练】

任务 2　电机的单按钮启停控制

使用计数器指令实现项目 2.1“单独测”的分析题中的电机单按钮启停控制程序设计。

【单独测】

1. 填空题

（1）计数器分为________计数器、________计数器和________计数器。

（2）当加计数输入端 CU_____时，计数器的当前计数值就会增加 1。当 CV 大于或等于 PV 时，计数器输出位 Q 置_____。

（3）减计数输入端 CD_____时，计数器的当前计数值 CV 就会减 1，当 CV_____0 时，计数器输出位 Q 置 1。

（4）如果检测到_____输入信号的上升沿，则加减计数器会使当前计数值加 1；如果检测到_____输入信号的上升沿，则加减计数器会使当前计数值减 1。

（5）QU 是_____计数器的输出位，QD 是_____计数器的输出位。

2. 分析题

试设计控制电路，该电路中有 3 台电机，并且它们由一个按钮控制。第 1 次按下按钮时，M1 启动；第 2 次按下按钮时，M2 启动；第 3 次按下按钮时，M3 启动；再按 1 次按钮，3 台电机都停止。

项目 2.4　移动值指令的应用

💡【项目描述】

移动指令可将数据元素复制到新的存储器，并将其从一种数据类型转换为另一种数据类型，在移动过程中不会更改源数据。

移动指令包括 MOVE（移动值）、MOVE_BLK（移动块）、UMOVE_BLK（无中断移动块）和 MOVE_BLK_VARIANT（存储区移动块）等。本项目通过电机 Y-△ 降压启动控制介绍移动值指令的格式和功能，对于其他指令，可以通过《S7-1200 可编程控制器系统手册》进行查询。

✤【跟我学】

移动值指令

移动值指令
（视频）

1. 移动值指令的格式及功能

移动值指令（MOVE 指令）的格式及功能如表 2-17 所示。同一条指令的输入参数和输出参数的数据类型可以不相同。如果需要将一个数据同时传送给多个不同的目标地址，只需要单击移动值指令框右侧的"创建"图标❋，就可以添加输出端。

表 2-17　移动值指令的格式及功能

梯形图	参数				功能
	参数名称	声明	数据类型	说明	
	EN	Input	Bool	使能输入	移动值指令用于将单个数据元素从参数IN指定的源地址传送到参数 OUT 指定的目标地址，并且将其转换为 OUT 指定的数据类型，源数据保持不变
MOVE EN — ENO IN — ❋ OUT1	ENO	Output	Bool	使能输出	
	IN	Input	位字符串、整数、浮点数、定时器、日期和时间、CHAR、WCHAR、STRUCT、ARRAY、IEC 数据类型、PLC 数据类型（UDT）等	源地址	
	OUT1	Output		目标地址	

2. 移动值指令示例

如图 2-52 所示，程序段 1：按下 I0.0，移动值指令将常数 5 传送到 QB0 中，常数 5 对应的二进制数是 0000 0101，Q0.0 和 Q0.2 均为 1；松开 I0.0，QB0 中的数仍然是 5，Q0.0 和 Q0.2 仍为 1。按下 I0.1，移动值指令将常数 5 传送到 QW0 中，因为 QB0 是高有效字节，对应 Q0.0～Q0.7，QB1 是低有效字节，对应 Q1.0～Q1.7，所以 Q1.0 和 Q1.2 为 1，松开 I0.1，Q1.0 和 Q1.2 仍为 1。

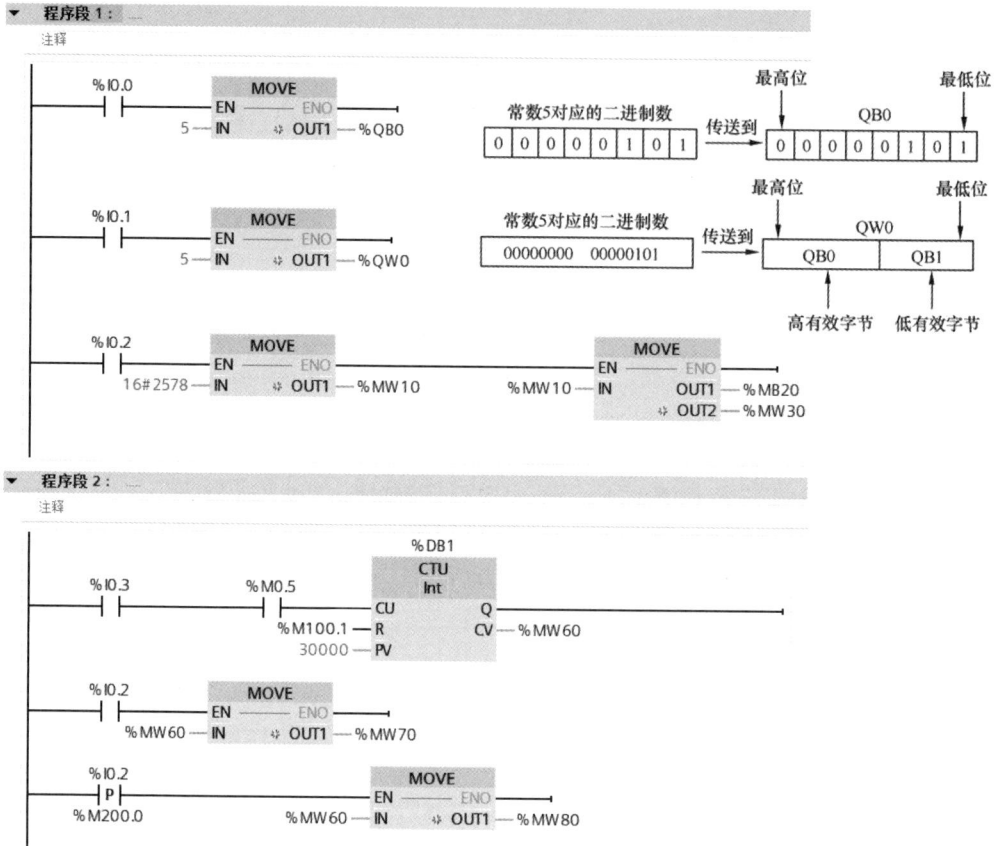

图 2-52　移动值指令示例

按下 I0.2，移动值指令将十六进制数 2578 传送到 MW10 中，再将 MW10 中的数传送到 MB20 和 MW30 中，则 MW10、MW30 中显示的是十六进制数 2578，当把 MW10 中的数传送到 MB20 时，由于输入数据类型比输出数据类型的数据长度多 8 位，只将 MW10 的低 8 位传送到 MB20 中，因此 MB20 显示的是十六进制数 78。

程序段 2：移动值指令也可以传送定时器和计数器的当前值。一直闭合 I0.3，时钟脉冲信号 M0.5 每隔 1s 让计数器加 1。闭合 I0.2，移动值指令将计数器的当前计数值 MW60 不断传送到 MW70 中，MW70 中的值会随着 MW60 的变化而变化。由于用 I0.2 的上升沿指令将 MW60 的值传送到 MW80 中，只在 I0.2 由 0 变 1 时传送一次，因此 MW80 中的值是按下 I0.2 后的第一个扫描周期内传送的值。

松开 I0.3 和 I0.2，计数器的当前计数值 MW60 和 MW70 中的值保持不变。

【跟我做】

任务 1　使用移动值指令实现电机 Y-△ 降压启动控制

1. 任务导入

用移动值指令实现项目 2.2"单独练"中电机的 Y-△ 降压启动控制，并且用两盏指示灯显示启动和运行状态。请编写控制程序并调试。

2. 设备和工具

CPU 1215C DC/DC/Rly 1 块、三相异步电机 1 台、按钮若干、接触器 3 个、热继电器 1 个、安装有 TIA 博途软件的计算机 1 台、《S7-1200 可编程控制器系统手册》、电工工具 1 套、万用表 1 块等。

电机 Y-△ 降压启动控制程序的编写与调试（视频）

3. 硬件电路

根据控制要求，电机 Y-△ 降压启动控制的 I/O 分配如表 2-18 所示，电路如图 2-53 所示。

表 2-18　电机 Y-△ 降压启动控制的 I/O 分配

输　入			输　出		
输入继电器	输入元件	作　用	输出继电器	输出元件	作　用
I0.0	SB1	启动	Q0.0	KM1	电源接触器
I0.1	SB2	停止	Q0.1	KM2	△接触器
I0.2	FR	过载保护	Q0.2	KM3	Y 接触器
			Q0.3	HL1	启动指示灯
			Q0.4	HL2	运行指示灯

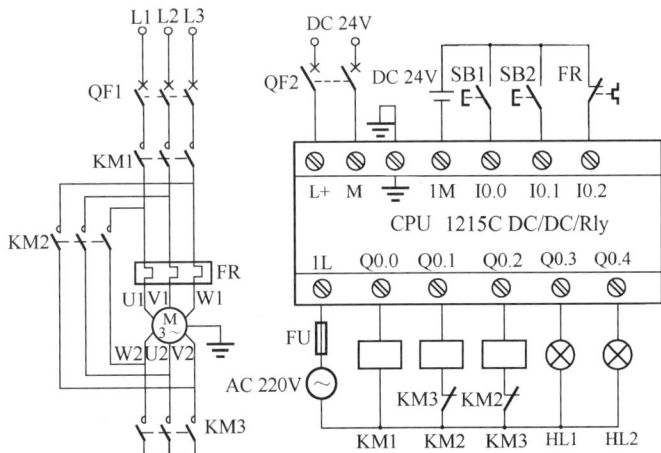

图 2-53　电机 Y-△ 降压启动控制电路

4. 程序设计

用移动值指令编写电机 Y-△ 降压启动控制程序，传送数据和输出元件的对照如表 2-19 所示，编写的电机 Y-△ 降压启动控制程序如图 2-54 所示。

表 2-19　传送数据和输出元件的对照

传送数据	输出元件 QB0								备注
	Q0.7	Q0.6	Q0.5	Q0.4	Q0.3	Q0.2	Q0.1	Q0.0	
16#D	0	0	0	0	1	1	0	1	Y 启动
16#9	0	0	0	0	1	0	0	1	切换
16#13	0	0	0	1	0	0	1	1	△运行
16#00	0	0	0	0	0	0	0	0	停止

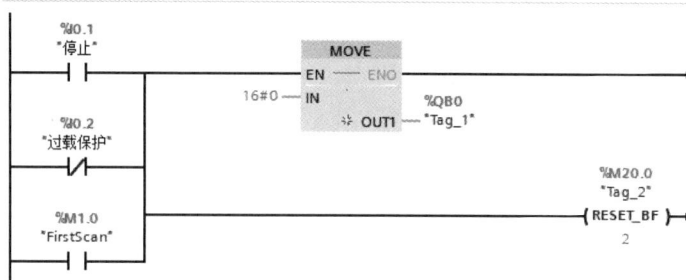

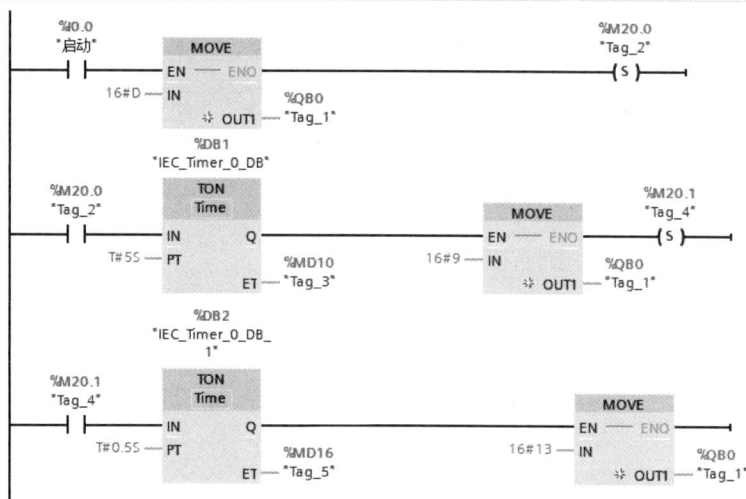

图 2-54　电机 Y-△降压启动控制程序

　　程序段 1：PLC 上电、按下停止按钮 I0.1 或过载保护 I0.2 动作时，将 QB0、M20.0 和 M20.1 清零。

　　程序段 2：按下启动按钮，将 16#D 传送到 QB0，Q0.0、Q0.2、Q0.3 线圈得电，KM1 和 KM3 接触器线圈得电，电机接成 Y 启动，同时启动指示灯 Q0.3 点亮，M20.0 置位；M20.0 的常开触点闭合，定时器开始定时，5s 之后，将 Y 启动换成△运行，将 16#9 传送到 QB0，Q0.2 线圈先失电，解除 Y 连接，同时置位 M20.1，接通定时器延时 0.5s，保证 Y 连接完全解除后，再将 16#13 传送到 QB0，Q0.0、Q0.1 和 Q0.4 线圈得电，KM1 和 KM2 接触器得电，电机接成△运行，同时运行指示灯 Q0.4 点亮。

5. 运行、调试

将程序下载到 PLC 中并让 PLC 处于 RUN 模式。

（1）按下启动按钮 I0.0，Q0.0、Q0.2 和 Q0.3 线圈得电，接触器 KM1 和 KM3 得电，电机接成 Y 启动，同时启动指示灯 Q0.3 点亮；程序监视中的定时器的当前值 MD10 不断递增。当达到 5s 时，KM3 接触器失电，电机 Y 接法解除，KM2 接触器吸合，电机接成△运行，同时运行指示灯 Q0.4 点亮。

（2）按下停止按钮 I0.1，接触器 KM1 和 KM2 释放，电机停止运行。

⇥【单独练】

任务 2　4 盏流水灯的控制

使用移动值指令实现 4 盏流水灯的控制，要求按下启动按钮，第 1 盏灯点亮，1s 后第 2 盏灯点亮，再过 1s，第 3 盏灯点亮，直到第 4 盏灯点亮，再过 1s，第 1 盏灯点亮，如此循环；按下停止按钮，4 盏灯全部熄灭，请画出 PLC 的接线图并编写程序。

⇥【单独测】

1. 将 10 通过移动值指令传送到 QB0 后，Q0.0～Q0.7 的位状态是什么？

2. 将 16#0005AA55 通过移动值指令传送到 MD100 中，MB100、MB101、MB102、MB103 中存储的数据各是多少？

3. 某系统有 8 盏指示灯，控制要求是：当 I0.0 闭合时，全部灯亮；当 I0.1 闭合时，奇数灯亮；当 I0.2 闭合时，偶数灯亮；当 I0.3 闭合时，全部灯灭。试用移动值指令编写程序。

项目 2.5　比较指令的应用

💡【项目描述】

PLC 控制系统通常需要比较两个数的大小从而判断设备的动作情况，例如，某啤酒灌装输送带上最多放 10 个瓶子，如果超过 10 个，输送带就会停止运行，这时就需要用到比较指令。比较指令包含比较值指令、范围比较指令（范围内值指令和范围外值指令），本项目通过编写啤酒灌装输送带的程序，介绍比较指令的种类、格式和功能。

✛【跟我学】

比较值指令和
范围比较指令
（视频）

比较值指令和范围比较指令

1. 比较值指令的格式及功能

比较值指令可以对数据类型相同的两个操作数 IN1 和 IN2 的值进行比较，如果比较结果为 TRUE，则该触点闭合。比较值指令的格式如图 2-55 所示，操作数可以是 I、Q、M、L、D 存储区中的变量或常数。

如图 2-55 所示，比较值指令生成后，双击上部的"比较运算符"，单击出现的倒三角形，出现

比较运算符，分别是大于、等于、不等于、小于、大于等于、小于等于；双击比较值指令下部的<???>，单击出现的倒三角形，出现比较值数据类型。

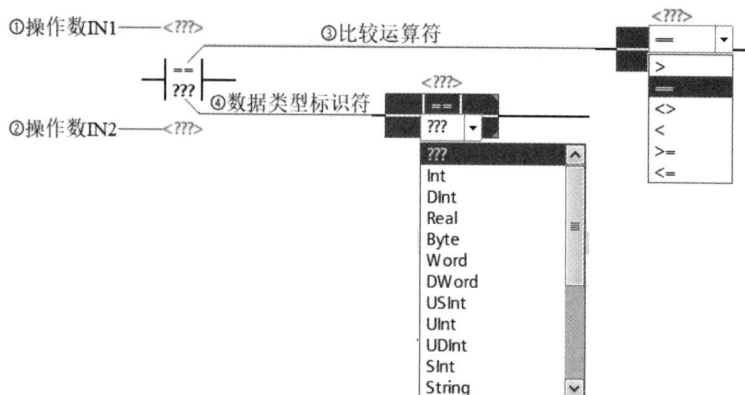

图 2-55　比较值指令的格式

可以把比较值指令看作一个触点，如果满足了比较运算符给出的条件，则该触点等效于接通。

2. 范围内值指令和范围外值指令的格式及功能

范围内值（IN_RANGE）指令和范围外值（OUT_RANGE）指令用来测试输入值 VAL 是在指定的值范围之内还是之外，可以等效为一个触点，其格式与功能如表 2-20 所示，数据类型及参数说明如表 2-21 所示。如果有能流流入指令框，则执行范围比较指令，若 IN_RANGE 指令的输入值 VAL 满足 MIN≤VAL≤MAX，则比较结果为 TRUE，指令框输出为 TRUE，相当于触点闭合；若 OUT_RANGE 指令的输入值 VAL 满足 VAL＜MIN 或 VAL＞MAX，则比较结果为 TRUE，指令框输出为 TRUE，相当于触点闭合。

表 2-20　范围内值指令和范围外值指令的格式与功能

指令名称	梯形图	功能
范围内值指令	IN_RANGE ??? MIN VAL MAX	测试输入值在指定的值范围之内
范围外值指令	OUT_RANGE ??? MIN VAL MAX	测试输入值在指定的值范围之外

表 2-21　范围内值指令和范围外值指令的数据类型及参数说明

参数	声明	数据类型	存储区	说明
指令框输入	Input	Bool	I、Q、M、D、L 或常量	上一个逻辑运算的结果
MIN	Input	整数、浮点数	I、Q、M、D、L 或常量	取值范围的下限
VAL	Input	整数、浮点数	I、Q、M、D、L 或常量	比较值
MAX	Input	整数、浮点数	I、Q、M、D、L 或常量	取值范围的上限
指令框输出	Output	Bool	I、Q、M、D、L	比较结果

3. 指令示例

图 2-56 所示的程序段 1：第一行中，如果 MB10=8，MB16=8，两个变量中的值相等，满足比较条件，则 Q0.0 线圈得电，如果 MB10=18，MB16=8，MB10 与 MB16 的值不相等，则 Q0.0 线圈失电；第二行比较 MD20 的值是否大于 MD26 的值，数据类型是 Time，如果 MD20=T# 1m10s，MD26= T#1m20s，则不满足比较条件，该触点断开，Q0.1 线圈失电；如果 MD26=T#50s，MD20=T#11m10s，则 MD20 大于 MD26 的值，满足比较条件，该触点闭合，Q0.1 线圈得电。

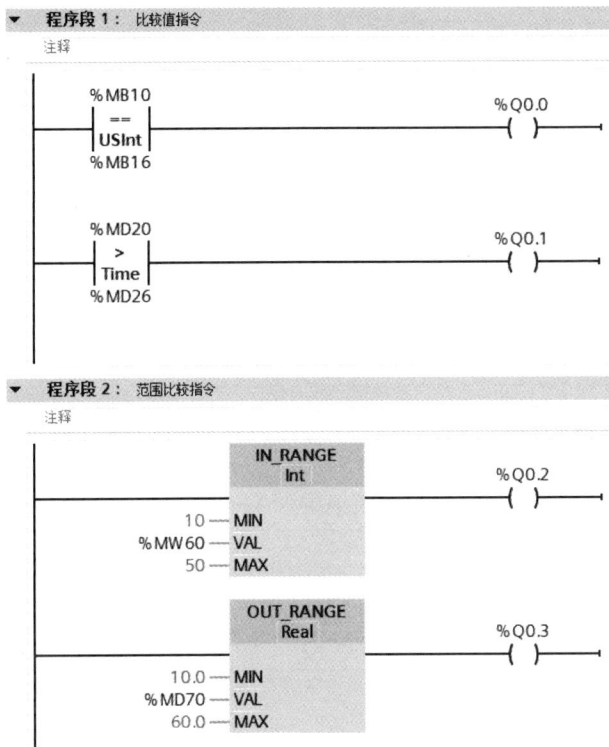

图 2-56 比较值指令和范围比较指令示例

图 2-56 所示的程序段 2 是范围比较指令。如果 MW60=20，满足大于最小值 10、小于最大值 50 的比较条件，则 Q0.2 线圈得电；如果 MW60=60，满足不了比较条件，则 Q0.2 线圈失电。如果 MD70=20.0，不满足比较条件，则 Q0.3 线圈失电；如果 MD70=70.0，满足比较条件，则 Q0.3 线圈得电。

【跟我做】

啤酒灌装输送带控制程序的编写与调试（视频）

任务 1　啤酒灌装输送带的控制

1. 任务导入

如图 2-57 所示，啤酒灌装输送带由三相异步电机驱动，在输送带端部安装有光电传感器，用来检测输送带上啤酒瓶的数量。当光电传感器检测到啤酒瓶数量小于 5 时，指示灯常亮；当啤酒瓶

数量大于等于 5 且小于 10 时，指示灯以 1Hz 的频率闪烁；当啤酒瓶数量大于等于 10 时，10s 后传送带停止运行，同时指示灯熄灭。请设计控制电路并编写控制程序。

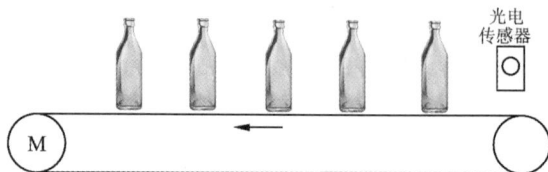

图 2-57　啤酒灌装输送带的结构

2. 设备和工具

CPU 1215C DC/DC/Rly 1 台、三相异步电机 1 台、按钮若干、接触器和热继电器各 1 个、三线制 PNP 输出型光电传感器 1 个、安装有 TIA 博途软件的计算机 1 台、《S7-1200 可编程控制器系统手册》1 本、电工工具 1 套、万用表 1 块等。

3. 硬件电路

根据控制要求，啤酒灌装输送带控制的 I/O 分配如表 2-22 所示，电路如图 2-58 所示。

表 2-22　啤酒灌装输送带控制的 I/O 分配

输　入			输　出		
输入继电器	输入元件	作　用	输出继电器	输出元件	作　用
I0.0	SC	计数	Q0.0	KM	输送带
I0.1	SB1	启动	Q0.1	HL	指示灯
I0.2	SB2	停止			

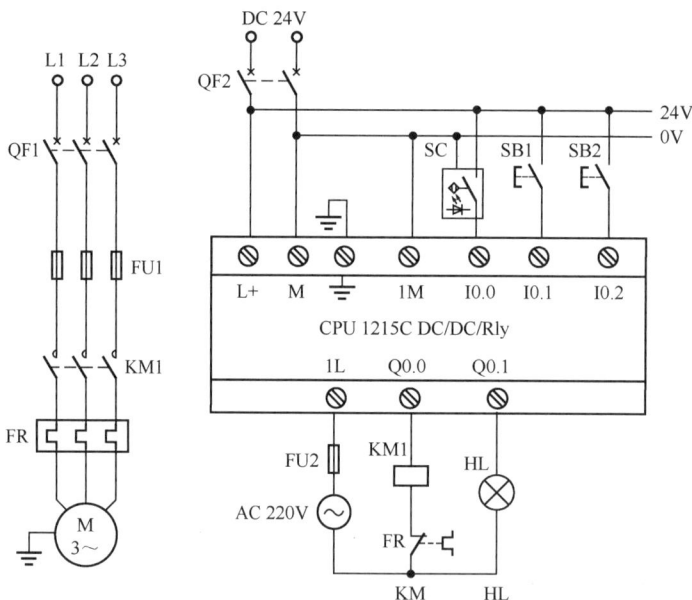

图 2-58　啤酒灌装输送带控制电路

4. 程序设计

（1）此例采用设备上传的方式添加 CPU。如图 2-59 所示，在"项目树"下双击"添加新设备"，选择"非特定的 CPU 1200"文件夹下的"6ES7 2XX-XXXXX-XXXX"，单击"确定"按钮。

（2）在图 2-60 所示界面中单击"获取"，在弹出的图 2-61 所示的硬件检测对话框中选择相应的"PG/PC 接口的类型"和"PG/PC 接口"，单击"开始搜索"按钮，找到连接的实物 PLC 后，选中"所选接口的兼容可访问节点"列表中的设备，单击"检测"按钮，把实物 PLC 添加到"设备视图"中。

图 2-59　添加非特定的 CPU

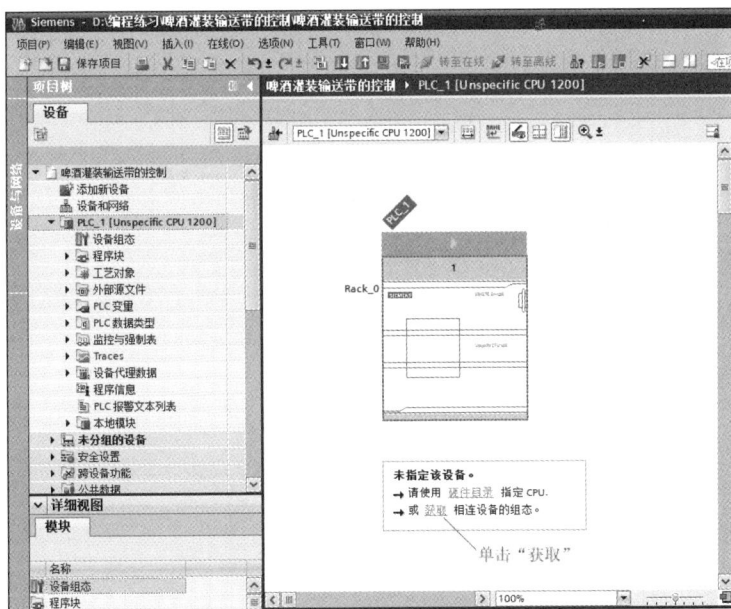

图 2-60　单击"获取"

（3）根据控制要求编写的啤酒灌装传送带控制程序如图 2-62 所示。

5. 运行、调试

将程序下载到 PLC 中，并让 PLC 处于 RUN 模式。

（1）按下启动按钮 I0.1，PLC 上的输送带指示灯 Q0.0 点亮，KM 线圈得电，输送带开始运行。

（2）当光电传感器 I0.0 检测到啤酒瓶后，I0.0 接通一个扫描周期，此时加计数输入端 CU 接通，当前计数值 MD30 加 1，每有一个啤酒瓶被 I0.0 检测到，MD30 就会加 1。当 MD30＜5 时，OUT_RANGE 范围外值指令输出位为 1，Q0.1 线圈得电，指示灯点亮；当 MD30≥5 时，MD30 大于等于 5 的比较触点闭合，Q0.1 指示灯以 1Hz 的频率闪烁。

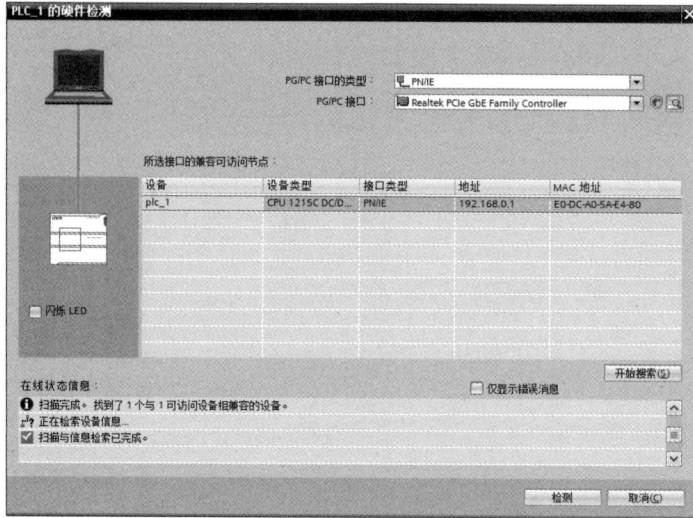

图 2-61　硬件检测对话框

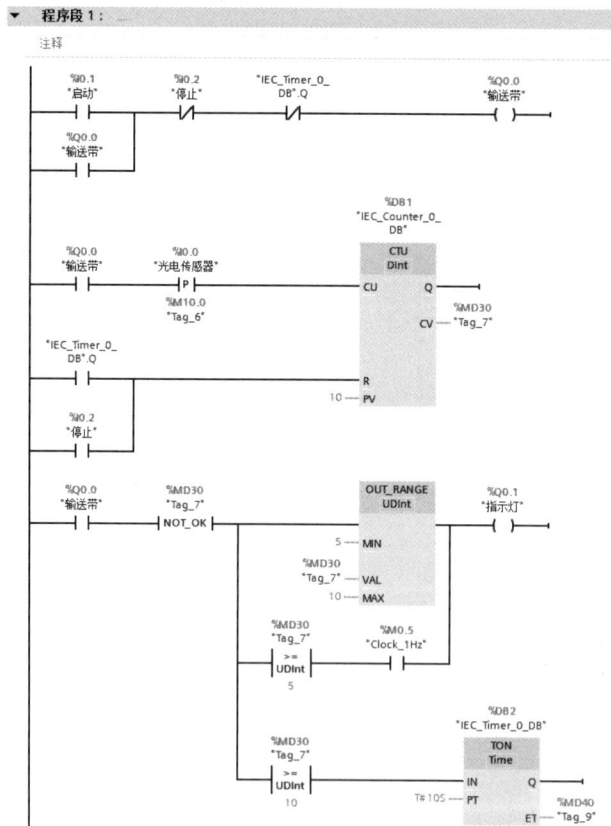

图 2-62　啤酒灌装输送带控制程序

（3）随着啤酒瓶的持续增加，当 MD30≥10 时，接通延时定时器开始定时，当定时器的当前值 MD40 达到 10s 之后，定时器的输出端 Q 接通，其常闭触点"IEC_Timer_0_DB".Q 断开，Q0.0 线圈失电，KM 线圈释放，传送带停止运行，常开触点闭合，对加计数器进行复位。

🔄【单独练】

任务 2　比较值指令在交通灯控制中的应用

十字路口交通灯的布置如图 2-63 所示。当按下启动按钮时，交通灯系统开始工作，且先南北红灯亮，东西绿灯亮；当按下停止按钮时，所有的交通灯全部熄灭。工作时绿灯亮 25s，并闪烁 3 次（即 3s），黄灯亮 2s，红灯亮 30s。各方向三色交通灯的工作时序图如图 2-64 所示。请画出 PLC 接线图并编写程序。

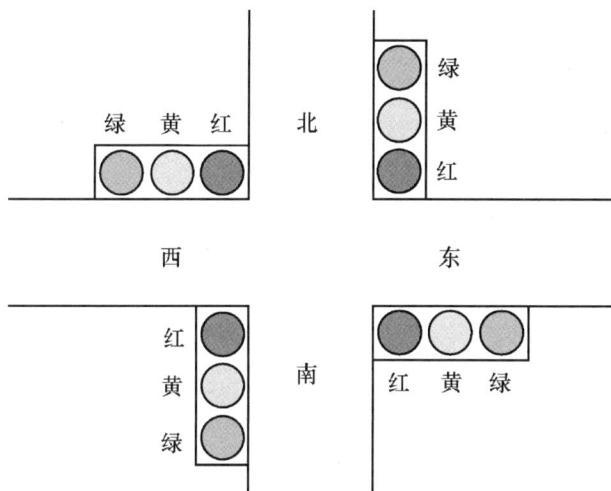

图 2-63　十字路口交通灯的布置

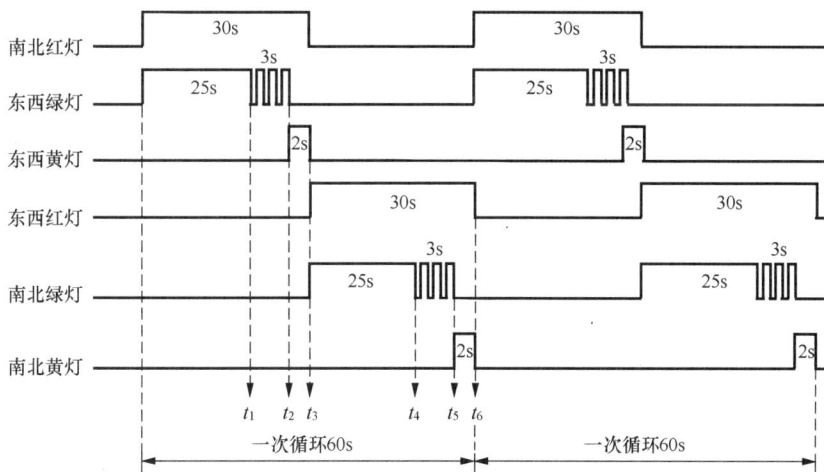

图 2-64　各方向三色交通灯的工作时序图

➡️【单独测】

1. 填空题

（1）IN_RANGE 是＿＿＿＿指令，当 MIN≤VAL≤MAX 时，比较结果为＿＿＿＿，指令框输出为＿＿＿＿，相当于触点闭合。

（2）OUT_RANGE 是＿＿＿＿指令，当 VAL＜MIN 或 VAL＞MAX 时，比较结果为＿＿＿＿，

指令框输出为_____，相当于触点闭合。

2. 分析题

（1）用接通延时定时器指令和比较值指令设计周期为 4s、脉宽为 3s 的指示灯闪烁程序。

（2）某停车场最多可停 50 辆车。用出入传感器检测进出车辆数，每进一辆车停车数量加 1，每出一辆车停车数量减 1。场内停车数量小于 45 时，入口处显示"有空位"绿灯，允许入场；大于等于 45 而小于 50 时，"有空位"绿灯闪烁，提醒待进车辆注意将满场；等于 50 时，显示"车位已满"，禁止车辆入场。请画出 PLC 接线图并编写程序。

项目 2.6 移位指令与循环移位指令的应用

💡【项目描述】

在工业现场经常需要对产品进行检测，当检测到不良品时，需要在特定的工位对产品进行剔除，此时对产品的及时追踪就非常重要。比如：剔除单个产品时比较简单，但当连续几个产品都是不良品时，就需要同时追踪好几个产品。这时如果用移位指令就可以轻松实现。本项目通过不良品检测控制程序的编写与调试任务，介绍移位指令与循环移位指令的分类、格式和功能。

✥【跟我学】

移位指令与循环移位指令

移位指令与循环
移位指令（视频）

1. 移位指令与循环移位指令的分类

移位指令与循环移位指令的格式和参数如表 2-23 所示。移位指令包括左移位指令和右移位指令，SHL 是左移位指令，SHR 是右移位指令。

表 2-23　移位指令与循环移位指令的格式和参数

指令名称	梯形图	功能	参数	声明	数据类型	说明
左移位指令	SHL ??? —EN ENO— —IN OUT— —N	当使能端 EN 有效时，移位指令将 IN 中的数据向左或向右移动 N 位后，把结果保存到 OUT 指定的存储单元中	IN	Input	USInt、UInt、Word、DWord、Byte、UDInt、SInt、Int、DInt	要移位的值
			OUT	Output		指令的结果
右移位指令	SHR ??? —EN ENO— —IN OUT— —N		N	Input	USInt、UInt、UDInt	移位的位数
循环左移指令	ROL ??? —EN ENO— —IN OUT— —N	当使能端 EN 有效时，循环移位指令将 IN 中的数据循环向左或向右移动 N 位后，把结果保存到 OUT 指定的存储单元中。循环移位操作为循环操作	IN	Input	Word、DWord、Byte	要循环移位的值
			OUT	Output		指令的结果
循环右移指令	ROR ??? —EN ENO— —IN OUT— —N		N	Input	USInt、UInt、UDInt	将值循环移动的位数

循环移位指令包括循环左移指令和循环右移指令，ROL 是循环左移指令，ROR 是循环右移指令。循环移位操作为循环操作。

双击指令框中的"???",可以选择指令的数据类型。

2. 移位指令示例

（1）左移位指令 SHL

使用左移位指令 SHL 可以将输入端 IN 中指定的存储单元的整个内容逐位左移，左移的位数就是输入端 N 指定的数据，将移位后的结果保存在 OUT 指定的存储单元中，同时输出端 ENO 始终为 1。

无符号数和有符号数左移后空出来的位用 0 来填充，左移 N 位相当于乘以 2^N。

如图 2-65 所示，按下 I0.0 时，将 16#07 传送到 QB0 中。按下 I0.1 时，执行左移位指令，将 QB0 中的数据顺次向左移动 3 位，低 3 位补 0，第 1 次移位之后，QB0=2#0011 1000，Q0.3、Q0.4、Q0.5 线圈得电。再按一次 I0.1，QB0 中的数据顺次再向左移动 3 位，此时 QB0=1100 0000，Q0.6、Q0.7 线圈得电。

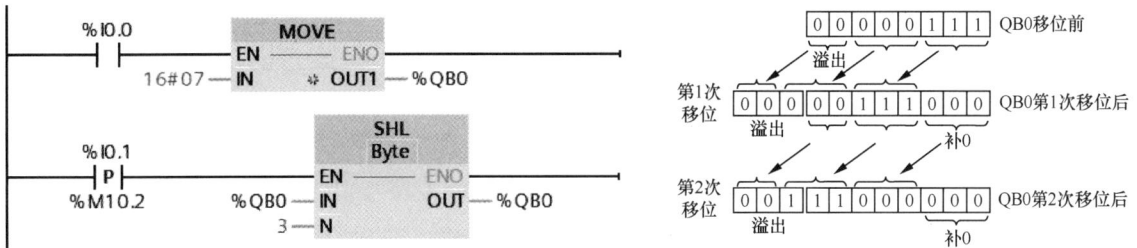

图 2-65 左移位指令示例

因为满足移位指令使能端的执行条件时，每一个扫描周期都会执行移位指令，所以在实际应用中，常采用上升沿或下降沿脉冲，保证使能端的条件满足时，只移位一次。

当移动位数 N=0 时，不会移位，则将输入端 IN 的值复制到输出端 OUT 的操作数中。

【例 2-2】 16 盏流水灯每隔 1s 由低位向高位顺序点亮，并不断循环，其左移控制程序如图 2-66 所示。注意，其点亮顺序是 Q1.0→Q1.7，然后是 Q0.0→Q0.7。

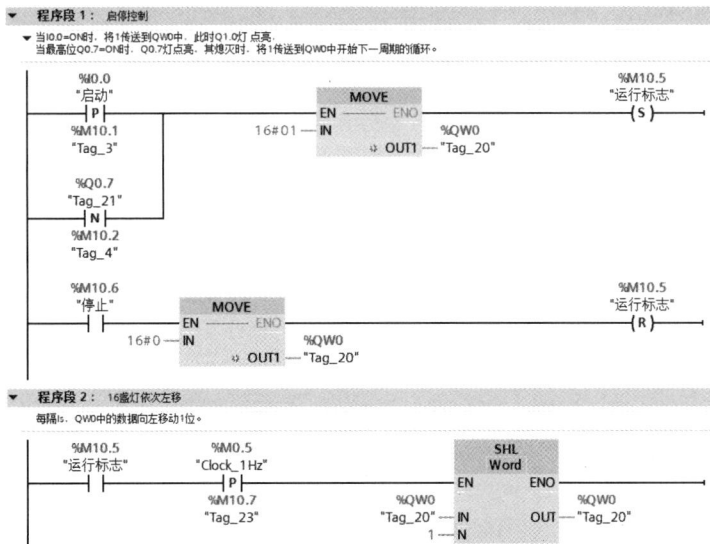

图 2-66 16 盏流水灯左移控制程序

（2）右移位指令 SHR

使用右移位指令 SHR 可以将输入端 IN 中指定的存储单元的整个内容逐位右移，右移的位数就是输入端 N 指定的数据，将移位后的结果保存在 OUT 指定的存储单元。同时输出端 ENO 始终接通。

无符号数右移后左端空出来的位用 0 填充；有符号数右移后左端空出来的位用符号位（原来的最高位）填充，如果是正数则用 0 来填充，如果是负数就用 1 来填充；右移 N 位相当于除以 2^N。

如图 2-67 所示，按下 I0.0 时，将 16#88 传送到 QB0 中，Q0.3 和 Q0.7 线圈得电；按下 I0.1 时，执行右移位指令，将 QB0 中的数据顺次向右移动 3 位，因为该指令选择的数据类型是有符号短整数（SInt），16#88 又是一个负数，所以右移后空出来的高 3 位要用 1 填充，第 1 次移位后 QB0=2#1111 0001=16#F1，Q0.0、Q0.4～Q0.7 线圈得电；再次按下 I0.1，第 2 次移位后，QB0=2#1111 1110=16#FE，空出来的高 3 位仍然用 1 填充，Q0.7～Q0.1 线圈得电。

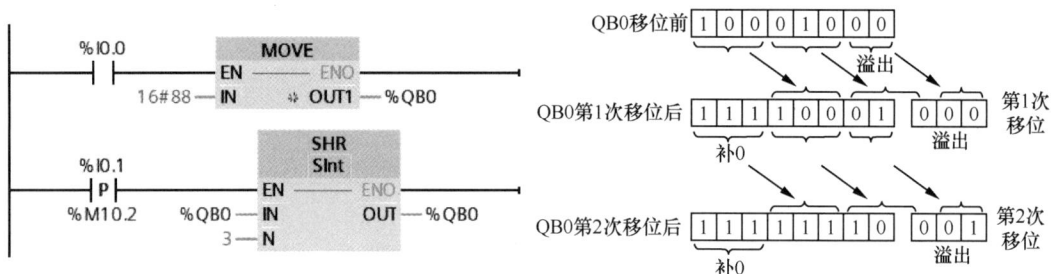

图 2-67　右移位指令示例

一起说　如果将 16 盏流水灯每隔 1s 由高位向低位顺序点亮，并不断循环，如何编写程序？注意，其点亮顺序是 Q0.7→Q0.0，然后是 Q1.7→Q1.0。

3. 循环移位指令示例

循环移位指令将输入端 IN 指定的存储单元的整个内容逐位循环左移或循环右移，将移出来的位又送回到存储单元右端或左端空出来的位，不存在位的丢失，始终保持总位数不变，循环移位的位数是输入端 N 指定的数据。将移位后的结果保存在 OUT 指定的存储单元。

注意　只要输入端 EN 为 1，输出端 ENO 始终接通。

如果 N 的值大于可用位数，则输入端 IN 指定的存储单元仍会循环移动指定位数。

（1）循环左移指令 ROL

如图 2-68 所示，按下 I0.0，将 16#03 传送到 QB0 中，Q0.0 和 Q0.1 线圈得电，按下 I0.1 时，执行循环左移指令，将 QB0 中的数据顺次向左移动两位，由于循环左移指令是环形的，其高两位数据移动到低两位中，此时 Q0.2 和 Q0.3 线圈得电；第 2 次按下 I0.1，QB0 中的数据再向左移动两位，Q0.4 和 Q0.5 线圈得电；第 3 次按下 I0.1，Q0.6 和 Q0.7 线圈得电；第 4 次按下 I0.1，Q0.0 和 Q0.1 线圈得电。

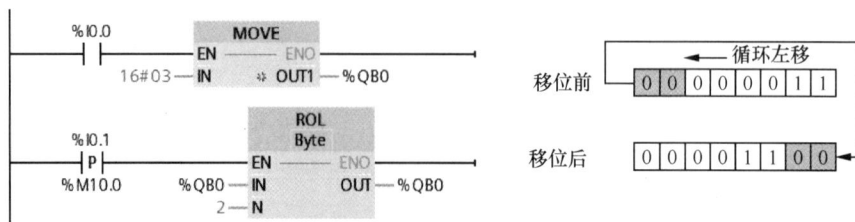

图 2-68　循环左移指令示例

🖈 一起说 如果将项目 2.4 "单独练"中的 4 盏流水灯修改为 8 盏流水灯,如何用 ROL 指令实现控制程序?

（2）循环右移指令 ROR

如图 2-69 所示,按下 I0.0,将 16#03 传送到 QB0 中,Q0.0 和 Q0.1 线圈得电,按下 I0.1 时,执行循环右移指令,将 QB0 中的数据顺次向右移动两位,由于循环右移指令是环形的,其低两位数据移动到高两位中,此时 Q0.7 和 Q0.6 线圈得电;第 2 次按下 I0.1,QB0 中的数据再次向右移动两位,Q0.5 和 Q0.4 线圈得电;第 3 次按下 I0.1,Q0.3 和 Q0.2 线圈得电;第 4 次按下 I0.1,Q0.1 和 Q0.0 线圈得电。

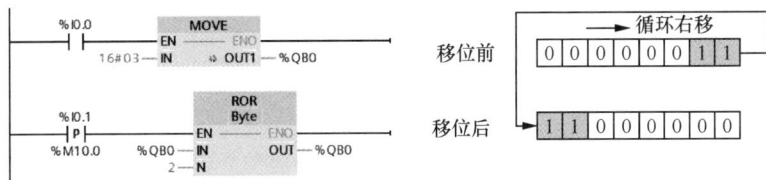

图 2-69　循环右移指令示例

🔄【跟我做】

任务 1　不良品检测的控制

1. 任务导入

如图 2-70 所示,三相异步电机驱动传送带向右运行,传送带上有 6 个工位。1 号工位安装有产品检测传感器,传送带上每放一个产品,产品检测传感器 I0.0 就闭合一次,产品就会从 1 号工位依次向右移动一个工位。在 1 号工位上还设置有不良品检测传感器 I0.1,若 I0.1 为 1,则产品为不良品,在其移动到 5 号工位时,传送带停止运行,剔除气缸伸出,剔除指示灯点亮,将不良品推入次品筐中后（即气缸伸出到位）,剔除气缸缩回,缩回到位后,传送带继续运行并统计不良品数量;若 I0.1 为 0,则产品为良品,良品通过传送带自动落入良品筐中。请编写不良品检测控制程序并调试。

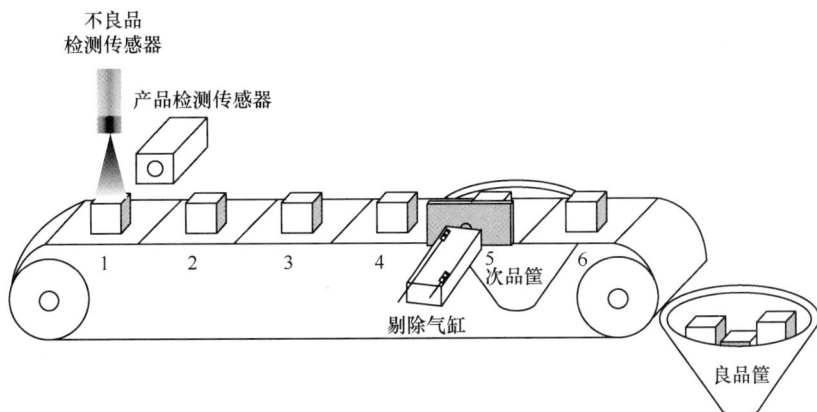

图 2-70　不良品检测控制

2．设备和工具

CPU 1215C DC/DC/Rly 1 块、三相异步电机 1 台、按钮若干、NPN 输出型光电传感器和磁性开关若干、气缸 1 个、接触器和热继电器各 1 个、安装有 TIA 博途软件的计算机 1 台、《S7-1200 可编程控制器系统手册》1 本、电工工具 1 套、万用表 1 块等。

3．硬件电路

根据控制要求，不良品检测控制的 I/O 分配如表 2-24 所示，电路如图 2-71 所示。

表 2-24　不良品检测控制的 I/O 分配

输　入			输　出		
输入继电器	输入元件	作　用	输出继电器	输出元件	作　用
I0.0	SC1	产品检测	Q0.0	KM1	电机
I0.1	SC2	不良品检测	Q0.1	YV	气缸电磁阀
I0.2	SB1	启动	Q0.2	HL	剔除指示灯
I0.3	SB2	停止			
I0.4	1B1	伸出到位			
I0.5	1B2	缩回到位			

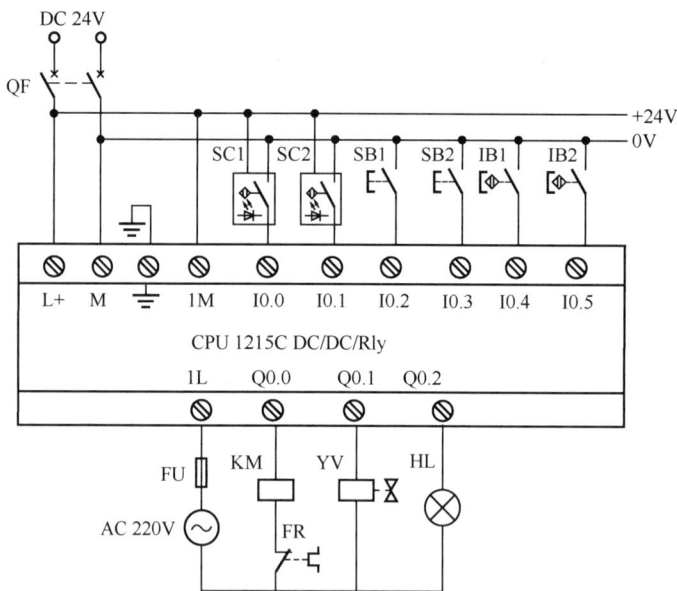

图 2-71　不良品检测控制电路图

4．程序设计

不良品检测控制程序如图 2-72 所示。

程序段 1：PLC 上电，将产品剔除气缸和传送带电机复位。当剔除气缸缩回到位，即 I0.5=1 时，按下启动按钮 I0.2 或闭合剔除气缸缩回到位延时的常开触点，Q0.0 置位，传送带电机运行。

按下停止按钮 I0.3 或开始剔除不良品，即 Q0.1 的上升沿触点闭合时，将 Q0.0 复位，传送带电机停止运行。

▼ **程序段 1：** PLC上电，产品剔除气缸和电机复位、电机启停控制

注释

```
%M1.0                                                      %Q0.0
"FirstScan"      MOVE                                       "电机"
  ┤├        EN ─── ENO                                   ─RESET_BF─
         0 ─ IN          %MB6                                  2
              ⚡ OUT1 ─ "Tag_4"

%I0.2          %I0.5                                        %Q0.0
"启动"        "缩回到位"                                     "电机"
  ┤├            ┤├ ──┬──                                     ─( S )─
                     │
"剔除气缸缩回到      %I0.5                                   
位延时".Q           "缩回到位"                               
  ┤├            ┤├ ──┘                                      

%I0.3                                                       %Q0.0
"停止"                                                      "电机"
  ┤├ ──┬──                                                  ─( R )─
       │
%Q0.1  │
"气缸I电磁阀"
  ┤P├
%M5.2
"Tag_5"
```

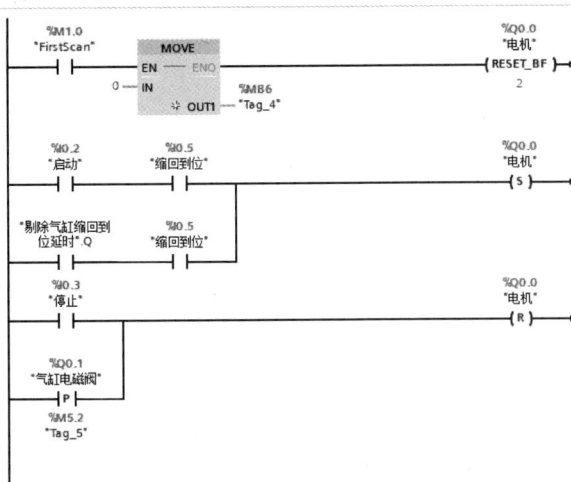

▼ **程序段 2：** I0.1检测到不良品时，用计数器进行不良品统计，使M6.0=1；当I0.0=1时，产品从1号工位顺序往后移动

注释

```
%Q0.0          %I0.0                        SHL
"电机"        "产品检测"                    USInt
  ┤├            ┤P├                      EN ─── ENO
              %M5.1          %MB6                      %MB6
              "Tag_3"     "Tag_4" ─ IN        OUT ─ "Tag_4"
                               1 ─ N

                                            %DB1
                                           "不良品统计"
              %I0.1                          CTU
            "不良品检测"                      Int
               ┤P├  ──┬──                CU        Q
              %M5.0    │
              "Tag_2"  │         %I0.3                %MW20
                       │        "停止" ─ R      CV ─ "不良品数量"
                       │         1000 ─ PV
                       │
                       │                            %M6.0
                       └────                       "1号工位"
                                                    ─( S )─
```

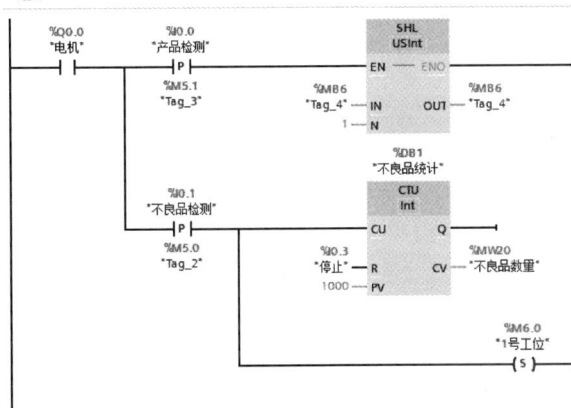

▼ **程序段 3：** 当不良品移动到5号工位时，M6.4=1，Q0.1线圈得电，不良品剔除气缸动作，剔除指示灯点亮

注释

```
%M6.4                                                      %Q0.1
"5号工位"                                                  "气缸I电磁阀"
  ┤├ ──┬──                                                  ─( )─
       │
       │                                                   %Q0.2
       │                                                  "剔除指示灯"
       └──                                                  ─( )─

%I0.4                                                      %M6.4
"伸出到位"                                                 "5号工位"
  ┤├                                                        ─( R )─

                                   %DB2
                                  "剔除气缸缩回到
                                   位延时"
%Q0.1      "剔除气缸缩回到          TON
"气缸I电磁阀"  位延时".Q            Time
  ┤N├ ──────┤/├────────────── IN        Q
%M5.3                        t#8s ─ PT       ET ─ ...
"Tag_1"

"剔除气缸缩回到
位延时".IN
```

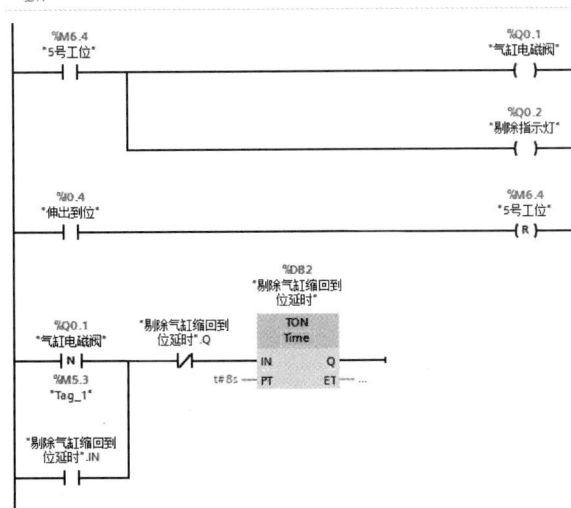

图 2-72　不良品检测控制程序

程序段 2：当产品检测传感器 I0.0=1 时，执行左移位指令，产品向右移动一个工位；如果此时不良品检测传感器 I0.1=1，MW20 加 1，同时将 1 号工位 M6.0 置位。

程序段 3：当不良品移动到第 5 个工位，即 M6.4=1 时，Q0.1 和 Q0.2 线圈得电，剔除气缸伸出，将不良品推出，同时剔除指示灯 Q0.2 点亮。

当气缸伸出到位，I0.4=1 时，复位 M6.4，Q0.1 和 Q0.2 线圈失电，气缸缩回，剔除指示灯熄灭，同时 Q0.1 的下降沿触点接通，剔除气缸缩回到位，定时器开始定时，8s 后定时器复位，其常开触点在程序段 1 中闭合，传送带电机继续运行。

5. 运行、调试

（1）当剔除气缸缩回时，按下启动按钮 I0.2，Q0.0 线圈得电，KM 接触器得电，传送带电机运行。

（2）当第 N 个产品为不良品，不良品检测传感器 I0.1 接通 1 次，将 M6.0 置位，MB6=2#0000 0001。第 (N+1) 个产品放入 1 号工位，且该产品是良品时，I0.1=0，产品检测传感器 I0.0 再次接通，传送带移动一个工位，MB6=2#0000 0010。每放一个产品，I0.0 就接通 1 次，传送带就移动一个工位，当移动了 5 次后，不良品到达 5 号工位，MB6 中的第 4 位 M6.4=1，气缸电磁阀 Q0.1 线圈和剔除指示灯 Q0.2 线圈得电，传送带电机停止，气缸伸出，将不良品推出；伸出到位后，Q0.1 和 Q0.2 线圈失电，气缸缩回，同时让定时器延时 8s 后，传送带电机继续运行。

（3）按下停止按钮 I0.3，Q0.0 线圈失电，传送带电机停止运行。

【单独练】

任务 2　8 台电机的顺序启动控制

某个控制系统有 8 台电机，根据工艺要求，8 台电机必须顺序启动。按下启动按钮，第 1 台电机启动，3s 后，第 2 台电机启动，再过 3s，第 3 台电机启动，直到 8 台电机全部启动；按下停止按钮，8 台电机全部停止运行。请使用移位指令编写 8 台电机顺序启动控制程序。

8 台电机顺序启动
控制程序的编写
与调试（视频）

一起看　在独立练习过程中如果遇到困难，请扫码观看"8 台电机的顺序启动控制程序的编写与调试（视频）"。

【单独测】

1. 填空题

（1）SHL 是_____移位指令，SHR 是_____移位指令。

（2）循环左移指令的缩写是_____，循环右移指令的缩写是_____。

（3）使用左移位指令时，无符号数和有符号数左移后空出来的位用_____来填充，左移 N 位相当于乘以_____。

（4）使用右移位指令时，无符号数右移后左端空出来的位用_____填充；有符号数右移后左端空出来的位用_____位填充。

（5）对无符号二进制数 2#1011 0100 1101 0011，执行右移 3 位指令后的结果是_____，执行左移 3 位指令后的结果是_____，执行循环右移 3 位指令后的结果是_____，执行循环左移 3 位指令后的结果是_____。

2. 分析题

使用 ROL 指令实现 8 盏流水灯控制，要求按下启动按钮，只有第 1 盏灯点亮，1s 后，第 1、2 盏灯点亮，再过 1s，第 1、2、3 盏灯点亮，直到 8 盏灯全亮，再过 1s，再次只有第 1 盏灯点亮，如此循环；按下停止按钮，8 盏灯全部熄灭。根据控制要求，编写程序并调试。

项目 2.7 数学运算指令的应用

【项目描述】

PLC 控制系统通常需要对数据进行数学运算，S7-1200 PLC 专门提供有数学运算指令，包括简单运算指令、特殊运算指令、浮点型运算指令等。本项目通过电机定期维护控制程序的编写任务，重点介绍表 2-25 所示的简单运算指令。

表 2-25　简单运算指令

类别	指令
简单运算指令	加法（ADD）、减法（SUB）、乘法（MUL）、除法（DIV）、取余数（MOD）、求补码（NEG）、递增（INC）、递减（DEC）、绝对值（ABS）

【跟我学】

数学运算指令

数学运算指令
（视频）

1. 加减乘除指令

（1）指令的格式及功能

加减乘除指令的格式及功能如表 2-26 所示，参数 IN1、IN2 和 OUT 的数据类型必须相同，可以从指令框的"???"下拉列表中选择指令的数据类型，加减乘除指令的参数和数据类型如表 2-27 所示。

表 2-26　加减乘除指令的格式及功能

指令名称	梯形图	功能
加法	ADD Auto (???) EN — ENO IN1 — OUT IN2	当使能输入端 EN 为 1 时，将输入端 IN1 和 IN2 中的数值相加，结果存储到 OUT 中
减法	SUB Auto (???) EN — ENO IN1 — OUT IN2	当使能输入端 EN 为 1 时，将输入端 IN1 和 IN2 中的数值相减，结果存储到 OUT 中
乘法	MUL Auto (???) EN — ENO IN1 — OUT IN2	当使能输入端 EN 为 1 时，将输入端 IN1 和 IN2 中的数值相乘，结果存储到 OUT 中
除法	DIV Auto (???) EN — ENO IN1 — OUT IN2	当使能输入端 EN 为 1 时，将输入端 IN1 和 IN2 中的数值相除，结果存储到 OUT 中

表 2-27　加减乘除指令的参数和数据类型

参数名称	声明	数据类型	说明
EN	Input	Bool	使能输入
ENO	Output	Bool	使能输出
IN1	Input	SInt、Int、DInt、USInt、UInt、UDInt、Real、LReal、常数	要相加、相减、相乘、相除的第一个数
IN2	Input		要相加、相减、相乘、相除的第二个数
OUT	Output	SInt、Int、DInt、USInt、UInt、UDInt、Real、LReal	和、差、积、商

若要添加加法指令 ADD 或乘法指令 MUL 的输入，只需要单击指令框左侧的"创建"图标 ❄ 即可；若要删除输入，只需要右击现有 IN 参数（原始输入多于两个时）的输入短线处，在弹出的快捷菜单中选择"删除"命令即可。

> 🔵 **小提示**　对于除法运算，只将商存储到 OUT 中。

（2）指令示例

如图 2-73 中程序段 1 所示，如果 MB10=10，MB20=20，当 M5.0=1 时，执行加法指令，将其和 30 存储到 MB30 中；如果 MD40=4000，MD50=1200，执行减法指令后，将其差 2800 存储到 MD60 中。

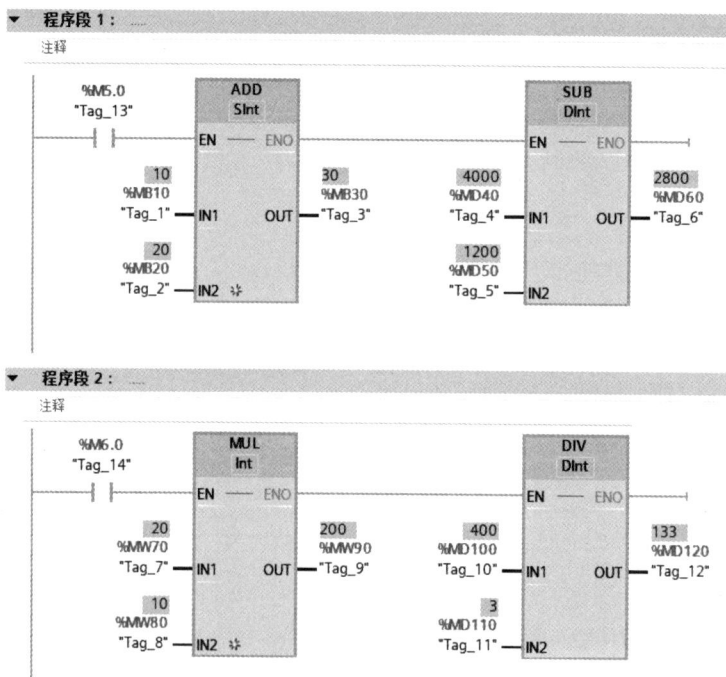

图 2-73　加减乘除指令示例

程序段 2 中，如果 MW70=20，MW80=10，当 M6.0=1 时，执行乘法指令，将其积 200 存储到 MW90 中；如果 MD100=400，MD110=3，执行除法指令，将其商 133 存储到 MD120 中。

2. 取余数指令

（1）指令的格式及功能

取余数指令 MOD 的格式及参数如表 2-28 所示。可以从指令框的"???"下拉列表中选择该指令的数据类型，参数 IN1、IN2 和 OUT 可选的数据类型是整数，同时它们必须具有相同的数据类型。

表 2-28　取余数指令 MOD 的格式及参数

梯形图	参数				功能
	参数名称	声明	数据类型	说明	
	EN	Input	Bool	使能输入	将输入 IN1 的值除以输入 IN2 的值所得余数存储在 OUT 中
	ENO	Output	Bool	使能输出	
	IN1	Input	SInt、Int、DInt、USInt、UInt、UDInt、常数	被除数	
	IN2	Input		除数	
	OUT	Output	SInt、Int、DInt、USInt、UInt、UDInt	除法的余数	

（2）指令示例

如图 2-74 所示，如果 MW200=200，MW210=3，当 M7.0=1 时，执行取余数指令，将其余数 2 存储到 MW220 中。

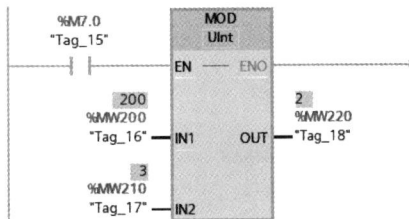

图 2-74　取余数指令示例

3. 递增指令（INC）和递减指令（DEC）

（1）指令的格式及功能

递增指令（INC）和递减指令（DEC）的格式及功能如表 2-29 所示。可以从指令框的"???"下拉列表中选择指令的数据类型，可选的数据类型为各种整数，参数 IN 和 OUT 具有相同的数据类型。

表 2-29　递增指令和递减指令的格式及功能

梯形图	参数				功能
	参数名称	声明	数据类型	说明	
	EN	Input	Bool	使能输入	将输入端 IN/OUT 端的值加 1 或减 1 之后，将结果重新送到 IN/OUT 中
	ENO	Output	Bool	使能输出	
	IN/OUT	Input/Output	SInt、Int、DInt、USInt、UInt、UDInt	要递增的值或要递减的值	

（2）指令示例

如图 2-75 所示，如果 MD20=3，MD30=-3，每当 M10.0 闭合一次，MD20 中的值就会加 1，MD30 中的值就会减 1。

图 2-75 中，递增指令 INC 和递减指令 DEC 的 EN 端需用上升沿指令，以保证每次 M10.0=1 时，MD20 中的数值加 1，MD30 中的数值减 1，否则 MD20 和 MD30 中的二进制数在每个扫描周期都增加 1 或减少 1。

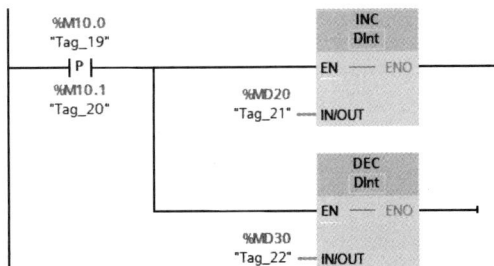

图 2-75　递增指令和递减指令示例

🔄【跟我做】

任务 1　电机定期维护的控制

1．任务导入

按照设备保养规定，需要对工厂的一台电机进行定期维护。控制要求如下。

按下启动按钮，电机开始工作，系统按照天、时、分、秒统计电机的运行时间，当电机累计工作 10 天时，系统发出报警提示（报警指示灯闪烁），但电机仍正常工作。在维保人员按下停止按钮后，电机停止运行，维保指示灯点亮，维保人员对电机进行维护、保养。维保结束后，按下复位按钮，报警指示灯和维保指示灯熄灭。电机运行期间，如果出现停机、停电情况，电机运行时间需要保持。

电机定期维护控制程序的编写与调试（视频）

请根据控制要求编写程序并调试。

2．设备和工具

CPU 1215C DC/DC/Rly 1 台、三相异步电机 1 台、按钮若干、接触器和热继电器各 1 个、安装有 TIA 博途软件的计算机 1 台、《S7-1200 可编程控制器系统手册》1 本、电工工具 1 套、万用表 1 块等。

3．硬件电路

根据控制要求，电机定期维护控制的 I/O 分配如表 2-30 所示，电路如图 2-76 所示。

表 2-30　电机定期维护控制的 I/O 分配

输　入			输　出		
输入继电器	输入元件	作　用	输出继电器	输出元件	作　用
I0.0	SB1	启动	Q0.0	KM	电机运行
I0.1	SB2	停止	Q0.1	HL1	报警指示灯
I0.2	SB3	复位	Q0.2	HL2	维保指示灯

4．程序设计

（1）设置位存储器 M 的断电保持功能

为了满足电机运行期间，如果出现停机、停电情况，电机的运行时间需要保持。需要将累计电机运行时间的位存储器 MD40～MD68 修改为保持性存储器。

如图 2-77 所示，在"项目树"下，依次单击"PLC_1[CPU 1215C DC/DC/Rly]"→"PLC变量"，双击打开事先已经编写好的"电机定期维护"变量表，在弹出的"电机定期维护"界面中，单击工具栏中的"保持"按钮📑，在弹出的"保持性存储器"对话框中设置位存储器 M 的保持范围，保持性存储器的范围从 MB0 开始，因

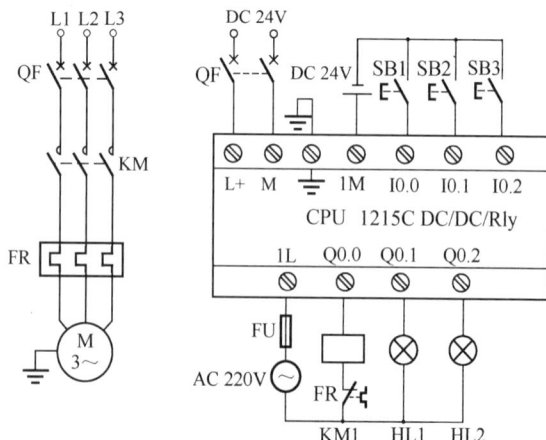

图 2-76　电机定期维护控制电路

为 MD68 包含的最高字节是 MB71，通常采用偶数，在"存储器字节数从 MB0 开始"右侧输入 72，单击"确定"按钮，则 MD40~MD68 对应的"保持"列复选框全部被勾选，表示这些位存储器已经成功设置为断电保持性存储器。

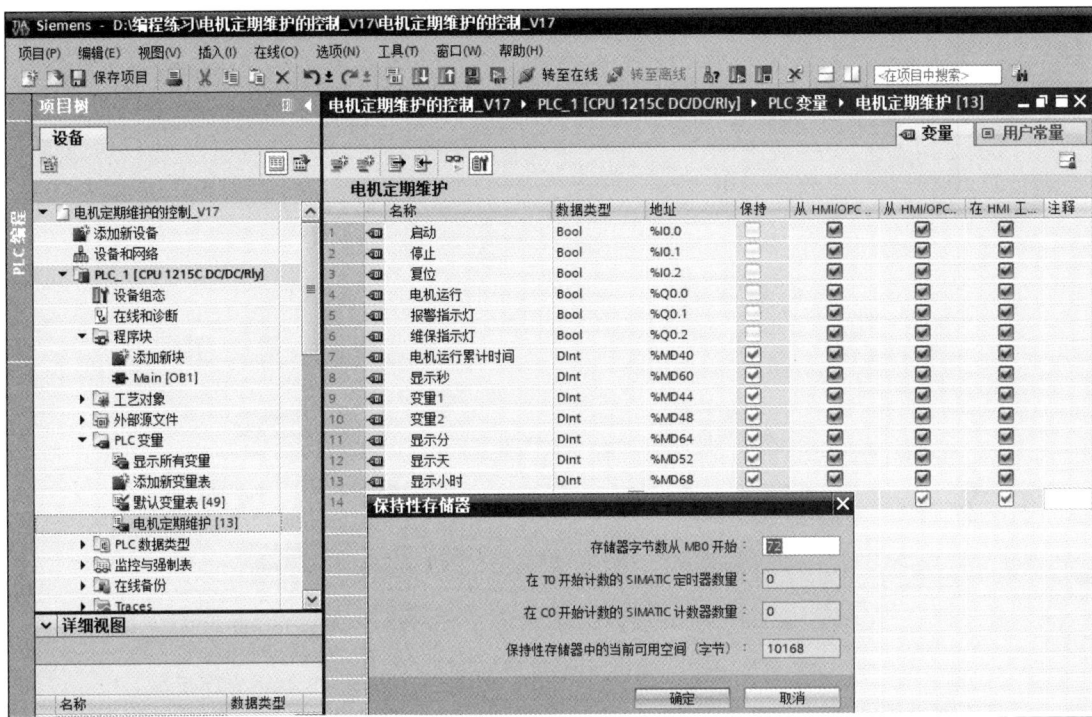

图 2-77　设置保持性存储器的范围

（2）编写的电机定期维护控制程序如图 2-78 所示。

程序段 1 的第 1 行，按下启动按钮 I0.0，Q0.0 线圈得电，电机启动运行。第 2 行，按下停止按钮，Q0.0 线圈失电，电机停止运行，同时置位维保指示灯 Q0.2。第 3 行，当电机运行时，其常开触点 Q0.0 闭合，通过加法指令，用 1s 时钟脉冲 M0.5 将电机累计运行时间以秒的形式存储在 MD40 中。第 4 行，将电机运行累计时间 MD40 除以 60，将商存储在 MD44 中，其余数就是换算后不足 60s 的时间，将其存储在 MD60 中。第 5 行，将 MD44 除以 60，将商存储在 MD48 中，其余数就是换算后不足 60min 的时间，存储在 MD64 中。第 6 行，将 MD48 除以 24，换算成的商就是"天"，存储在 MD52 中，其余数就是换算后不足 24h 的时间，存储在 MD68 中。

程序段 2 的第 1 行，当电机累计运行时间（天）MD52 大于等于 10 天时，其常开触点闭合，报警指示灯 Q0.1 接通并以 0.5Hz 的频率闪烁。第 2 行，维保结束后，按下复位按钮 I0.2，Q0.2 线圈失电，维保指示灯熄灭。同时将电机运行累计时间 MD40 清零，此时，MD52 的值变为 0，该触点断开，报警指示灯 Q0.1 熄灭。

5. 运行、调试

将程序下载到 PLC 中进行调试。为了缩短调试时间，假设 1min 相当于 4s，1h 相当于 3min，1 天相当于 3h，维保时间为 3 天，将图 2-78 中程序段 1 的 3 个 DIV 指令中的 IN2 输入分别修改为 4、3、3，将 3 个 MOD 指令中的 IN2 输入修改为 4、3、3，程序段 2 比较值指令修改为 MD52≥3。

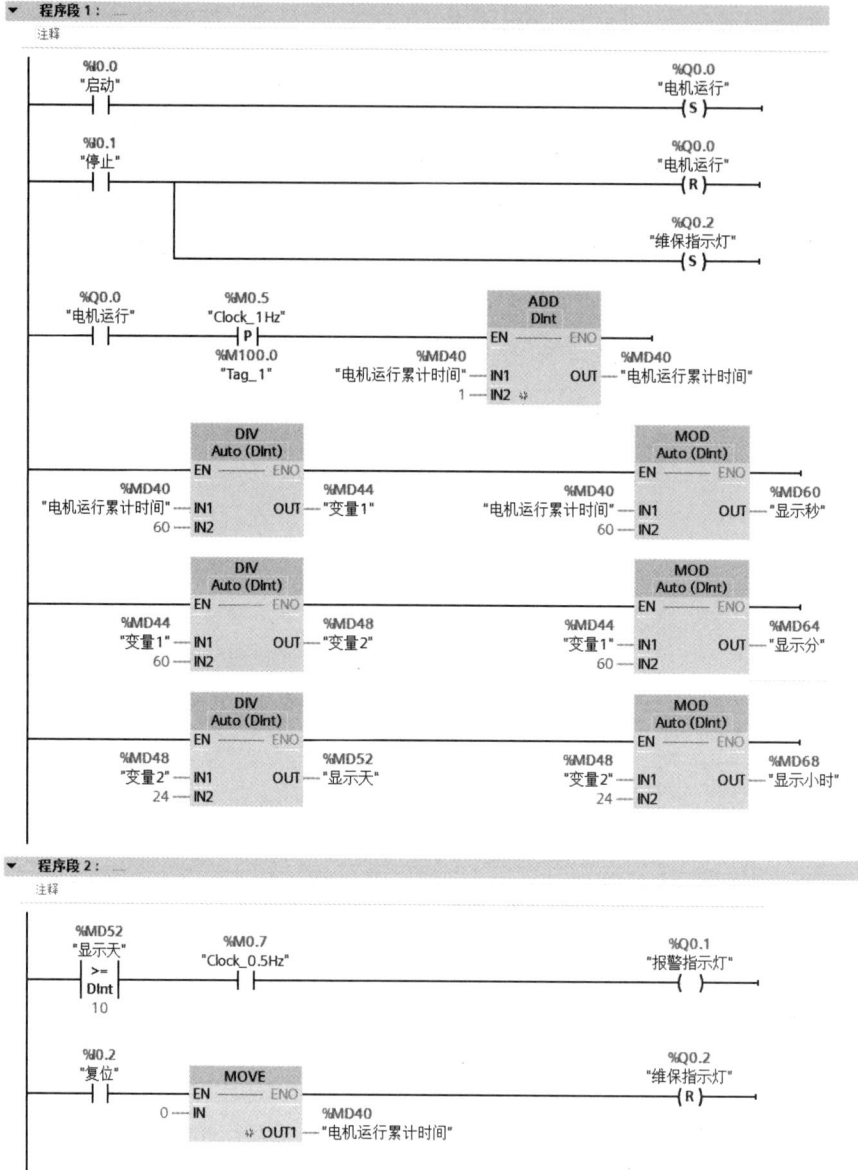

图 2-78　电机定期维护控制程序

（1）创建图 2-79 所示的电机累计运行时间监控表。按下启动按钮 I0.0，Q0.0 线圈得电，电机开始运行，电机运行累计时间 MD40 开始累计，数值持续增加，图 2-79 所示的监控表显示的当前电机累计运行时间是 1 天 1h 2min 0s。

图 2-79　电机累计运行时间监控表

（2）当电机运行累计时间（天）即 MD52 达到设定值 3 时，报警指示灯 Q0.1 以 0.5Hz 的频率闪烁。

（3）按下停止按钮 I0.1，Q0.0 线圈失电，电机停止运行，维保指示灯 Q0.2 点亮，维保结束之后，按下复位按钮 I0.2，维保指示灯 Q0.2 和报警闪烁指示灯 Q0.1 熄灭。

∋【单独练】

任务 2　9s 倒计时数码管显示的控制

数码管由 7 段条形发光二极管组成，用 PLC 的 Q0.0~Q0.6 驱动数码管的 7 段条形发光二极管点亮，如图 2-80 所示。根据各段管的亮暗可以显示 0~9 这 10 个数字，例如，如果需要显示数字 1，只需要让 PLC 的输出 Q0.1 和 Q0.2 为 1，则数码管的 b 段和 c 段点亮，此时显示数字 1。PLC 控制的数码管显示控制系统的要求如下：

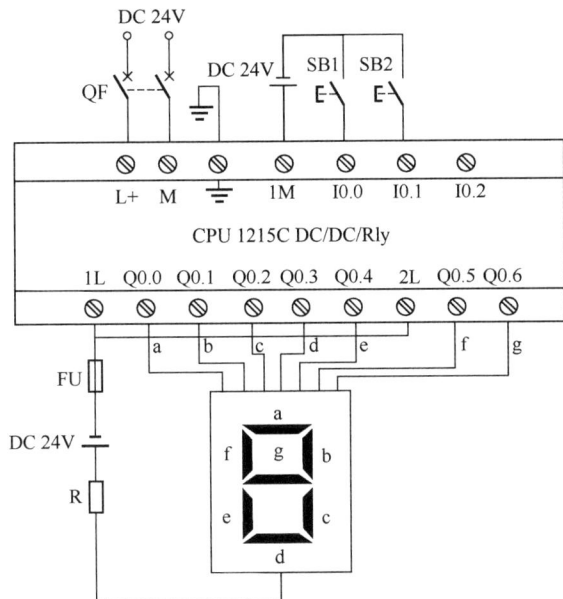

图 2-80　数码管显示控制电路

按下启动按钮，数码管每隔 1s 依次显示数字 9、8、7、6、5、4、3、2、1、0，并循环不止。按下停止按钮即停止显示。

请编写程序并调试。

➡【单独测】

1. 填空题

（1）递增指令 INC 和递减指令 DEC 的 EN 端需用＿＿＿＿＿＿＿指令。

（2）对于除法指令，只将结果存储到＿＿＿＿＿＿＿中。

（3）MOD 是_____指令，MUL 是_____指令。

（4）将 IN1 指定为 10，IN2 指定为 3，经 DIV 指令计算后，OUT 端的值为_____；经 MOD 指令计算后，OUT 端的值为_____。

（5）将 IN1 指定为 8，IN2 指定为 7，经 ADD 指令计算后，OUT 端的值为_____；经 MUL 指令计算后，OUT 端的值为_____。

2. 分析题

（1）用 ADD 指令实现自加 1，在 EN 端使用上升沿指令和使用常开触点指令的区别是什么？

（2）用加减乘除指令实现 8 盏流水灯的循环移位点亮。有一组灯共 8 盏，分别接于 Q1.0～Q1.7，要求：当 I0.2=1 时，灯每隔 1s 正序单个移位点亮，接着，灯每隔 1s 反序单个移位点亮，并不断循环。请编写控制程序并调试。

模块3
程序块的创建和应用

03

导学

在工业控制中，S7-1200 PLC 通常将复杂的自动化任务分割成反映过程控制功能或可多次处理的小任务，这些任务以相应的程序段表示，称为程序块。程序块类似于子程序，但类型更多，功能更强大。对于功能相同的多个工艺设备，通过设计标准化的程序块可以实现一次编程，多次调用，使程序结构清晰明了、修改方便、调试简单。TIA 博途软件提供了多种不同类型的程序块，如组织块 OB、函数 FC、函数块 FB 和数据块 DB。

本模块对标《电工国家职业技能标准》二级（电工技师）"2.1 可编程控制系统编程与维护"以及《可编程控制系统集成及应用职业技能等级标准》中级"3.1 控制器程序调试"、高级"2.1 典型功能编程"的职业技能要求，设计 3 个项目（工作项目和学习目标如表 3-1 所示），包括 S7-1200 PLC 的组织块 OB、函数 FC、函数块 FB 和数据块 DB 的编程及应用，重点介绍函数 FC、函数块 FB、组织块 OB 的创建方式、基本操作、接口参数、编程和调试等。

表 3-1　工作项目和学习目标

	名称	学时
工作项目	项目 3.1　FC 的编程及应用	4
	项目 3.2　FB 的编程及应用	6
	项目 3.3　OB 的编程及应用	4
知识目标	● 知道 S7-1200 PLC 的程序结构。 ● 了解 OB 和 DB 的功能。 ● 熟悉 FC 和 FB 的接口参数。 ● 掌握 OB、FC 和 FB 的创建方式。 ● 掌握 OB、FC 和 FB 的编程方法	
技能目标	● 能创建 OB、FC、FB 和 DB。 ● 能说出 FC 和 FB 的区别。 ● 能用实参和形参编写 FC 程序并调试。 ● 能用单个实例、多重背景编写 FB 程序并调试。 ● 能用 OB 编写程序并调试	
素质目标	● 培养稳中求进、精益求精、质量第一的工匠精神。 ● 通过小组协作学习，培养沟通、交际、组织、团队协作的社会能力。 ● 培养科学的实践观和方法论	

项目 3.1　FC 的编程及应用

【项目描述】

假设某工厂的一条生产线上有 10 台电机，对每台电机都能单独通过相应的启停按钮进行控制，需要将图 3-1 所示的 10 段电机自锁控制程序全部写在主程序（OB1）中，程序重复冗长，不易于调试和编辑。此例中每台电机都是自锁控制的，功能相同，如果将自锁功能放在 FC 中进行编程，然后用主程序 OB1 去调用 FC，可实现对相同功能类设备的统一编程和控制，会让程序更简单易懂，方便调试。本项目通过实参 FC 编程示例和形参 FC 编程任务，介绍 FC 的创建、基本操作和编程应用等。

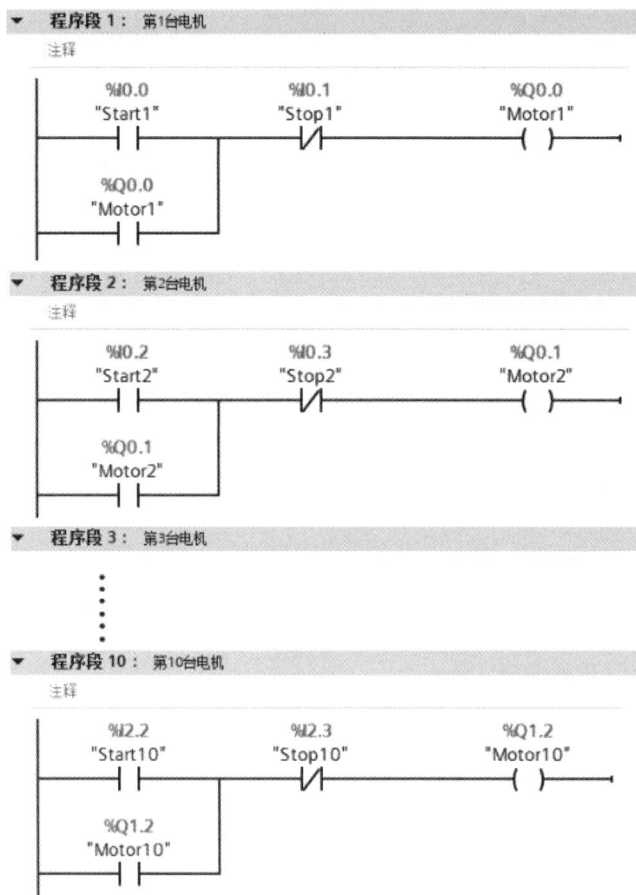

图 3-1　电机自锁控制程序

学海领航　本项目的电气原理图比较多，元器件的图形符号和文字符号必须符合国家标准《电气简图用图形符号》（GB/T 4728），制图必须符合《电气工程 CAD 制图规则》（GB/T 18135—2008）。请上网查询并学习这两个国家标准，保证绘制的电气原理图更加规范。

✦【跟我学】

3.1.1 程序结构和编程方法

1. 程序结构

在 S7-1200 PLC 编程中，采用了块的概念，它能够将复杂的自动化任务分割成反映过程控制功能或可多次处理的小任务，可以更易于控制复杂的任务，这些小任务以相应的程序段表示，称为块。块结构显著地提高了 PLC 程序的组织透明性、可理解性和易维护性。对于功能相同的多个工艺设备，可以实现一次编程，多次调用，简化程序结构，程序变得更容易修改，节省了编程和调试时间。

S7-1200 PLC 支持的程序块包括组织块、函数、函数块和数据块，如表 3-2 所示，其中的组织块、函数块、函数都包含程序，统称为代码（Code）块。在工程设计阶段，确定选用某个 CPU 模块后，每种代码块许可用的数量和长度也就确定了。

表 3-2　S7-1200 PLC 支持的程序块

程序块		描述
组织块 OB		操作系统与用户程序的接口，决定用户程序的结构，由系统调用
函数 FC		用户编写的包含经常使用的功能的子程序，没有专用的背景数据块
函数块 FB		用户编写的包含经常使用的功能的子程序，有专用的背景数据块保存必要的数据
数据块 DB	全局数据块	存储用户数据的数据区域，供所有的代码块共享
	背景数据块	用于保存函数块的输入、输出、输入输出和静态变量，其数据在编译时自动生成

在 PLC 编程中，程序块是实现控制逻辑的基本单元。函数块和函数用于实现控制逻辑，数据块用于存储和管理数据，组织块用于管理程序的执行顺序、周期、中断等。如图 3-2 所示，CPU 的操作系统是按照事件驱动扫描用户程序的。用户程序写在不同的块中，CPU 按照执行条件成立与否调用相应的代码块或者访问对应的数据块。在程序中，当一个代码块调用另一个代码块时，CPU 会执行被调用块中的程序代码，执行完后，CPU 会继续执行调用块的程序代码。在块调用中，调用者可以是各种代码块，被调用的块是除 OB 之外的代码块。调用函数块时需要为它指定一个背景数据块。

被调用的代码块又可以调用别的代码块，这种调用称为嵌套调用，如图 3-3 所示，程序中 FB、FC 的嵌套深度取决于 CPU 类型。从程序循环 OB1 或启动 OB 开始，S7-1200 PLC 的嵌套深度为 16；从中断 OB 开始调用，S7-1200 PLC 的嵌套深度为 6。

2. 编程方法

S7-1200 PLC 支持的编程方法有 3 种：线性化编程、模块化编程和结构化编程。

（1）线性化编程

线性化编程如图 3-4 所示，它将整个用户程序都放在循环组织块 OB1 中，也就是主程序中，CPU 循环扫描时不断地依次执行 OB1 中的全部指令。

图 3-2　程序块的调用

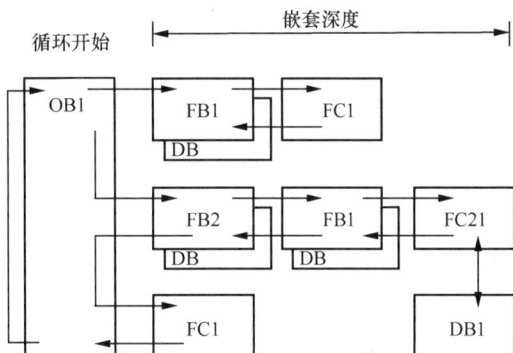

图 3-3　程序块的嵌套调用

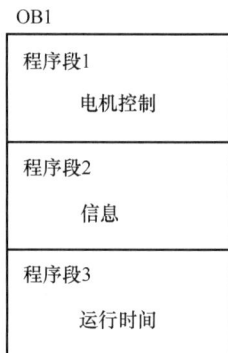

图 3-4　线性化编程

线性化编程的特点是结构简单、不带分支，但由于所有指令都在 OB1 中，循环扫描工作方式下每个扫描周期都要扫描、执行所有的指令，因此会造成资源浪费，CPU 效率低；再者，由于程序结构不清晰，因此会造成管理和调试的不方便。建议在编写大型程序时避免采用线性化编程。

（2）模块化编程

模块化编程如图 3-5 所示，模块化编程将程序根据功能分为不同的逻辑块，在 OB1 中可以根据条件决定块的调用和执行。

模块化编程的特点是控制任务被分成不同的块，易于几个人同时编程，调试方便。OB1 根据条件只在需要时才调用相关的程序块，因此每次循环中不是所有的块都执行，CPU 的利用效率得到了提高。模块化编程中，被调用块和调用块之间没有数据交换。

（3）结构化编程

结构化编程如图 3-6 所示，它将过程要求类似或相关的任务归类，在函数或函数块中编程，形成通用的解决方案，可以在 OB1 或其他程序块中调用。该程序块编程时采用形参，可以通过不同的实参调用相同的程序块。

结构化编程中，被调用块和调用块之间有数据交换，需要对数据进行管理。结构化编程必须对系统功能进行合理的分析、分解和综合，对程序设计人员的要求较高。在对 S7-1200 PLC 进行编程时，推荐使用结构化编程。

图 3-5　模块化编程

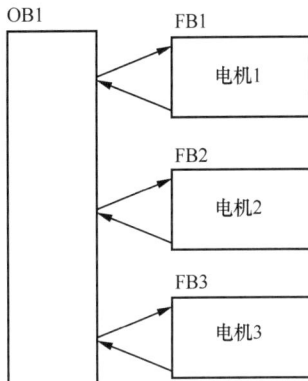

图 3-6　结构化编程

3.1.2　数据块 DB

数据块 DB 用于存储用户数据，数据块中没有指令，它只是一个数据存储区。数据块分为全局数据块和背景数据块。

1. 全局数据块

全局数据块用于存储供所有的程序块使用的数据，也称为共享数据块，所有的 OB、FB 和 FC 都可以访问全局数据块。

> 小提示　　全局数据块必须事先定义才可以在程序中使用。

（1）全局数据块的创建

如图 3-7 所示，单击"项目树"下的"程序块"下拉按钮，双击"添加新块"选项，在弹出的对话框中，选择"数据块"，并将其命名为"电机自锁控制数据块"，"类型"默认为"全局 DB"，"编号"选择"自动"，即系统自动为所生成的数据块分配编号，然后单击"确定"按钮。

图 3-7　创建全局数据块

（2）数据块的访问方式

右击"项目树"下的"电机自锁控制数据块"，在弹出的快捷菜单中选择"属性"，打开图 3-8 所示的对话框，可以设置数据块 DB 的访问方式。

> 💠 小提示　　　新建数据块时，默认状态是"优化的块访问"。

在图 3-8 中有以下 5 个选项。

① 如果勾选"仅存储在装载内存中"复选框，则数据块 DB 下载后只存储在装载存储区中。可以通过指令 READ_DBL 将装载存储区的数据复制到工作存储区中，或通过指令 WRIT_DBL 将数据写入装载存储区的数据块 DB 中。

② 如果勾选"在设备中写保护数据块"复选框，则只能对数据块 DB 进行读访问。

③ 如果勾选"优化的块访问"复选框，则数据块 DB 采用优化访问方式。优化访问的数据块仅为数据元素分配一个符号名称，而不分配固定地址，变量的存储地址是由系统自动分配的，变量无偏移地址。

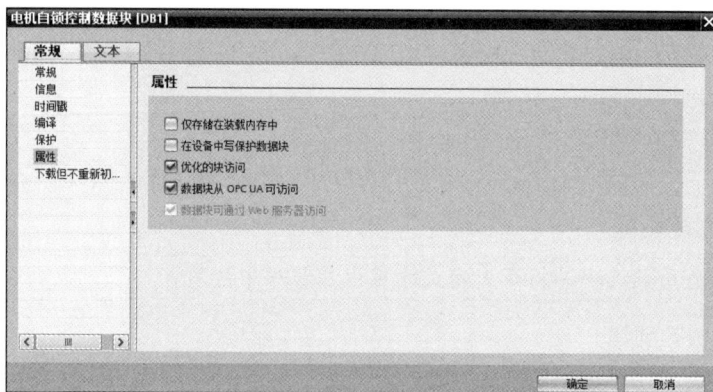

图 3-8　设置数据块的访问方式

如果不勾选"优化的块访问"复选框，则表示采用标准访问方式。标准访问的数据块不仅为数据元素分配一个符号名称（如图 3-9 中的"名称"列），还分配固定地址，变量的存储地址在数据块中，每个变量的偏移地址均可见（如图 3-9 中的"偏移量"列）。

图 3-9　数据块 DB 的编辑

> 💠 小提示　　优化访问方式可以大大减少数据块对存储空间的浪费，但是对于优化后的数据块，只能使用符号地址进行访问。采用标准访问方式时既可以使用符号地址，也可以使用绝对地址对数据块进行访问。

④ 如果勾选"数据块从 OPC UA 可访问"复选框，则该数据块可作为完整的对象从 OPC UA 进行访问。

⑤ 如果勾选"数据块可通过 Web 服务器访问"复选框，则数据块可作为一个完整的对象从 Web 服务器进行访问。

（3）数据块的应用示例

【例 3-1】 用数据块实现电机的自锁控制。

解: ① 新建 1 个项目,本例中为"电机自锁控制",按照图 3-7 所示创建"电机自锁控制数据块"。

② 打开"电机自锁控制数据块",如图 3-9 所示,新建 3 个变量,分别是"Start""Stop""Motor",此例选择标准访问方式,则在数据块中可以看到"偏移量"列,并且系统在成功编译之后才能在该列生成每个变量的地址偏移量,若设置成优化访问的数据块则无此列。

数据块的保持性设置: 对于标准访问的数据块,仅可设置图 3-9 中"保持"列所有的变量保持或不保持,不能对每个变量进行单独设置。对于优化访问的数据块中的每个变量,可以在"保持"列分别设置其保持与否。

③ 在 OB1 中输入图 3-10 所示的电机自锁控制程序。"电机自锁控制数据块".Start 是符号地址,%DB1.DBX0.0 是绝对地址。

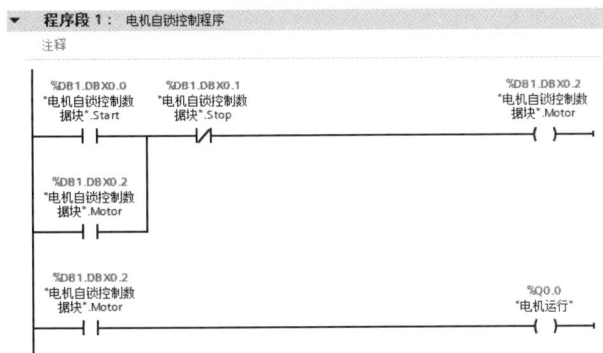

图 3-10 电机自锁控制程序

> **小提示** 在程序中添加数据块 DB 块中的变量,可以采用拖曳的方式。例如直接将图 3-9 中的变量"Start"拖曳到图 3-10 第一行左侧常开触点上面。

④ 将图 3-10 所示的程序下载到 PLC 中,在监视模式下,将变量 Start 修改为 1,则变量 Motor 为 1,其常开触点闭合,Q0.0 线圈得电,电机运行;将变量 Start 修改为 0,则变量 Motor 仍然为 1,电机继续运行;将变量 Stop 修改为 1,其常闭触点断开,则变量 Motor 为 0,电机停止运行。

2. 背景数据块

背景数据块仅用于存储特定函数块 FB 的数据,其结构和函数块的接口规格是一致的,其变量只能在函数块 FB 中定义,不能在背景数据块中直接创建。

程序中调用函数块 FB 时,可以为之分配一个已经创建的背景数据块 DB,也可以直接定义一个新的数据块 DB,该数据块 DB 将自动生成并作为这个函数块 FB 的背景数据块。

> **小提示** 在相关的函数块 FB 中添加或删除变量后,由系统分配的背景数据块 DB 变量会随之改变;而全局数据块是直接可以在块内进行数据修改的。

3.1.3 函数 FC

函数 FC 是不带存储区的代码块,它没有背景数据块。FC 有两个作用: 一是作为子程序应用,二是作为函数应用。例如：可使用 FC 执行标准运算和可重复执行的运算（如数学运算）或者实现工艺功能（如使用位逻辑运算实现独立的控制）。也可以在程序中的不同位置多次调用 FC，简化对经常重复发生的任务的编程。

　　FC 的界面由块接口区和程序编辑区组成，如图 3-11 所示，分隔条的上面是块接口区（又称为变量声明表），可以用来定义块接口，下面是程序编辑区，用来编写 FC 程序块。上下拖动 FC1 程序编辑区最上面的分隔条可以调整块接口区的大小；单击块接口区按钮██ ▲ █和█ ▼ █，可以隐藏或显示块接口区。

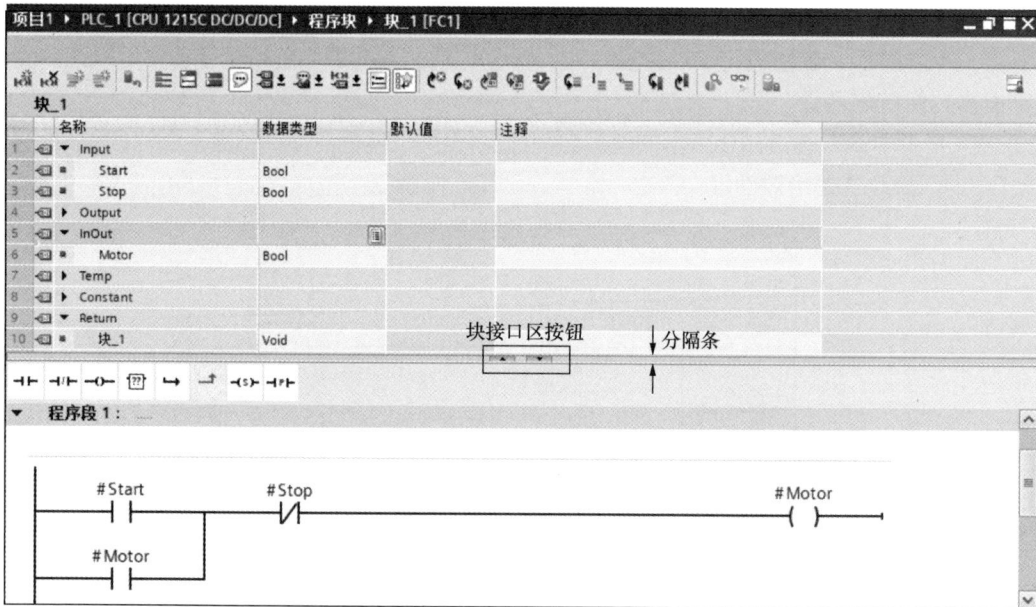

图 3-11　FC 的界面

　　用户可以在块接口区定义 FC 的块参数，称为形参，它是局部变量，只能在它所在的 FC 中使用，且以符号地址方式访问。块参数的名称由字符（包括汉字）、下画线和数字等组成，在编程时程序编辑器会自动在块参数名称前加#来标识它们（对于全局变量的符号地址使用双引号标识，绝对地址使用%标识）。FC 仅在被其他程序调用时才执行，由于 FC 没有专用的背景数据块，调用 FC 时，形参将作为参数占位符传递给该块，必须给所有形参分配实参。当 FC 执行结束后，临时变量里的数据将会丢失，如果要永久保存数据，FC 可以使用全局数据块 DB 或位存储器。由图 3-11 可知，FC 共有 6 种类型的接口参数，其说明如表 3-3 所示。

表 3-3　FC 的接口参数说明

类型	功能	读写访问
输入参数 Input	调用 FC 时，将用户程序数据传递到 FC 中，实参可以为常数	只读
输出参数 Output	调用 FC 时，将 FC 执行结果传递到用户程序中，实参不能为常数	只写
输入输出参数 InOut	接收数据后进行运算，然后将执行结果返回，实参不能为常数	读写
临时变量 Temp	仅在调用 FC 时生效，用于存储临时中间结果的变量，每个扫描周期都会清零	读写
局部常量 Constant	用于定义所在程序块中使用的常量。声明常量符号名后，FC 中可以使用符号名代替常量	只读
返回 Return	Return 中的返回值属于输出参数	只写

表 3-3 中的块参数可作为调用块和被调用块之间的接口，如果仅需查询或读取数据，则可使用 Input 参数；如果要设置或写入数据，则需要使用 Output 参数；如果既可以从调用它的程序块读取数据，又可以向调用它的程序块写入（传送）数据，则需要使用 InOut 参数。临时变量 Temp 放置在临时变量存储区中，它无法像 M 点或 Q 点一样保持上一个周期的数值，Temp 需要在每个扫描周期有一个明确的赋值，即先赋值（写），再使用（读写）。局部常量 Constant 就是一个常数，它是"私有"的，只能在这个程序块中访问。

【跟我做】

使用 FC 实现电机手自动切换控制程序的编写与调试（视频）

任务 1　使用 FC 实现的电机手自动切换控制

1. 任务要求

某台设备具有手动和自动两种控制方式。SA 是控制方式选择开关，当 SA 处于断开状态时，选择手动控制方式；当 SA 处于接通状态时，选择自动控制方式，不同控制方式的要求如下。

手动控制方式：按下启动按钮 SB1，电机运行；松开 SB1，电机停止运行。

自动控制方式：按下启动按钮 SB1，电机自锁连续运行；按下停止按钮 SB2，电机立即停止运行。

使用 FC 编写程序并进行调试。

2. 工具和设备

CPU 1215C DC/DC/Rly 1 台、三相异步电机 1 台、开关和按钮若干、接触器和热继电器各 1 个、安装有 TIA 博途软件的计算机 1 台、《S7-1200 可编程控制器系统手册》1 本、电工工具 1 套、万用表 1 块等。

3. 硬件电路

根据控制要求，电机手自动切换控制的 I/O 分配如表 3-4 所示，电路请参考图 2-11（在此基础上增加选择开关 SA）。

表 3-4　电机手自动切换控制的 I/O 分配

输　入			输　出		
输入继电器	输入元件	作　用	输出继电器	输出元件	作　用
I0.0	SB1	启动	Q0.0	KM	电机
I0.1	SB2	停止			
I0.2	SA	选择开关			
I0.3	FR	过载保护			

4. 程序设计

（1）创建新项目"使用 FC 实现的电机手自动切换控制"，添加与现场 S7-1200 PLC 订货号、固件版本号相同的 CPU 模块并进行硬件组态。

（2）单击"项目树"的"PLC_1[CPU 1215C DC/DC/Rly]"中的"PLC 变量"下的"添加新变量表"，并将表 3-4 所示的变量添加到创建的新变量表中。

（3）创建 FC。

双击"项目树"下"程序块"中的"添加新块"，在弹出的"添加新块"对话框中选择"函数"，将"名称"设置为"手动控制程序"，"语言"选择"LAD"，如图 3-12 所示，勾选左下角的"新增并打开”复选框，单击“确定”按钮，便会生成一个函数 FC1。用同样的方法创建“名称”为“自动控制程序”的函数 FC2。

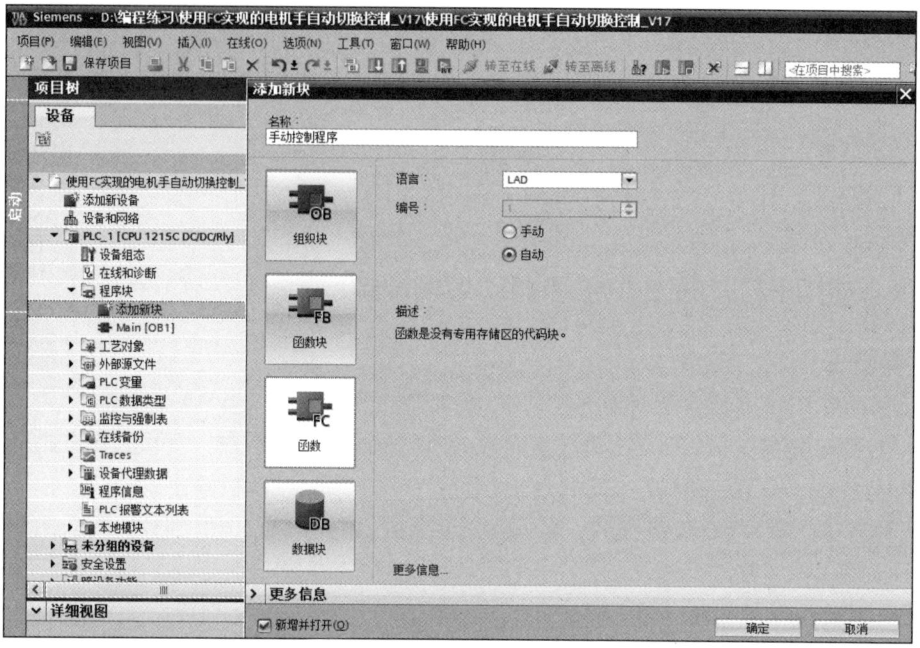

图 3-12　创建 FC

（4）添加函数接口区参数。

在“程序块”下，双击手动控制程序 FC1 或自动控制程序 FC2，进入 FC1 或 FC2 的工作区，在图 3-13（a）所示接口区中“名称”列的“Input”下面添加变量 Start，单击“数据类型”列下的按钮，在下拉列表中设置其数据类型为“Bool”。按照此方法分别添加 FC1 和 FC2 的接口参数，如图 3-13 所示。

手动控制程序

	名称	数据类型	默认值	注释
1	▼ Input			
2	Start	Bool		
3	▼ Output			
4	Motor	Bool		
5	▶ InOut			
6	▶ Temp			
7	▶ Constant			
8	▼ Return			
9	手动控制程序	Void		

（a）手动控制程序接口参数

自动控制程序

	名称	数据类型	默认值	注释
1	▼ Input			
2	Start	Bool		
3	Stop	Bool		
4	Overload	Bool		
5	▶ Output			
6	▼ InOut			
7	Motor	Bool		
8	▶ Temp			
9	▶ Constant			
10	▼ Return			
11	自动控制程序	Void		

（b）自动控制程序接口参数

图 3-13　添加 FC1 和 FC2 的接口参数

小提示　图 3-13（a）中将变量 Motor 设置为输出参数，而图 3-13（b）中将变量 Motor 设置为输入输出参数，这是因为在图 3-14（a）所示的手动控制程序中，变量 Motor 只驱动线圈，因此将其设置为只写的输出参数即可；在图 3-14（b）所示的自动控制程序中，变量 Motor 既要驱动线圈，同时其常开触点又参与了逻辑运算，因此这里将其设置为既可写又可读的输入输出参数。

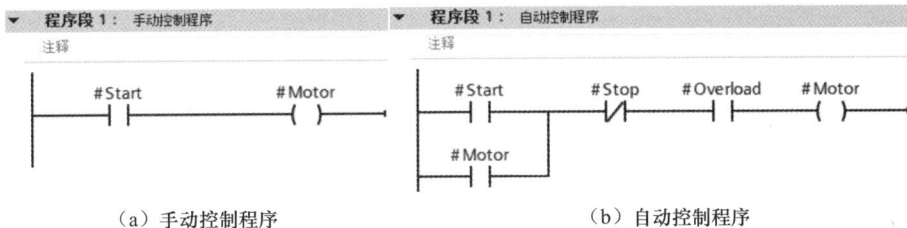

（a）手动控制程序　　　　　　　　　　（b）自动控制程序

图 3-14　手动控制程序和自动控制程序

小提示

一起说　如果将图 3-13（b）中的变量 Motor 也设置为输出参数，请在 TIA 博途软件中观察图 3-14（b）中自锁触点的形参#Motor 变量的颜色是否变为橙色，程序运行时，该触点是否能进行自锁。

（5）编写 FC1 和 FC2 的程序。

进入 FC1 和 FC2 的程序编辑区，编写的手动控制程序和自动控制程序如图 3-14 所示。

小提示　将图 3-13（a）中的变量 Start 拖曳到图 3-14（a）所示常开触点上面的"<??.?>"即可输入形参#Start。也可以双击常开触点上面的"<??.?>"，出现参数助手按钮▣时单击，在其下拉列表中选择#Start 即可。

（6）在主程序 OB1 中调用 FC 并赋值。

将 FC1 和 FC2 分别拖曳到程序段 1 和程序段 2 中，然后给其赋实参，生成手自动切换控制程序，如图 3-15 所示。

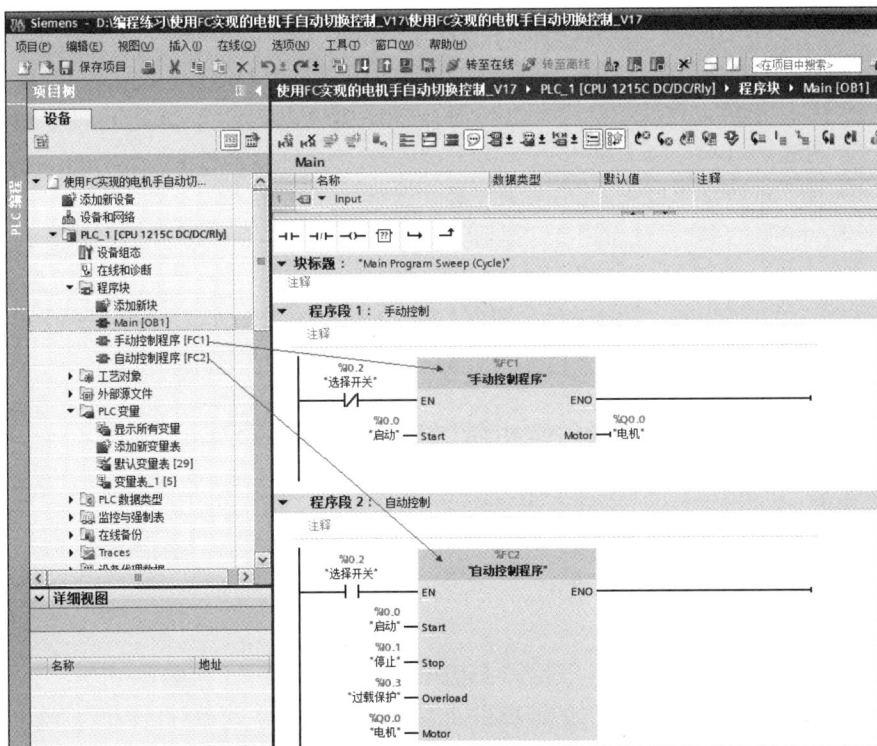

图 3-15　手自动切换控制程序

在 FC 块接口区定义的 Input、Output、InOut 等参数只是作为该程序块形式上的参数，简称形参。如图 3-15 所示，%FC2 方框内的 Start、Stop、Overload 和 Motor 等变量均为形参，在调用 FC 时，它们会以引脚方式出现在 FC 上，其中 Input 和 InOut 类型的变量出现在 FC 的左侧，Output 类型的变量出现在 FC 的右侧。形参只能在 FC 内部的程序块中使用。在 OB1 块调用带参数的 FC 时，每个引脚都会出现<??.?>，需要为每个形参指定实际的参数，即实参化，例如指定 I0.0、I0.1、I0.3 和 Q0.0 等，这些参数称为实际参数，简称实参，实参与它对应的形参应具有相同的数据类型。把 FC 的形参指定了对应的实参后，FC 程序块中的形参代表的变量才具有对应的存储地址，才能传递或使用数据。

小提示 ｜ Temp 中定义的变量存储在每次扫描时分配的临时存储器 L 中，不需要也不能在程序块间或不同扫描周期间传递数据，不需要实参化。

一起说 ｜ 如果在图 3-13 中的块接口区定义了输入、输出等形参，在图 3-14 中的 FC 中使用符号地址完成程序的编写，以便在其他块中能重复调用形参函数，这种 FC 称为形参 FC 或带参数的 FC；如果在图 3-13 中的 FC1 和 FC2 的块接口区不创建输入、输出等形参，直接在图 3-14 中的 FC 中使用绝对地址（实参）编写 FC 程序，这种 FC 称为实参 FC 或不带参数的 FC；如果在图 3-15 中的主程序 OB1 中调用实参 FC1 和实参 FC2，OB1 中的 FC1 和 FC2 还会生成引脚吗？请采用实参 FC 编写电机手自动切换控制程序并对比两者的优缺点。

---

5. FC 应用说明

在程序中调用 FC 时，将执行 FC 中的程序。使用 FC 编程，需要注意以下事项。

（1）在 OB1 中已经调用完 FC，如果 FC 的块接口区参数被修改（增加/减少，或修改数据类型），例如在图 3-13（b）中的"Output"栏下增加电机运行显示参数 Display，则图 3-15 中的程序段 2 被调用的 FC2 方框将变为红色，这时单击程序编辑器工具栏中的"更新不一致的块调用"按钮🔄并重新指定 FC2 的实参，FC2 方框中的红色错误标记会消失。

（2）对于 FC 的形参，只能用符号访问，不能用绝对地址访问。

6. 运行、调试

将图 3-15 所示的程序下载到 PLC 中并"转至在线"，启用监视。

（1）程序段 1 的 I0.2 常闭触点闭合，调用手动控制程序 FC1，按下启动按钮 I0.0，Q0.0 线圈得电，电机点动运行；松开 I0.0，Q0.0 线圈失电，电机停止运行。

（2）将选择开关 I0.2 闭合，其常开触点闭合，调用自动控制程序 FC2，按下启动按钮 I0.0，Q0.0 线圈得电并自锁，电机连续运行；按下停止按钮 I0.1，Q0.0 线圈失电，电机停止运行。

任务 2　使用 FC 实现的两台电机延时启动控制

1. 任务要求

某机房有两台电机，每台电机都能单独延时启动，延时时间可调，请根据控制要求使用 FC 编写控制程序并进行调试。

2. 设备和工具

CPU 1215C DC/DC/Rly 1 台、三相异步电机 2 台、按钮若干、接触器和热继电器各 2 个、安装有 TIA 博途软件的计算机 1 台、《S7-1200 可编程控制器系统手册》1 本、电工工具 1 套、万用表 1 块等。

使用 FC 实现两台电机延时启动控制程序的编写与调试（视频）

3. 硬件电路

根据控制要求，两台电机延时启动控制的 I/O 分配如表 3-5 所示，电路如图 3-16 所示。

表 3-5　两台电机延时启动控制的 I/O 分配

输　　入			输　　出		
输入继电器	输入元件	作　　用	输出继电器	输出元件	作　　用
I0.0	SB1	电机 1 启动	Q0.0	KM1	电机 1
I0.1	SB2	电机 1 停止	Q0.1	HL1	电机 1 运行指示
I0.2	SB3	电机 2 启动	Q0.2	KM2	电机 2
I0.3	SB4	电机 2 停止	Q0.3	HL2	电机 2 运行指示

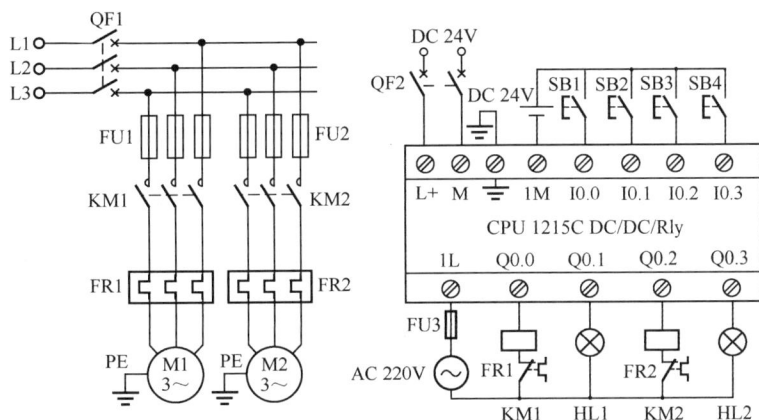

图 3-16　两台电机延时启动控制电路

4. 程序设计

（1）创建新项目"两台电机延时启动控制"，添加与现场 S7-1200 PLC 订货号、固件版本号相同的 CPU 模块并进行硬件组态。

（2）单击"项目树"的"PLC_1[CPU 1215C DC/DC/Rly]"中的"PLC 变量"下的"添加新变量表"，并将表 3-5 所示的变量添加到创建的新变量表中。

（3）创建 FC。

参考图 3-12 创建名称为"两台电机延时启动"的 FC1。

（4）添加函数接口区参数。

如图 3-17 所示，在 FC1 块接口区的"Input"栏中，输入"启动""停止""设定时间"等变量，数据类型分别选择"Bool""Bool"和"Time"；在"Output"栏中，输入"指示灯""当前时间"等变量，数据类型分别选择"Bool"和"Time"；在"InOut"栏中，输入"定时器""电机"等变量，数据类型分别选择"IEC_TIMER"和"Bool"。

（5）创建电机延时时间 DB 块。

由于两台电机均需要延时启动，程序需要两个定时器，所以需要给每个定时器变量提供一个背景数据块。创建图 3-18 所示的名称为"电机延时时间 DB 块"的数据块并添加一个名为"1 号电机定时器"的背景数据块，数据类型选择"IEC_TIMER"，单击"1 号电机定时器"左侧的按钮▼，定时器的 PT、ET、IN、Q 等变量可以折叠。继续添加另一个名为"2 号电机定时器"的背景数据块，数据类型选择"IEC_TIMER"。

图 3-17　两台电机延时启动参数

图 3-18　电机延时时间 DB 块编辑

（6）编写 FC1 程序。

如图 3-19 所示，在程序段 1 分别添加名称为"#启动"和"#停止"的常开触点和常闭触点之后，需要将 TON 指令拖曳到常闭触点后面，此时会弹出定时器背景数据块的"调用选项"对话框，注意，此时单击"取消"按钮，定时器指令框上面就会出现<???>，将图 3-17 中的"定时器"变量拖曳到图 3-19 中定时器指令框上面的<???>位置，即可出现图 3-20 中的"#定时器"形参。也可双击图 3-19 中定时器指令框上面的<???>，再单击其右侧的参数助手按钮，在"参数助手"下拉列表中选择"#定时器"→"无"。

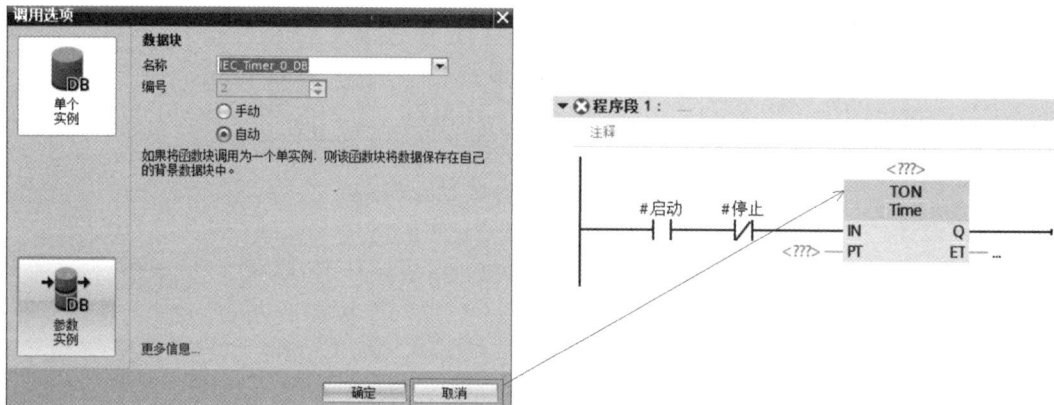

图 3-19　添加定时器

> **小提示**　在图 3-19 中添加定时器时，如果直接单击"确定"按钮添加定时器，此定时器不是形参变量，而是一个有独立背景数据块的实参定时器，在图 3-21 中两次调用 FC1 时，都使用了 TON 的同一个背景数据块 DB，导致 DB 中的数据相互干扰和影响，从而不能对两台电机进行独立的延时启动控制。

编写的电机延时的 FC1 程序如图 3-20 所示，使用"#定时器.IN"的常开触点作为自锁点让定时器一直得电。

（7）在主程序 OB1 中调用 FC 并赋值。

将 FC1 分别拖曳到程序段 1 和程序段 2 中，然后给其赋实参，如图 3-21 所示。

> **小提示**　将图 3-18 中的"1 号电机定时器"变量拖曳到图 3-21 中程序段 1 的定时器引脚上，就将"电机延时时间 DB 块"."1 号电机定时器"赋值给"定时器"变量。

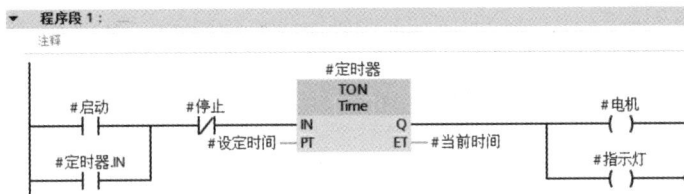

图 3-20　电机延时的 FC1 程序

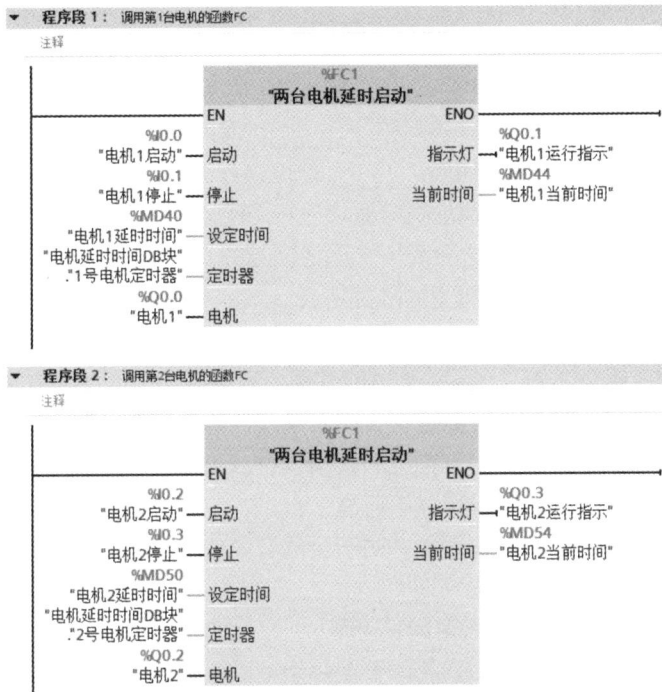

图 3-21　两台电机延时启动的主程序

5. 运行、调试

（1）将程序下载到 PLC 中并"转至在线"，单击"启用监视"按钮，将第 1 台电机的延时启动时间 MD40 设为 5s，按下第 1 台电机的启动按钮 I0.0，可以看到 MD44 中的当前时间在逐步增加，当延时时间达到设定的 5s 时，Q0.0 线圈得电，第 1 台电机开始启动，运行指示灯 Q0.1 点亮。

（2）设定第 2 台电机的延时启动时间 MD50 为 8s，按下启动按钮 I0.2，第 2 台电机的定时器开始延时，MD54 中的当前时间在逐步增加，当其延时时间达到设定的 8s 时，Q0.2 线圈得电，第 2 台电机也开始启动，运行指示灯 Q0.3 点亮。

（3）按下第 1 台电机的停止按钮 I0.1，第 1 台电机停止运行；按下第 2 台电机的停止按钮 I0.3，第 2 台电机停止运行。

🔁【单独练】

任务 3　使用 FC 实现的两台电机 Y-△ 降压启动控制

某控制系统有两台电机，对每台电机都能单独进行 Y-△ 降压启动控制，电机 1 的启动时间为

5s，电机 2 的启动时间为 10s。请根据控制要求使用形参 FC 编写控制程序并进行调试。

➡️ 【单独测】

1. 填空题

（1）S7-1200 PLC 所支持的程序块有_____、_____、_____及_____。

（2）S7-1200 PLC 支持的编程方法有_____编程、_____编程和_____编程 3 种。

（3）线性化编程将整个用户程序都放在_____中。

（4）数据块分为_____数据块和_____数据块。

（5）数据块的访问方式有_____访问和_____访问两种。

（6）对于优化后的数据块，只能使用_____地址进行访问。采用标准访问方式时既可以使用_____地址，也可以使用_____地址对数据块进行访问。

（7）程序中调用 FB 时，可以为之分配一个已经创建的_____。

（8）当 FC 执行结束后，临时变量里的数据将会_____。

（9）由于 FC 没有专用的背景数据块，调用 FC 时，必须给所有形参分配_____。

（10）FC 的局部变量必须先_____，才能使用，且以_____地址方式访问。

2. 判断题（如果正确，请在括号内打√，如果错误，请在括号内打×）

（1）OB、FB、FC、DB 都包含程序，统称为代码（Code）块。　　　　　　　（　　）

（2）FC 块接口区的参数 Input 只可读不可写。　　　　　　　　　　　　　（　　）

（3）在局部变量名称前加#来标识形参，对于全局变量或符号使用双引号，绝对地址使用%。
　　　　　　　　　　　　　　　　　　　　　　　　　　　　　　　　　（　　）

（4）FC 块接口区的参数 InOut 既可读又可写。　　　　　　　　　　　　　（　　）

（5）临时变量 Temp 中的数据在程序运行结束后就丢失，不能保存变量。　　（　　）

（6）数据块既能编写程序，又能存储和管理数据。　　　　　　　　　　　　（　　）

（7）组织块用于管理程序的执行顺序、周期、中断等。　　　　　　　　　　（　　）

（8）调用 FC 时需要为它指定一个背景数据块。　　　　　　　　　　　　　（　　）

（9）背景数据块存储供所有的程序块使用的数据，也称为共享数据块，所有的 OB、FB 和 FC 都可以访问背景数据块。　　　　　　　　　　　　　　　　　　　　　　　（　　）

（10）全局数据块必须事先定义后使用。　　　　　　　　　　　　　　　　（　　）

3. 分析题

使用 FC 编写 $y = ax + b$ 的程序。

项目 3.2　FB 的编程及应用

💡 【项目描述】

FC 没有独立的存储区，若一个程序中需要使用多个定时器或计数器，则需要给定时器或计数器创建数据块，同时定时器作为输入输出变量会出现在 FC 的引脚上，导致 FC 的功能块会有较多的输入或输出接口，程序的可读性较差，不利于程序的理解和管理。如果采用 FB，它在被其他程序块被调用时会自动生成一个背景数据块，该背景数据块可以存储特定的调用数据，更改背景数据块可以很方便地实现使用一个通用 FB 控制一组设备的运行。

本项目将通过 3 台电机顺序启动控制任务，介绍 FB 的创建、基本操作、编程和多重背景数据块的应用等。

【跟我学】

3.2.1 函数块 FB

函数块 FB 是带存储区的代码块，仅在被其他程序调用时才执行。每次调用 FB 时都会生成与之匹配的背景数据块，后者随 FB 的调用而打开，在调用结束时自动关闭。

1. FB 的块接口区

与 FC 相同，FB 的界面也由块接口区和程序编辑区组成，如图 3-22 所示，分隔条的上面是块接口区（又称为变量声明表），可以用来定义块接口，下面是程序编辑区，用来编写 FB 程序块。拖动分隔条可以调整块接口区的大小；单击块接口区按钮██▲█和██▼█，可以隐藏或显示块接口区。

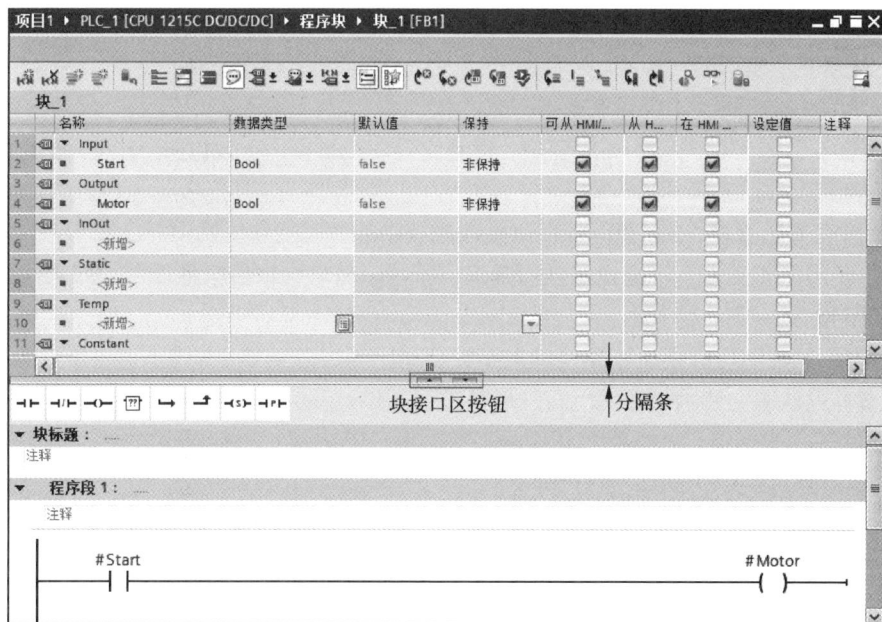

图 3-22 FB 的界面

用户可以在块接口区定义 FB 的参数变量，其名称组成及参数变量标识与 FC 的相同。在 FB 的块接口区可以定义的接口参数有 Input（输入）、Output（输出）、InOut（输入输出）、Static（静态变量）、Temp（临时变量）以及 Constant（局部常量）等，如图 3-22 所示，其说明如表 3-6 所示。FB 的输入参数、输出参数、输入输出参数和静态变量都永久地保存在背景数据块中，即使在 FB 执行完以后，背景数据块中的数据也不会丢失。FB 的临时变量不存储在背景数据块中，在 FB 执行完后失效；在没有初始化的情况下，Output 会输出背景数据块的初始值。

表 3-6 FB 的接口参数说明

类型	功能	读写
输入参数 Input	调用 FB 时，将用户程序数据传递到 FB 中，实参可以为常数	只读
输出参数 Output	调用 FB 时，将 FB 执行结果传递到用户程序中，实参不能为常数	只写
输入输出参数 InOut	接收数据后进行运算，然后将执行结果返回，实参不能为常数	读写
静态变量 Static	不参与参数传递，用于存储中间过程值，可被其他程序块访问	读写
临时变量 Temp	临时变量仅在调用 FB 时生效，用于存储临时中间结果的变量	读写
局部常量 Constant	声明常量符号名后，FB 中可以使用符号名代替常量	只读

与表 3-3 比较，表 3-6 中增加了参数 Static，它用于创建静态变量。该变量的用途是保存程序运行的中间值，在接口中可读可写，不参与数据传递，例如定时器中的数值。在 FB 执行结束后，静态变量中的数据会保存。FC 不具备这种功能。

> 🔹 **小提示**　（1）在调用 FB 时，CPU 为该 FB 分配临时存储区并将存储单元初始化为 0。
> （2）背景数据块在调用 FB 时会自动生成，其结构与对应 FB 的块接口区的结构相同。FB 的背景数据块中不包含 Temp 和 Constant 参数。

2. FC 与 FB 的区别

FC 和 FB 均为用户编写的子程序，接口区中均有 Input、Output、InOut 和 Temp 等参数。FC 和 FB 的主要区别如下。

（1）FB 有背景数据块，FC 没有。

（2）只能在 FC 内部访问它的局部变量，其他代码块或触摸屏 HMI 可以访问 FB 的背景数据块中的变量。

（3）FC 没有静态变量，FB 有保存在背景数据块中的静态变量。如果 FC 或 FB 的内部不使用全局变量，只使用局部变量，不需要做任何修改，就可以将块移植到其他项目。如果代码块有执行完后需要保存的数据，应使用 FB。

（4）在调用 FB 时可以不设置某些输入参数、输出参数的实参，而是使用它们的默认值。FC 的局部变量没有默认值，调用时应给所有的形参指定实参。

（5）FB 的输出参数值与输入参数和用静态数据保存的内部状态数据有关。

🔄【跟我做】

任务 1　使用 FB 实现的 3 台电机顺序启动控制 ══════

使用 FB 实现 3 台电机顺序启动控制程序的编写与调试（视频）

1. 任务导入

某车间现有一条生产线，分别由 3 台电机驱动，根据工艺要求，需要进行顺序启动。按下启动按钮，第 1 台电机启动，延时一段时间，第 2 台电机启动，再延时一段时间，第 3 台电机启动；按下停止按钮，3 台电机全部停止。要求用 FB 编写程序，使启动时间可以调节。

2. 设备和工具

CPU 1215C DC/DC/Rly 1 台、三相异步电机 3 台、按钮若干、接触器和热继电器各 3 个、

安装有 TIA 博途软件的计算机 1 台、《S7-1200 可编程控制器系统手册》1 本、电工工具 1 套、万用表 1 块等。

3. 硬件电路

根据控制要求，3 台电机顺序启动控制的 I/O 分配如表 3-7 所示，电路如图 3-23 所示。

表 3-7　3 台电机顺序启动控制的 I/O 分配

输　入			输　出		
输入继电器	输入元件	作　用	输出继电器	输出元件	作　用
I0.0	SB1	启动	Q0.0	KM1	电机 1
I0.1	SB2	停止	Q0.1	KM2	电机 2
			Q0.2	KM3	电机 3

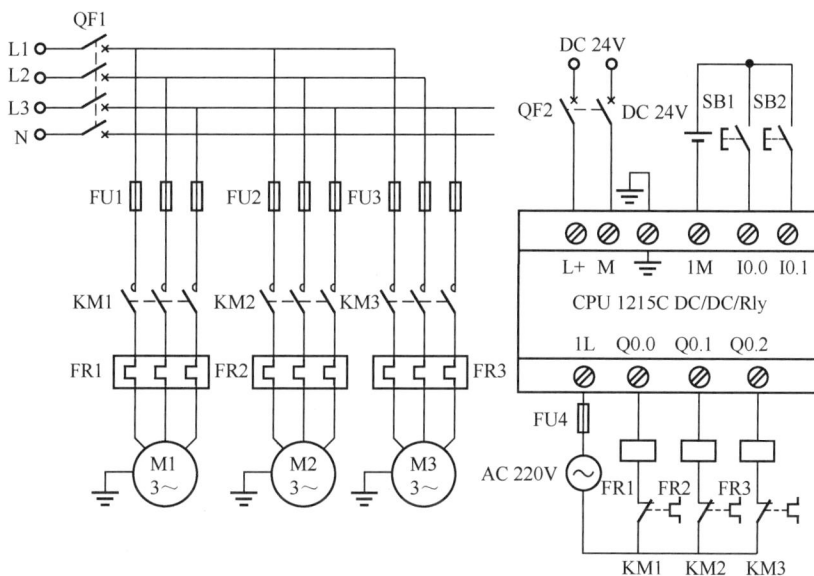

图 3-23　3 台电机顺序启动控制电路

4. 程序设计

（1）创建新项目"3 台电机顺序启动控制"，添加 CPU 模块并进行硬件组态。

（2）单击"项目树"的"PLC_1[CPU 1215C DC/DC/Rly]"中的"PLC 变量"下的"添加新变量表"，并创建图 3-24 所示的变量表。

图 3-24　3 台电机顺序启动控制的变量表

（3）创建 FB。

双击"项目树"下"程序块"中的"添加新块"，在弹出的"添加新块"对话框中选择"函数块"，将"名称"设置为"3 台电机顺序启动 FB"，"语言"选择"LAD"，如图 3-25 所示，勾选左下角的"新增并打开"复选框，单击"确定"按钮，便会生成一个函数块 FB1。

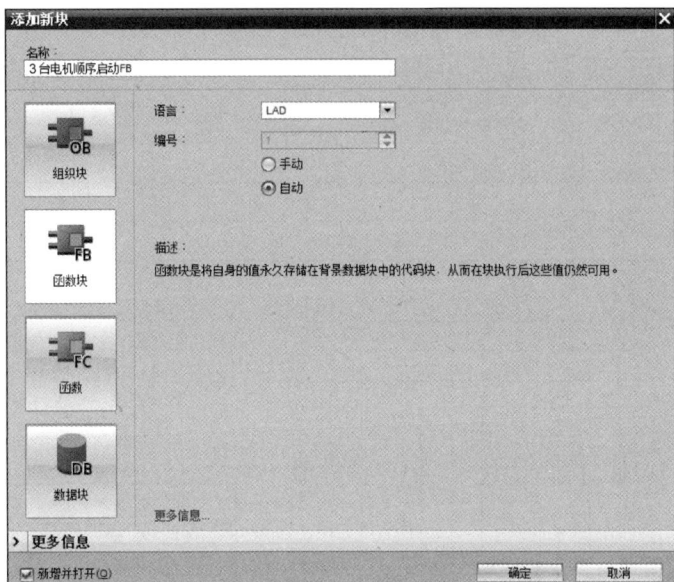

图 3-25　创建 FB

（4）添加 FB1 接口参数。

在"程序块"下，双击"3 台电机顺序启动 FB"，进入 FB1 的块接口区，添加图 3-26 所示的变量。将编程所需的"定时器 1"和"定时器 2"添加到"Static"栏下，数据类型选择"IEC_TIMER"，在调用 FB 时，这两个变量不会生成引脚；可以在 FB1 的块接口区设置变量是否为断电保持型，单击图 3-26 中标记①处的按钮，在其下拉列表中有"非保持""保持型"和"在 IDB 中设置"3 个选项，选中"保持型"，即将"设定时间 2"设置为断电保持型；单击标记②处"默认值"所在列，可以设置定时器的"设定时间"，例如将"设定时间 1"的默认值设置为"T#5s"，在数据块中调用 FB1 时，就会在 FB1 生成的"设定时间 1"引脚位置自动添加"T#5s"的定时时间，如图 3-28 所示。

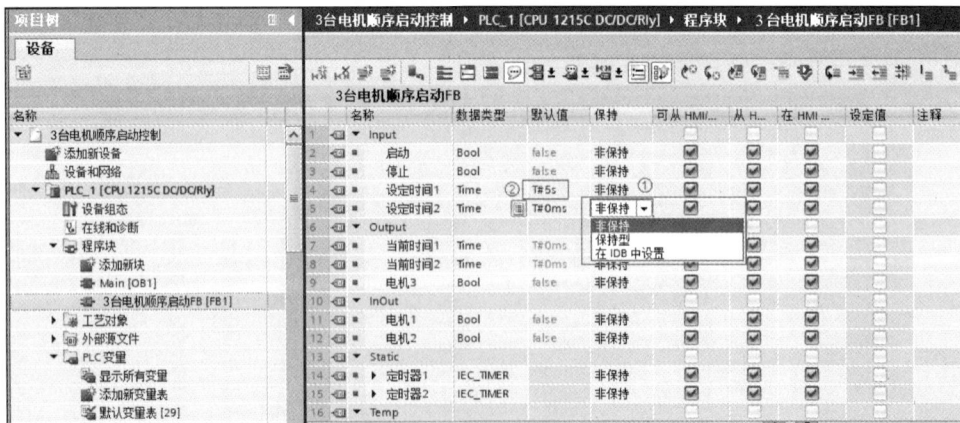

图 3-26　添加 FB1 接口参数

（5）编写 FB1 的程序。

进入 FB1 的程序编辑区，编写 3 台电机顺序启动控制程序，如图 3-27 所示。

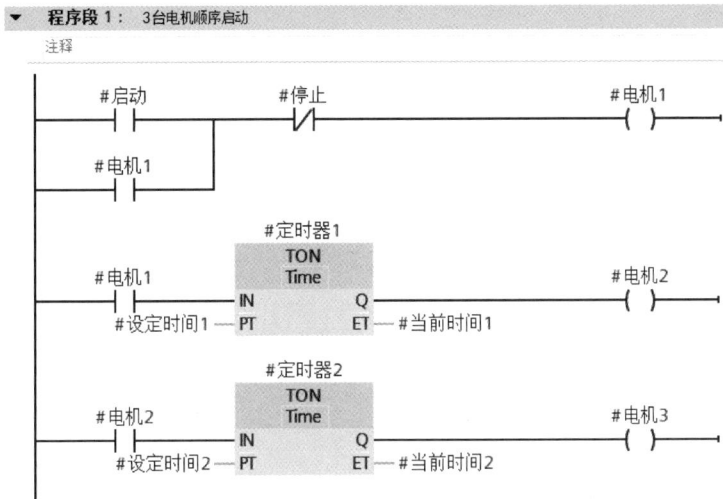

图 3-27　3 台电机顺序启动控制程序

图 3-27 中的两个 TON 定时器上面的形参"#定时器 1"和"#定时器 2"的添加方法与图 3-19 中的添加方法相同。

> **一起说**　如果图 3-27 中的定时器不在 FB 块接口区定义为静态变量，而是直接使用 TON 指令，请问能实现控制要求吗？

（6）在主程序 OB1 中调用 FB1。

将 FB1 拖曳到程序段 1 中时，系统会在"程序块"文件夹下自动生成一个名为"3 台电机顺序启动 FB_DB"的背景数据块，如图 3-28 所示，此数据块的结构与图 3-26 中 FB1 的块接口的结构相同，同时它会自动出现在 FB1 的上方。图 3-26 中 FB1 的块接口区中的 Input、Output、InOut 等形参会以引脚方式出现在 FB 上，如图 3-28 所示，与 FC 不同，FB 中每个形参的外面都是灰色的，没有 FC 调用时的<??.?>，可以不用给这些形参变量赋实参。例如在触摸屏中可以将这些形参变量与触摸屏中的按钮、I/O 域等元素关联，就可以在触摸屏上设置设定时间，控制 3 台电机启停并显示运行状态，也可以直接在背景数据块中给这些形参赋值进行 FB 程序的调试运行。

> **一起说**　FB 的形参可以和触摸屏的按钮等元素关联，从而实现 FB 的功能，为什么 FC 的形参不能？

根据控制要求，给图 3-28 上面的 FB1 指定图 3-24 中所定义的 PLC 实参，得到图 3-28 下面的主程序。

5. 运行、调试

（1）将程序下载到 PLC 中并"转至在线"，单击"启用监视"按钮，将设定时间 1 的变量 MD20 设定为 10s，设定时间 2 的变量 MD40 设定为 15s。

（2）按下启动按钮 I0.0，电机 1 开始运行，定时器 1 开始延时，当当前时间 1 MD24 显示为 10s 时，电机 2 运行，定时器 2 开始延时，当当前时间 2 MD34 显示为 15s 时，电机 3 运行。

（3）按下停止按钮 I0.1，3 台电机停止运行。

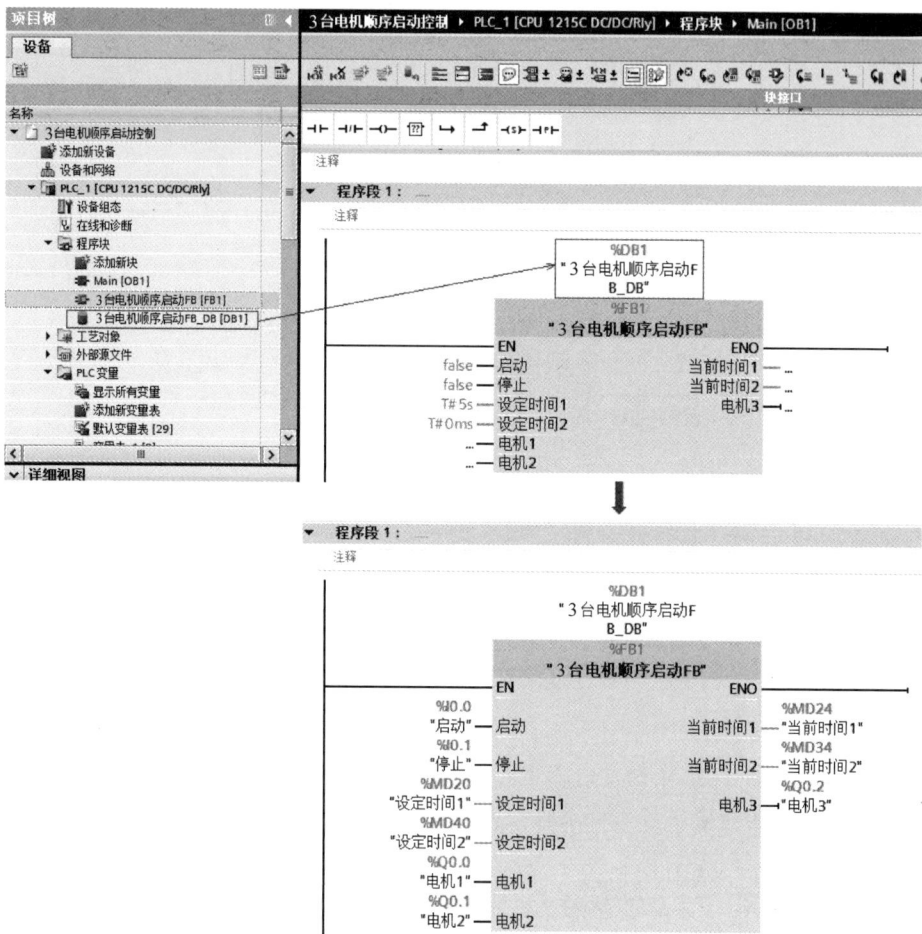

图 3-28　3 台电机顺序启动的主程序

✥【跟我学】

3.2.2　FB 的调用方式

编写好 FB 程序后，需要进行调用才可以执行 FB 中的程序。FB 可以由 OB、FC 或其他 FB 调用。被不同的块调用，采用的调用方式也会不同，FB 的调用被称为实例，FB 有 3 种实例，分别为单个实例、多重实例、参数实例，如表 3-8 所示。

表 3-8　FB 的实例

实例	调用方式	描述
单个实例	在任意块（OB、FC、FB）中调用 FB	为被调用的 FB 分配一个背景 DB，FB 将数据存储在自己的背景 DB 中
多重实例	在 FB 中调用 FB	不需要为被调用的 FB 创建单独的背景 DB，被调用的 FB 将数据保存在调用 FB 的背景 DB 的静态变量中
参数实例	在 FC/FB 中调用 FB	将实例作为参数传送，被调用的 FB 将数据保存在调用块的参数实例中，通过调用块的 InOut 参数将数据传送至待调用的 FB 中

1. 在 OB 中调用 FB，仅支持单个实例调用

FB 被 OB 调用时，系统会自动弹出"调用选项"对话框，如图 3-29 所示，选择"单个实例"后，系统可以自动为它命名并分配编号，也可以手动命名或分配 DB 的编号，单击"确定"按钮之后，系统会自动生成该 FB 的背景数据块，出现在"程序块"文件夹下方，并且自动在 FB1 上方添加该背景数据块。本项目的"任务　使用 FB 实现的 3 台电机顺序启动控制"就采用了单个实例调用。

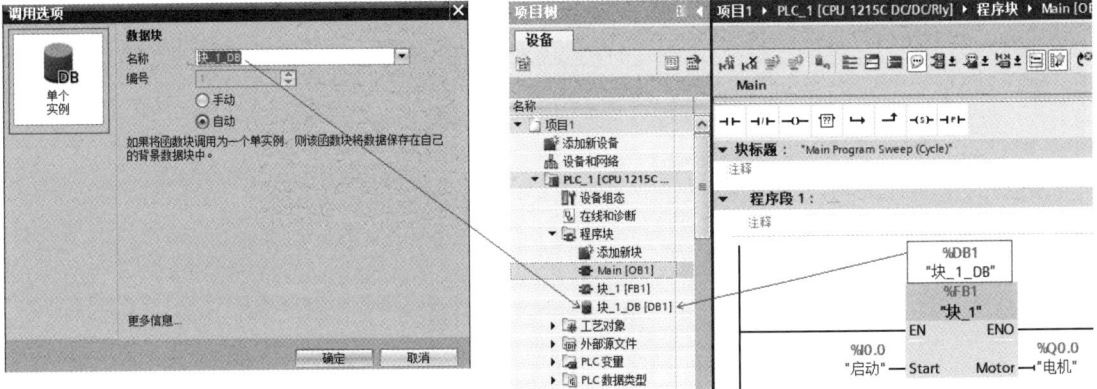

图 3-29　单个实例调用

2. 在 FC 中调用 FB，支持单个实例和参数实例调用

如果 FB 被 FC 调用，系统会自动弹出图 3-30 左边所示的"调用选项"对话框，它有两个选项，当选择"单个实例"时，如同 FB 被 OB 调用的情况；当选择"参数实例"时，FB 将作为参数传送，被调用的 FB 将背景数据块保存在调用块 FC1 的接口参数中，此时 FC1 的块接口区中会新增一个 InOut 类型的"FB_Instance"参数，"数据类型"为"FB"，它作为实参添加在 FB 的形参上。

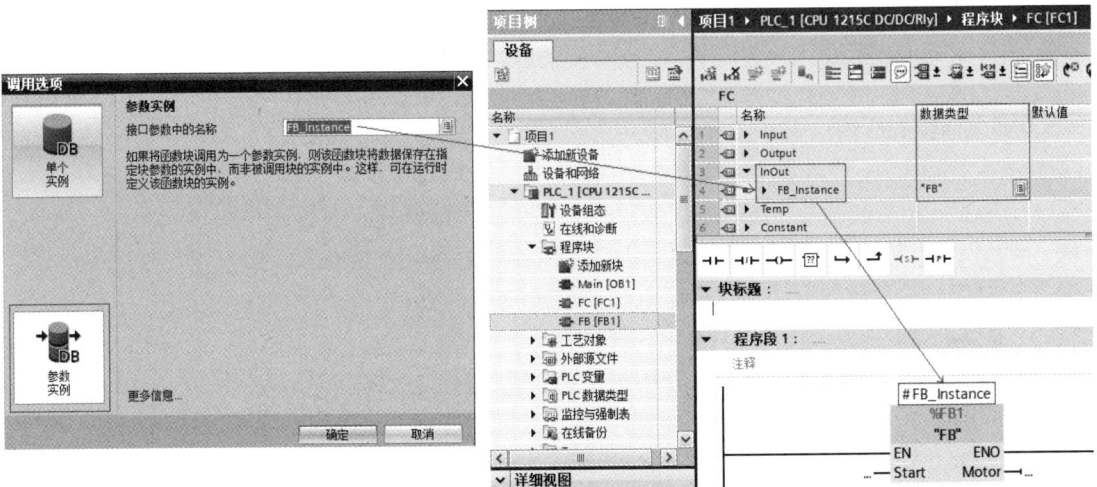

图 3-30　参数实例调用

3. 在 FB 中调用另外一个 FB，支持单个实例、多重实例和参数实例 3 种方式

当一个 FB 被另外一个 FB 调用时，属于嵌套使用，如图 3-31 所示，FB2 调用 FB1，此时弹出"调用选项"对话框。在这个对话框中，可以选择"单个实例""多重实例""参数实例"。其中，

123

单个实例调用和参数实例调用可参考图 3-29 和图 3-30，这里选择"多重实例"。此时，系统不需要为被调用的 FB1 创建单独的背景数据块，被调用的 FB1 生成的多重背景数据块 FB1_Instance 存储在 FB2 的静态变量区域。

图 3-31 多重实例调用

当 FB 被多次调用时，如果使用单个实例，会占用比较多的数据块资源。此时，可以把被调用的 FB 调取到一个主 FB 中。如图 3-31 所示，FB2 两次调用 FB1，选用"多重实例"，此时在 FB2 的块接口区的静态变量参数"Static"中自动生成了两个被调用块 FB1 的多重背景数据块，一个是"FB1_Instance"，另一个是"FB1_Instance_1"，它们作为实参分别添加在生成的 FB1 的形参上，这就是多重实例。

3.2.3 多重背景

1. 多重背景的应用

当程序中有多个 FB 或每个 FB 需要多次调用时，每个 FB 都会在调用时自动生成一个对应的背景数据块，这样在"程序块"文件夹下就会生成大量的背景数据块"碎片"，影响程序的执行效率。为了解决这个问题，使用多重背景，可以使几个 FB 共用一个背景数据块，这样可以减少数据块的个数，能更合理地利用存储空间，提高程序的执行效率。

多重背景数据块在自动冲水设备中的应用（视频）

【例 3-2】 自动冲水设备在有人使用时，红外接收器的状态为 ON，冲水控制系统在使用者使用 3s 后令冲水电磁阀的状态为 ON 并冲水 5s，使用者离开后，红外接收器的状态为 OFF，冲水电磁阀的状态再次为 ON 并冲水 8s 后停止。请编写控制程序。

解： 此例需要 3 个定时器，在每次调用定时器指令时，都需要为每个定时器指定一个背景数据块。这样就需要为该程序指定 3 个背景数据块。为了解决这个问题，在 FB 中使用定时器指令或计数器指令时，可以在 FB 的块接口区定义数据类型为 IEC_Timer 或 IEC_Counter 的静态变量，用这些静态变量来提供定时器和计数器的背景数据块。这种背景数据块称为多重背景数据块。

在共享的多重背景数据块中，定时器、计数器的数据结构之间不会产生相互作用。

（1）按照图 3-25 添加一个名为"自动冲水 FB"的函数块 FB1，在 FB1 的块接口区添加图 3-32 所示的参数。

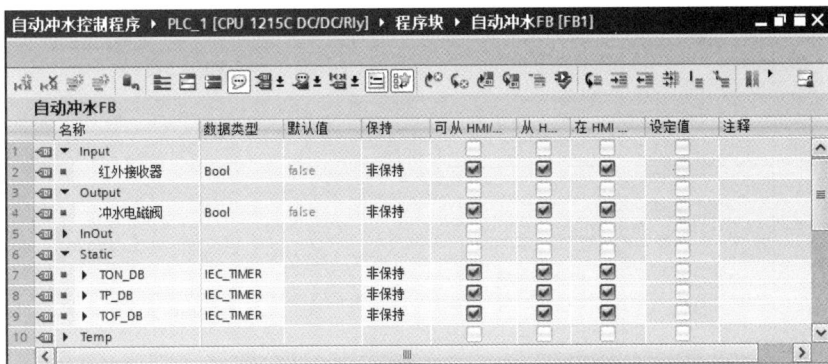

图 3-32　自动冲水设备的 FB1 接口参数

此例需要定义一个输入参数"红外接收器"，一个输出参数"冲水电磁阀"，3 个定时器即 TON、TP 和 TOF 的背景数据块放在"Static"栏下，数据类型选择"IEC_TIMER"。

（2）编写 FB1 的自动冲水控制程序。

如图 3-33 所示，在"红外接收器"常开触点右侧添加 TON 定时器的步骤：选中标记①处的 TON 指令并将其拖曳到程序段 1 中，此时弹出标记②处所示的"调用选项"对话框，在标记③处选择"多重实例"，单击标记④处的按钮，在下拉列表中选择标记⑤处的"#TON_DB"，单击标记⑥处的"确定"按钮，完成定时器 TON 的添加。

图 3-33　添加接通延时定时器的步骤

程序中的 TOF 定时器和 TP 定时器的添加步骤与 TON 定时器的添加步骤一样，编写的自动冲水 FB 程序如图 3-34 所示。

（3）在主程序 OB1 中调用 FB1 并赋值。

编写的自动冲水控制程序如图 3-35 所示，调用 FB1 时自动在"程序块"文件夹下生成一个名为"自动冲水 FB_DB"的背景数据块。

📌 一起说　　如果此例有两个自动冲水装置，怎么修改程序？

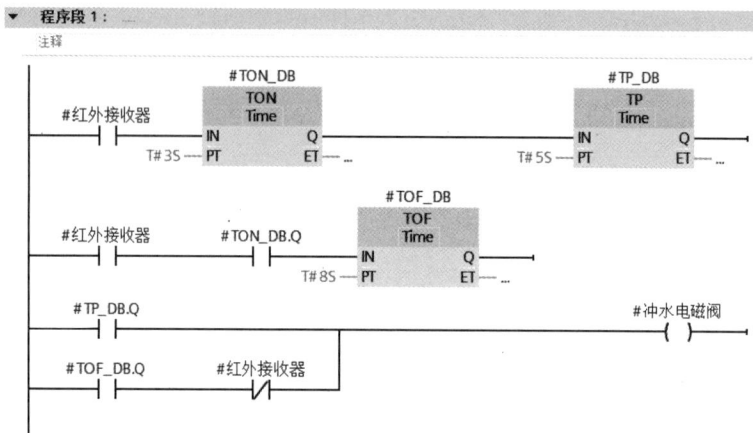

图 3-34　自动冲水 FB 程序

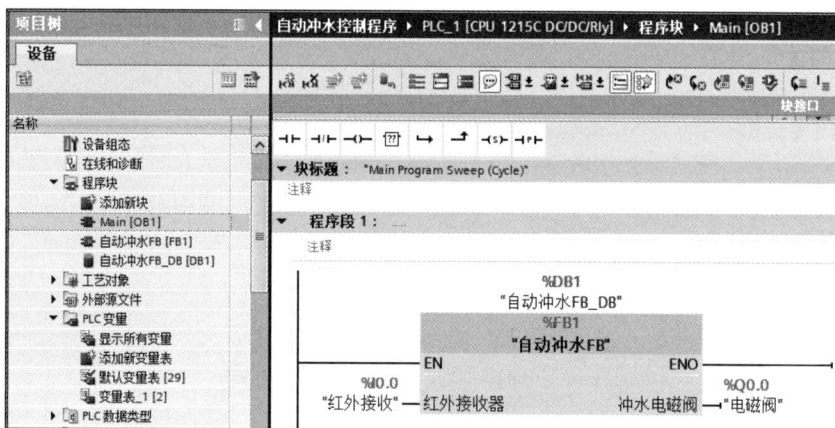

图 3-35　自动冲水控制程序

2. FB 应用说明

（1）当调用 FB 时，必须为其分配一个背景数据块，背景数据块不能重复使用，否则会产生数据冲突。

（2）当调用 FB 时，可以不为形参赋值，而直接为背景数据块赋值。

（3）当多次调用 FB 时，可以使用多重背景数据块，生成一个总的背景数据块，避免生成多个独立的背景数据块，影响数据块资源的使用。

◑【跟我做】

任务 2　使用多重背景实现的两组电机顺序启动控制

使用多重背景实现两组电机顺序启动控制程序的编写与调试（视频）

1. 任务导入

如果将本项目"任务　使用 FB 实现的 3 台电机顺序启动控制"的控制要求修改为某车间现有两条生产线，每条生产线的 3 台电机都能单独实现顺序启动控制，按下停止按钮时，3 台电机全部停止。

如果想实现这样的控制要求，只需要在图 3-28 中的主程序中再调用一次 FB1 即可，此时会在程序块文件夹下为第二组电机生成一个背景数据块。如果该车间有 5 条生产线，就会生成 5 个背景数据块。此例使用多重实例实现控制要求，减少背景数据块的数量，便于数据块的管理，使程序简洁、有序。

2. 设备和工具

CPU 1215C DC/DC/Rly 1 台、三相异步电机 6 台、按钮若干、接触器和热继电器各 6 个、安装有 TIA 博途软件的计算机 1 台、《S7-1200 可编程控制器系统手册》1 本、电工工具 1 套、万用表 1 块等。

3. 硬件电路

根据控制要求，两组电机顺序启动控制的 I/O 分配如表 3-9 所示，电路参考图 3-23 自行绘制。

表 3-9　两组电机顺序启动控制的 I/O 分配

输　入			输　出		
输入继电器	输入元件	作　用	输出继电器	输出元件	作　用
I0.0	SB1	启动 1	Q0.0	KM1	1 组电机 1
I0.1	SB2	停止 1	Q0.1	KM2	1 组电机 2
I0.2	SB3	启动 2	Q0.2	KM3	1 组电机 3
I0.3	SB4	停止 2	Q0.3	KM4	2 组电机 1
			Q0.4	KM5	2 组电机 2
			Q0.5	KM6	2 组电机 3

4. 程序设计

（1）单击“项目树”的“PLC_1[CPU 1215C DC/DC/Rly]”中的“PLC 变量”下的“添加新变量表”，并创建图 3-36 所示的变量表。

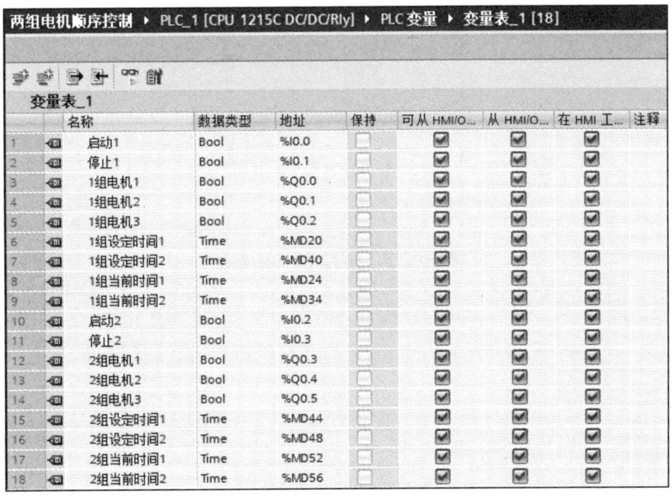

两组电机顺序控制 ▸ PLC_1 [CPU 1215C DC/DC/Rly] ▸ PLC 变量 ▸ 变量表_1 [18]

变量表_1

	名称	数据类型	地址	保持	可从 HMI/O...	从 HMI/O...	在 HMI 工...	注释
1	启动1	Bool	%I0.0	☐	☑	☑	☑	
2	停止1	Bool	%I0.1	☐	☑	☑	☑	
3	1组电机1	Bool	%Q0.0	☐	☑	☑	☑	
4	1组电机2	Bool	%Q0.1	☐	☑	☑	☑	
5	1组电机3	Bool	%Q0.2	☐	☑	☑	☑	
6	1组设定时间1	Time	%MD20	☐	☑	☑	☑	
7	1组设定时间2	Time	%MD40	☐	☑	☑	☑	
8	1组当前时间1	Time	%MD24	☐	☑	☑	☑	
9	1组当前时间2	Time	%MD34	☐	☑	☑	☑	
10	启动2	Bool	%I0.2	☐	☑	☑	☑	
11	停止2	Bool	%I0.3	☐	☑	☑	☑	
12	2组电机1	Bool	%Q0.3	☐	☑	☑	☑	
13	2组电机2	Bool	%Q0.4	☐	☑	☑	☑	
14	2组电机3	Bool	%Q0.5	☐	☑	☑	☑	
15	2组设定时间1	Time	%MD44	☐	☑	☑	☑	
16	2组设定时间2	Time	%MD48	☐	☑	☑	☑	
17	2组当前时间1	Time	%MD52	☐	☑	☑	☑	
18	2组当前时间2	Time	%MD56	☐	☑	☑	☑	

图 3-36　两组电机顺序启动控制的变量表

（2）按照图 3-25 创建“3 台电机顺序启动 FB”的函数块 FB1，按照图 3-26 添加 FB1 接口参数，并按照图 3-27 所示编写 3 台电机顺序启动的 FB1 程序。

> **小提示**　对于图 3-27 中的“#定时器 1”和“#定时器 2”，也可以采用图 3-33 所示的多重实例调用进行添加。

（3）按照图 3-25 再创建一个名为"调用 FB1"的函数块 FB2。

在 FB2 中需要调用两次 FB1 分别控制两组电机，因此在 FB2 的块接口区的"Input""Output"和"InOut"栏下分别创建两组启动、停止、设定时间、当前时间和电机等变量。在静态变量"Static"栏下，创建两次调用 FB1 所需要的背景数据块"1 组电机 DB"和"2 组电机 DB"，如图 3-37 所示，单击标记①处的参数助手按钮▤，弹出下拉列表，拖动滚动条按钮▤，选中标记③处的"3 台电机顺序启动 FB"作为背景数据块的"数据类型"。

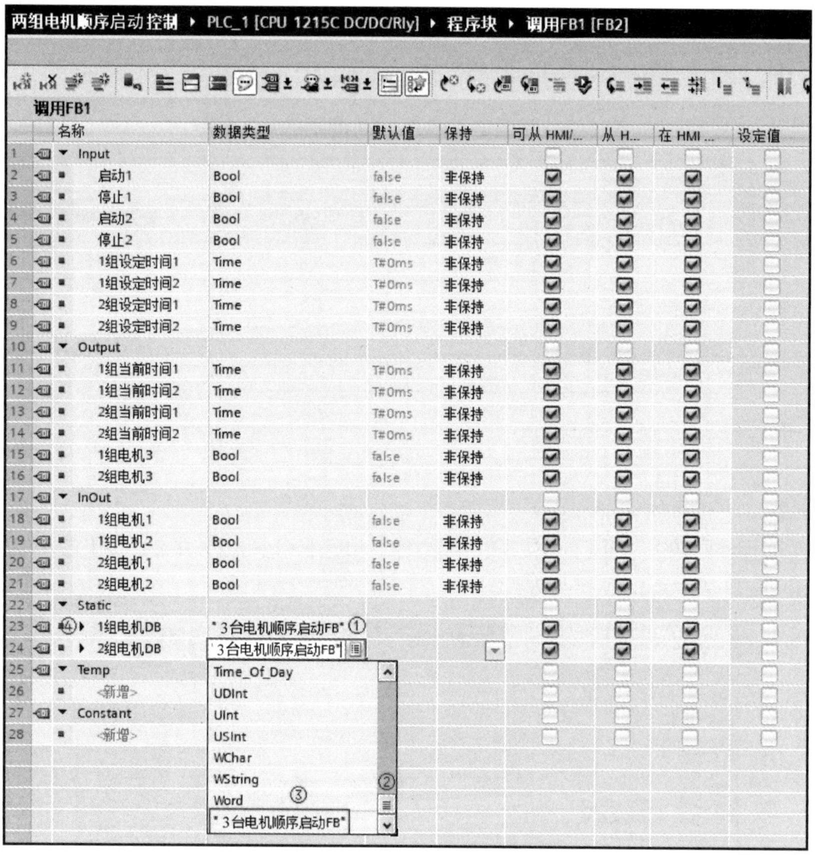

图 3-37　FB2 的接口参数

> 🔊**小提示**　单击图 3-37 中"Static"栏下标记④处的按钮▶，可以将"1 组电机 DB"的数据结构展开，此数据结构中的变量与 FB1 的块接口区的变量相同，FB1 块接口区的变量如图 3-26 所示。

（4）在 FB2 中调用 FB1 并编写程序。

如图 3-38 所示，双击打开"调用 FB1"的 FB2 程序块，在标记①处，将"3 台电机顺序启动 FB"拖曳到程序段 1 中，弹出标记②处所示的"调用选项"对话框，在标记③处选择"多重实例"，单击标记④处的参数助手按钮▤，弹出下拉列表，选中标记⑤处的#"1 组电机 DB"，单击标记⑥处的"确定"按钮，在程序段 1 添加第一组电机的函数块 FB1。按照同样的方法在程序段 2 添加第二组电机的函数块 FB2，如图 3-39 所示，再将 FB2 的块接口区的变量（见图 3-37）分别拖曳到程序段 1 和程序段 2 的 FB1 相应的引脚上，这样就完成了 FB2 程序的编写。

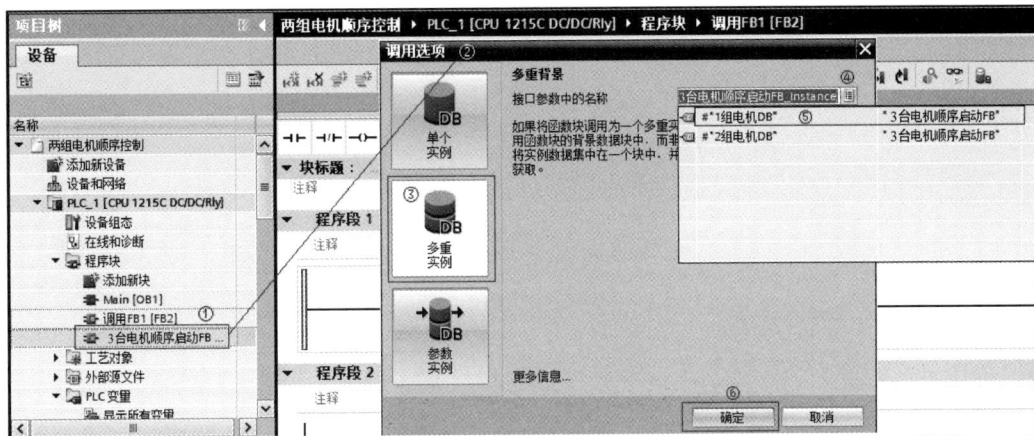

图 3-38　FB2 调用 FB1 的步骤

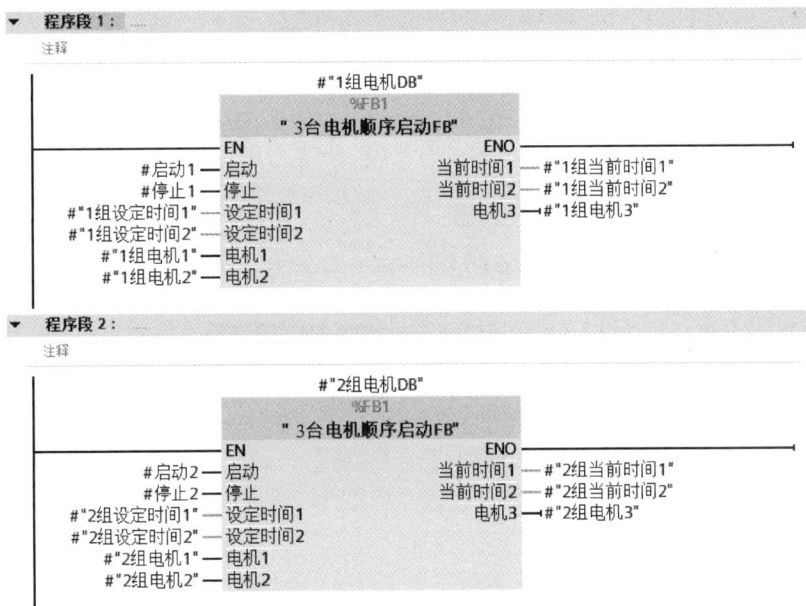

图 3-39　FB2 的程序

（5）在 OB1 中调用 FB2，并将图 3-36 所示变量表中的实参拖曳到 FB2 相应的引脚上，如图 3-40 所示。

5. 运行、调试

（1）将程序下载到 PLC 中并"转至在线"，单击"启用监视"按钮，令 1 组设定时间 1 即 MD20=10s，1 组设定时间 2 即 MD40=15s，2 组设定时间 1 即 MD44=5s，2 组设定时间 2 即 MD48=8s。

（2）按下 1 组的启动按钮 I0.0，1 组电机 1 开始运行，10s 后 1 组电机 2 运行，再过 15s，1 组电机 3 运行。

按下 2 组的启动按钮 I0.2，2 组电机 1 开始运行，5s 后 2 组电机 2 运行，再过 8s，2 组电机 3 运行。

（3）按下 1 组停止按钮 I0.1 或 2 组停止按钮 I0.3，相应电机停止运行。

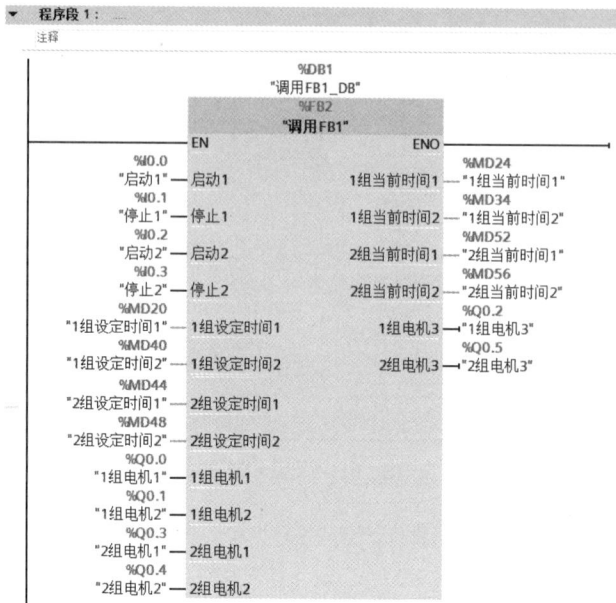

图 3–40　两组电机顺序启动控制的主程序

【单独练】

任务 3　使用 FB 实现的两台电机抱闸制动控制

某控制系统的两台电机均由 PLC 控制其运行，每台电机都能独立控制，其控制要求如下：按下启动按钮，电机运行，同时电机抱闸系统线圈得电，抱闸系统松开电机的轴；按下停止按钮，电机停止运行，电机延时 10s 后，电机抱闸系统的线圈失电，将电机的轴抱住。请使用 FB 编写控制程序。

【单独测】

1. 填空题

（1）FB 是带_____的代码块。每次调用 FB 时都会生成与之匹配的_____。

（2）FB 的界面由_____和_____组成，FB 分隔条的上面是_____区，下面是_____区。

（3）在梯形图中，调用 FB 时，指令框内是 FB 的_____，指令框外是_____，指令框的左边是_____参数和_____参数，右边是_____参数。

（4）函数块的调用被称为_____，FB 有 3 种实例，分别为_____实例、_____实例、_____实例。

（5）多重实例调用不用创建单独的_____，被调用的 FB 将数据保存在调用 FB 的背景 DB 的_____变量中。

2. 判断题（如果正确，请在括号内打√，如果错误，请在括号内打×）

（1）FB 的临时变量不能存储在背景数据块中。　　　　　　　　　　　　　　　（　　）

（2）FB 的静态变量不能存储在背景数据块中。　　　　　　　　　　　　　　　（　　）

（3）FB 和 FC 被调用时均能自动生成一个背景数据块。　　　　　　　　　　　（　　）

（4）FB 的背景数据块能存储输入参数、输出参数、输入输出参数。　　　　　　（　　）

（5）背景数据块在调用 FB 时会自动生成，其结构与对应 FB 的块接口区不同。 （　　）

（6）必须给 FB 的形参赋实参，FB 才能调试运行。 （　　）

（7）在 OB 中调用 FB，既支持单个实例调用，也支持多重实例调用和参数实例调用。 （　　）

（8）在 FC 中调用 FB，支持单个实例调用和参数实例调用。 （　　）

（9）在 FB 中调用 FB，支持多重实例调用。 （　　）

（10）参数实例通过调用块的 InOut 参数将数据传送至待调用的 FB 中。 （　　）

3. 分析题

FC 和 FB 有什么区别？

项目 3.3　OB 的编程及应用

【项目描述】

组织块由操作系统调用，可以通过对组织块进行编程来对 CPU 中的特定事件做出响应，并可中断用户程序的执行，如启动、程序循环、延时中断、循环中断、硬件中断、时间错误中断、诊断错误中断等。

本项目通过介绍组织块在两台水泵间歇运行中的编程等 4 个任务，帮助读者掌握组织块的创建、基本操作、编程及应用等。

【跟我学】

组织块

组织块（OB）是 CPU 操作系统和用户程序之间的接口，对应于 CPU 中的启动、程序循环、延时中断、循环中断、硬件中断、时间错误中断、诊断错误中断等特定事件，可中断用户程序的执行。S7-1200 PLC 支持的 7 种常用组织块如表 3-10 所示，每个组织块都有相应的编号和优先级，最低优先级为 1（对应主程序循环），最高优先级为 22（对应时间错误中断）。当启动事件（如诊断错误中断或时间间隔）动作时，CPU 按优先级处理组织块，即先执行优先级较高的组织块，然后执行优先级较低的组织块。

表 3-10　S7-1200 PLC 支持的 7 种常用组织块

事件类型	说明	默认优先级	可能的组织块编号	允许的组织块数量
程序循环（Program Cycle）	启动或结束上一个循环程序组织块	1	1，≥123	≥0
启动（Startup）	STOP 模式到 RUN 模式的转换	1	100，≥123	≥0
延时中断（Time Delay Interrupt）	延时时间结束	3	20～23，≥123	最多 4 个
循环中断（Cyclic Interrupt）	循环事件结束	8	30～38，≥123	最多 4 个
硬件中断（Hardware Interrupt）	上升沿（最多 16 个），下降沿（最多 16 个）	18	40～47，≥123	最多 50 个
	HSC 计数值=设定值（最多 6 次），HSC 计数方向变化（最多 6 次），HSC 外部复位（最多 6 次）	18		

续表

事件类型	说明	默认优先级	可能的组织块编号	允许的组织块数量
时间错误中断（Time Error Interrupt）	超出最长循环时间， 仍在执行被调用组织块， 错过时间中断， STOP 期间将丢失时间中断， 队列溢出， 因中断负载过高而导致中断丢失	22	80	0 或 1
诊断错误中断（Diagnostic Error Interrupt）	模块检测到错误	5	82	0 或 1

主程序 OB1 是用于循环执行用户程序的默认组织块，可为用户程序提供基本结构，是唯一一个用户必需的程序块。在没有执行其他组织块时，主程序 OB1 在周而复始地执行，当有高优先级中断（例如循环中断）出现时，立即中断主程序 OB1 的执行，转而执行高优先级中断组织块的程序，当高优先级中断组织块的程序执行完时，继续从中断处的主程序 OB1 开始执行。两个优先级不同的组织块的程序之间的中断也是同样的道理。

1. 启动组织块

启动组织块 OB 在 CPU 从 STOP 模式切换到 RUN 模式期间执行一次。启动组织块执行完毕后才开始执行主程序循环组织块 OB1。S7-1200 PLC 中支持多个启动组织块 OB，按照编号顺序从小到大依次执行，OB100 是默认设置。用户可以在启动组织块 OB 中编写初始化程序。

2. 程序循环组织块

程序循环组织块用来周期性地调用用户程序，一个项目中至少有一个程序循环组织块。在新建项目时系统会默认添加一个程序循环组织块，也就是主程序 Main（OB1），一般用户程序都写在 OB1 中，可以在 OB1 中调用 FC 或 FB。

S7-1200 PLC 允许建立多个程序循环组织块，比如 OB1、OB123、OB124 等，PLC 会按程序循环组织块的编号从小到大的顺序依次执行，如先执行 OB1，再执行 OB123，接着执行 OB124，然后进入新的循环。程序循环组织块的优先级为 1，在所有组织块中是最低的，可被高优先级的组织块中断。

3. 延时中断组织块

延时中断组织块在经过一段指定的延时时间后，才执行相应的延时中断组织块 OB 中的程序。S7-1200 PLC 最多支持 4 个延时中断组织块，延时中断组织块 OB 的编号必须为 20～23，或大于等于 123。通过以下指令对延时中断进行操作。

- SRT_DINT 指令：用于启动延时中断，该中断在超过参数指定的延时时间后调用延时中断组织块 OB。其格式如后面任务 2 中的图 3-45 所示，参数 OB_NR 指定延时时间后要调用的组织块 OB 编号；参数 DTIME 设置延时时间，其范围为 1～60000ms，精度为 1ms；参数 SIGN 在 S7-1200 PLC 中未使用，可以将其设置为任意的值；参数 RET_VAL 是指令执行的状态。
- CAN_DINT 指令：取消启动的延时中断。其格式如图 3-45 所示，参数 OB_NR 指定要取消调用的组织块 OB 的编号；参数 RET_VAL 表示指令执行的状态。
- QRY_DINT 指令：查询延时中断的状态。

小提示　　　以上 3 个指令可在 TIA 博途软件"指令"列表中的"扩展指令"→"中断"→"延时中断"中找到。

4. 循环中断组织块

循环中断组织块 OB 按设定的时间间隔循环执行中断程序。例如，如果时间间隔为 1000ms，则在程序执行期间会每隔 1000ms 调用该组织块 OB 一次。S7-1200 PLC 最多可以创建 4 个循环中断组织块 OB，为了防止具有公倍数的两个或多个循环中断组织块同时启动，可以设置相移时间，这样组织块会在时间间隔+相移时间后启动，用于错开不同时间间隔的几个循环中断组织块 OB。相移时间的设置范围为 1~100（单位是 ms），其数值必须是 0.001 的整数倍。

在 CPU 运行期间，可以使用后面任务 3 图 3-49 中的 SET_CINT 指令重新设置时间间隔，即循环时间 CYCLE、相移时间 PHASE；同时还可以使用 QRY_CINT 指令查询循环中断的状态。循环中断组织块 OB 的编号必须为 30~38，或大于等于 123。

5. 硬件中断组织块

硬件中断组织块在发生相关硬件事件时执行，可以快速响应并执行硬件中断组织块 OB 中的程序（例如立即停止某些关键设备的运行）。

硬件中断事件包括内置数字输入端的上升沿和下降沿事件以及 HSC（高速计数器）事件。当发生硬件中断事件时，硬件中断组织块 OB 将中断正常的循环程序而优先执行。S7-1200 PLC 可以在硬件配置的属性中预先定义硬件中断事件，一个硬件中断事件只允许对应一个硬件中断组织块 OB，而一个硬件中断组织块 OB 可以被分配给多个硬件中断事件。硬件中断组织块 OB 的编号必须为 40~47，或大于等于 123。

6. 时间错误中断组织块

如果发生以下事件，操作系统将调用时间错误中断组织块，例如循环程序超出最长循环时间，被调用的组织块正在执行，中断组织块队列发生溢出，由于中断负荷过大而中断丢失等。时间错误中断组织块有启动信息，只能使用一个时间错误中断组织块 OB80，不会触发组织块启动的事件以及操作系统相应的响应。

7. 诊断错误中断组织块

OB82 是操作系统中用于响应诊断错误的中断组织块。例如，激活诊断功能的模块检测到故障状态发生变化（事件到来或离开）时，向 CPU 发送诊断中断请求，触发诊断错误中断组织块 OB82。

【跟我做】

任务 1　启动组织块 OB100 在初始化程序中的应用

1. 任务导入

CPU 上电启动或从 STOP 模式切换为 RUN 模式时，在启动组织块 OB100 中对 MW100 进行清零；当 I0.0=1 时，为 MW102 赋初值 200。

2. 设备和工具

CPU 1215C DC/DC/Rly 1 台、按钮若干、安装有 TIA 博途软件的计算机 1 台、《S7-1200 可编程控制器系统手册》1 本、电工工具 1 套、万用表 1 块等。

3．硬件电路

根据控制要求，只需要将按钮接到 I0.0 端上即可。

4．程序设计

（1）添加启动组织块。

在 TIA 博途软件项目视图中的"项目树"下，如图 3-41 所示，双击标记①处的"添加新块"，弹出"添加新块"对话框，选中标记②处的"组织块"，在组织块列表的标记③处选中"Startup"选项，单击标记④处的"确定"按钮，即可添加启动组织块 OB100。

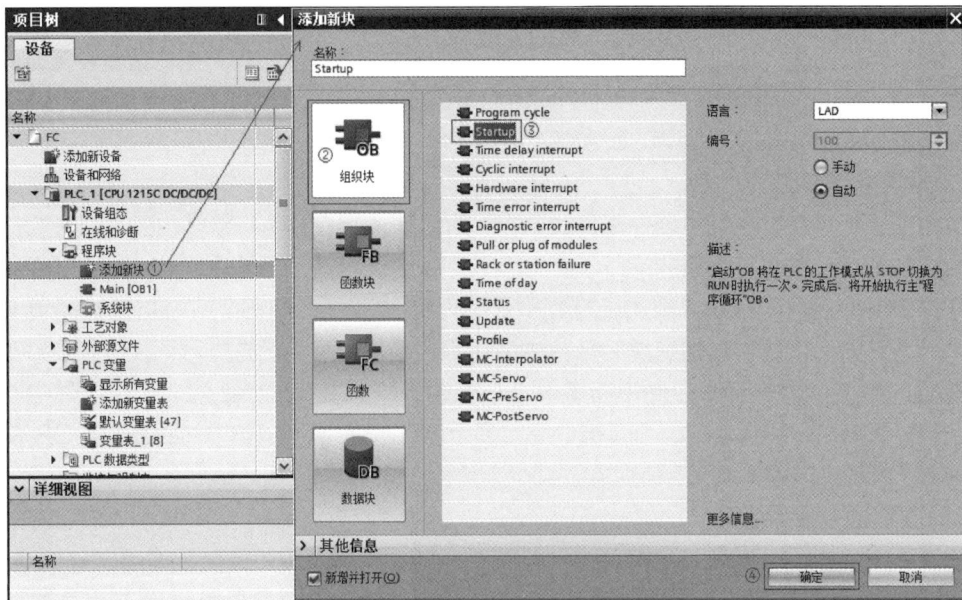

图 3-41　添加启动组织块 OB100

（2）编写图 3-42 所示的 OB100 的程序。

5．调试、运行

程序下载完毕后，在监控表中查看 MW100、MW102 的数据。

（1）当硬件输入 I0.0=0 时，CPU 上电启动或从 STOP 模式切换为 RUN 模式时首先执行 OB100，即 MW100 被赋值 0，MW102 未被赋值 200，如图 3-43 所示。

（2）当硬件输入 I0.0=1 时，CPU 上电启动从 STOP 模式切换为 RUN 模式时首先执行 OB100，即 MW100 被赋值 0，MW102 被赋值 200，如图 3-44 所示。

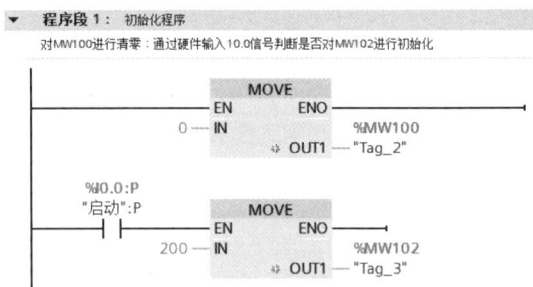

图 3-42　OB100 的程序

图 3-43　调试、运行结果 1

	名称 ▼	变量表	数据类型	地址	保持	从 H...	从 H...	在 H...	监视值	注释
1	启动	变量表_1	Bool	%I0.0		✔	✔	✔	▣ TRUE	
2	Tag_3	变量表_1	Int	%MW102		✔	✔	✔	200	
3	Tag_2	变量表_1	Int	%MW100		✔	✔	✔	0	

图 3-44　调试、运行结果 2

任务 2　延时中断组织块 OB20 在电机延时控制中的应用

1. 任务导入

当 I1.1 由 1 变 0 时，延时 10s 后电机启动，按下停止按钮 I1.0，电机停止运行。

2. 设备和工具

CPU 1215C DC/DC/Rly 1 台、三相异步电机 1 台、按钮若干、接触器和热继电器各 1 个、安装有 TIA 博途软件的计算机 1 台、《S7-1200 可编程控制器系统手册》1 本、电工工具 1 套、万用表 1 块等。

> 延时中断组织块
> OB20 在电机
> 延时控制中的
> 应用（视频）

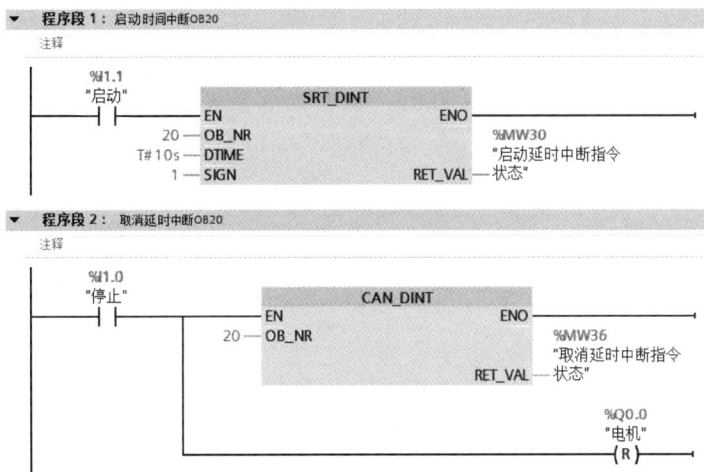

3. 硬件电路

硬件电路请参考图 2-11，将热继电器串联到 PLC 输出电路的接触器线圈 KM 中。

4. 程序设计

（1）添加组块 OB20。在图 3-41 中，选中"组织块"→标记③下面的延时中断"Time delay interrupt"，单击"确定"按钮，即可在"项目树"的"程序块"文件夹下添加组织块 OB20。

（2）在 OB1 中编写图 3-45 所示的主程序，在 OB20 中编写图 3-46 所示的延时中断程序。

图 3-45　OB1 的主程序

程序段 1：指令 SRT_DINT 用于启动延时中断，该中断在超过参数 DTIME 指定的延时时间后调用延时中断 OB。EN 使能端用于启用 SRT_DINT 指令；参数 OB_NR 用于指定延时时间到时调用的 OB 编号；DTIME 用于设置延时时间；参数 SIGN 可输入 1 个标识符，用于标识延时中断的开始；参数 RET_VAL 用于显示指令的状态。

程序段 2：指令 CAN_DIMT 用于取消延时中断。参数 OB_NR 用于指定要取消调用的 OB 编号；参数 RET_VAL 用于显示指令的状态。

> 🐾 小提示　此例可以使用定时器实现延时，但 PLC 中的普通定时器的精度要受到不断变化的扫描周期的影响，使用延时中断可以达到以 ms 为单位的高精度延时。

5. 调试、运行

如图 3-45 所示，程序段 1 中的 I1.1 由 1 变 0 时，执行延时中断指令 SRT_DINT，延时 10s 后执行图 3-46 所示的延时中断程序，Q0.0 输出指示灯点亮，电机运行；当图 3-45 中程序段 2 中的 I1.0 由 0 变 1 时，则取消延时中断，OB20 将不会执行，Q0.0=0，电机停止运行。

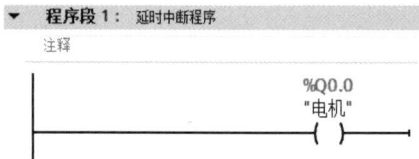

| 程序段 1: 延时中断程序 |
| 注释 |
| %Q0.0
"电机"
( ) |

图 3-46　OB20 的延时中断程序

任务 3　循环中断组织块 OB30 在方波程序中的应用

1. 任务导入

运用循环中断组织块 OB30，按下启动按钮，使 Q0.0 输出前 0.5s 为 1、后 0.5s 为 0 的周期为 1s 的方波。

2. 设备和工具

CPU 1215C DC/DC/Rly 1 台、安装有 TIA 博途软件的计算机 1 台、《S7-1200 可编程控制器系统手册》1 本、电工工具 1 套、万用表 1 块等。

循环中断组织块 OB30 在方波程序中的应用（视频）

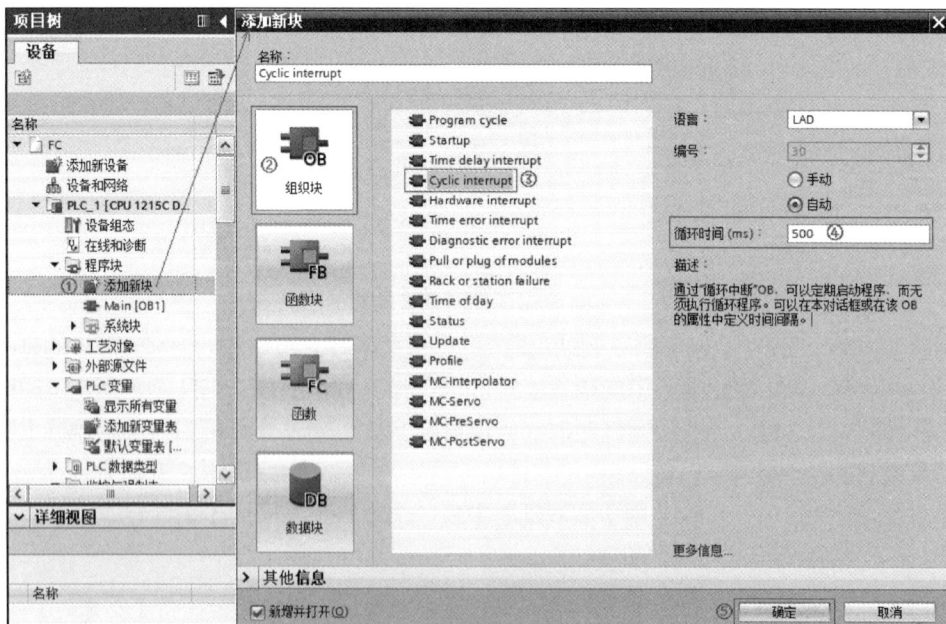

3. 硬件电路

根据控制要求，只需要将按钮接到 I0.0 端，指示灯接到 Q0.0 端。

4. 程序设计

（1）添加循环中断组织块 OB30。

在 TIA 博途软件项目视图中的"项目树"下，如图 3-47 所示。双击标记①处的"添加新块"，弹出"添加新块"对话框，选中标记②处的"组织块"，在组织块列表的标记③处选中"Cyclic interrupt"选项，在标记④"循环时间"空白处输入 500，单击标记⑤处的"确定"按钮，即可添加循环中断组织块 OB30。

图 3-47　添加循环中断组织块 OB30

（2）在 OB30 中编写图 3-48 所示的循环中断程序，当循环中断执行时，Q0.0 输出周期为 1s 的方波。

（3）在 OB1 中编写图 3-49 所示的主程序。当 I0.0 由 0 变 1 时，调用 SET_CINT 设置循环中断参数指令，可以重新设置循环中断时间 CYCLE 和相移时间 PHASE，例如：CYCLE=1s（即周期为 2s）。

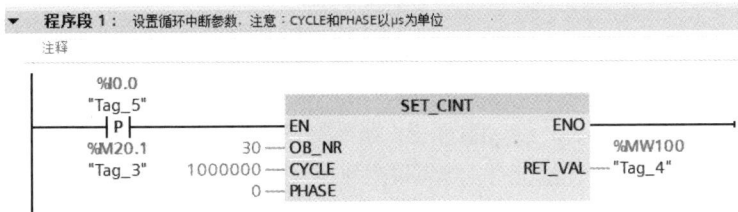

图 3-48　OB30 的循环中断程序

图 3-49　OB1 的主程序

5. 运行、调试

程序下载完毕后，可看到 PLC 的输出指示灯 Q0.0 以 0.5s 亮、0.5s 灭的规律交替闪烁；当按下按钮 I0.0 时，通过 SET_CINT 指令将循环时间设置为 1s，这时可看到 PLC 的输出指示灯 Q0.0 以 1s 亮、1s 灭的规律交替闪烁。

任务 4　硬件中断组织块 OB40 在两台水泵间歇控制中的应用

1. 任务导入

某供水控制系统有两台水泵，按下启动按钮，第 1 台水泵运行 2h 后，第 2 台水泵运行 1h，接着第 1 台水泵继续运行 2h 后，第 2 台水泵运行 1h，如此循环；当按下停止按钮或水泵电机过载时，2 台水泵全部停止。要求用循环中断组织块和硬件中断组织块实现控制要求。

硬件中断组织块 OB40 在两台水泵间歇控制中的应用（视频）

2. 设备和工具

CPU 1215C DC/DC/Rly 1 台、三相异步电机 2 台、按钮若干、接触器和热继电器各 2 个、安装有 TIA 博途软件的计算机 1 台、《S7-1200 可编程控制器系统手册》1 本、电工工具 1 套、万用表 1 块等。

3. 硬件电路

根据控制要求，两台水泵间歇控制的 I/O 分配如表 3-11 所示，电路请参考图 3-23，注意，要把 FR1 和 FR2 接到 PLC 的 I0.2 端和 I0.3 端。

表 3-11　两台水泵间歇控制的 I/O 分配

输　入			输　出		
输入继电器	输入元件	作　用	输出继电器	输出元件	作　用
I0.0	SB1	启动	Q0.0	KM1	水泵 1
I0.1	SB2	停止	Q0.1	KM2	水泵 2
I0.2	FR1	水泵 1 的过载保护			
I0.3	FR2	水泵 2 的过载保护			

4. 程序设计

（1）创建新项目"两台水泵间歇控制"，添加 CPU 1215C DC/DC/Rly 模块并进行硬件组态。

（2）单击在"项目树"的"PLC_1[CPU 1215C DC/DC/Rly]"中的"PLC 变量"下的"添加新变量表"，并将表 3-11 所示的变量添加到新变量表中。

（3）在"项目树"的"程序块"文件夹下，添加启动组织块 OB100 并编写启动程序。

按照图 3-41 所示创建启动组织块 OB100，对循环中断计数值 MW100 进行清零，其程序如图 3-50 所示。

（4）创建循环中断组织块 OB30 并编写循环中断程序。

按照图 3-47 所示添加循环中断组织块 OB30 并将循环时间设置为 60000ms，即 1min。编写图 3-51 所示的循环中断程序，每隔 1min，MW100 自加 1，当 MW100=180，即 3h 时，对 MW100 进行复位，开始下一个周期的计数。

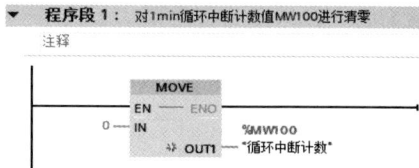

图 3-50　OB100 的程序

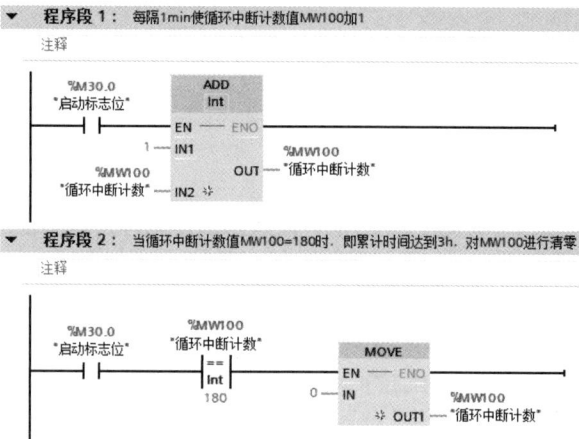

图 3-51　循环中断程序

（5）创建硬件中断组织块 OB40，组态硬件中断事件并编写硬件中断程序。

双击"项目树"的"程序块"文件夹下的"添加新块"，在弹出的图 3-52 所示的"添加新块"对话框的标记①处选择"组织块"，在标记②处选择"Hardware interrupt"，在标记③处将"名称"设置为"硬件中断"，在标记④处选择"语言"为"LAD"，编号采用默认值 40，单击标记⑤处的"确定"按钮，即可添加硬件中断组织块 OB40。

接下来组态硬件中断事件。如图 3-53 所示，双击"项目树"的"PLC_1[CPU 1215C DC/DC/Rly]"中的标记①处的"设备组态"，打开设备组态视图，首先选中标记②处的 CPU，再选中巡视窗口的"属性"→"常规"选项卡左边的"数字量输入"中标记③处的"通道 1"（即 I0.1），勾选标记④处"启用上升沿检测"复选框。单击"硬件中断"右边标记⑤处的按钮，在弹出的标记⑥处的下拉列表中单击标记⑦处的按钮，将"Hardware interrupt[OB40]"指定给 I0.1 的上升沿中断事件，出现该中断事件将调用 OB40。如果选中硬件列表中的"—"，则没有组织块连接到中断事件。

用同样的方法，勾选"数字量输入"中的"通道 2"和"通道 3"的"启用上升沿检测"复选框，并将 OB40 指定给该中断事件。

图 3-52　添加硬件中断组织块 OB40

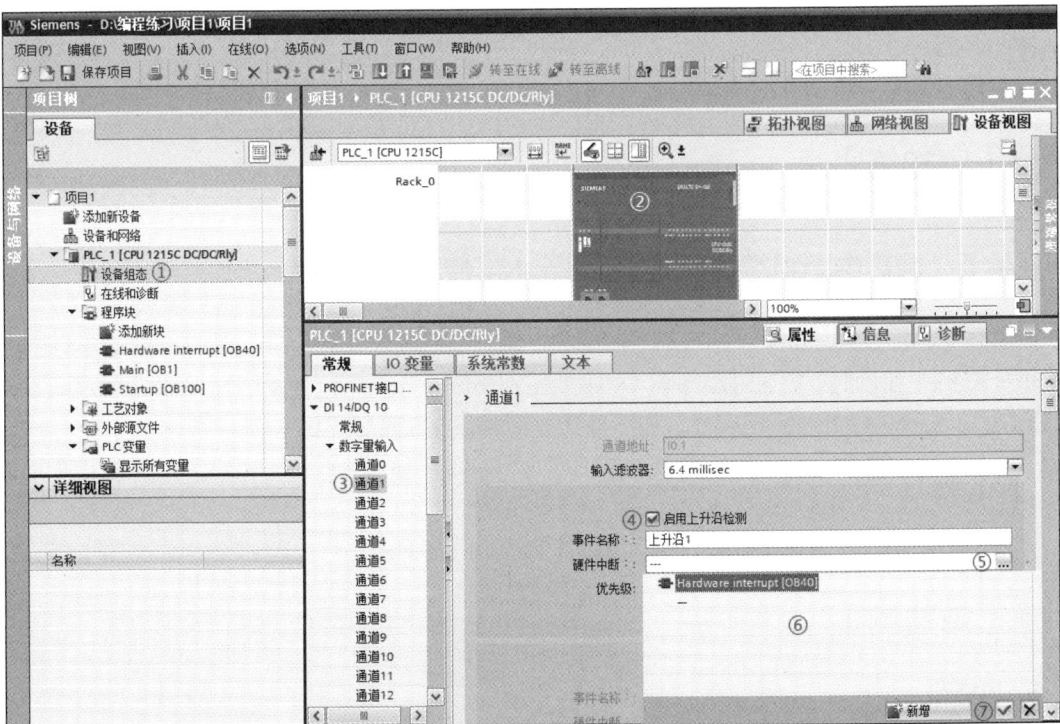

图 3-53　组态硬件中断事件

编写图 3-54 所示的硬件中断程序。当 I0.1、I0.2 或 I0.3 闭合时，触发硬件中断程序，对 MW100 和 M30.0 进行复位，两台水泵停止运行。

（6）编写主程序。

两台水泵间歇控制的主程序如图 3-55 所示。当循环中断计数值 MW100 小于等于 120，即 2h 以内时，Q0.0 线圈得电，水泵 1 运行 2h；当循环中断计数值 MW100 大于 120，即 2~3h 之间时，Q0.1 线圈得电，水泵 2 运行 1h。

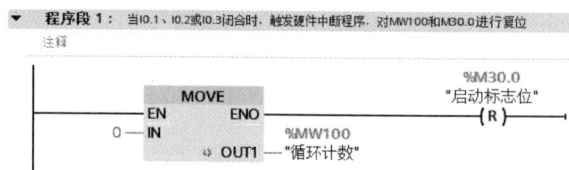

图 3-54　硬件中断程序

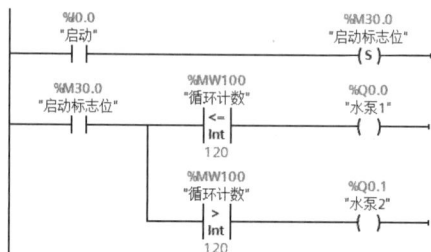

图 3-55　两台水泵间歇控制的主程序

5. 运行、调试

为了缩短调试时间，请将循环时间设置为 1000ms，即每隔 1s 执行一次循环中断程序；将图 3-51 程序段 2 中的 180 修改为 10，即将两台电机的运行周期改为 10s；将图 3-55 中的两个 120 均修改为 7，即改为 Q0.0 运行 7s，Q0.1 运行 3s。

（1）将程序下载到 PLC 中并"转至在线"，单击"启用监视"按钮。

（2）按下启动按钮 I0.0，Q0.0 为 1，即第 1 台水泵运行，7s 后 Q0.1 为 1，即第 2 台水泵运行，3s 后 Q0.0 再为 1，即第 1 台水泵再运行，7s 后 Q0.1 再为 1，即第 2 台水泵再运行并不断循环。

（3）按下停止按钮 I0.1 或水泵过载，I0.2 或 I0.3 闭合，两台电机停止运行。

【单独练】

任务 5　循环中断组织块 OB30 在流水灯控制中的应用

使用循环中断组织块 OB30 实现流水灯控制。某灯光招牌有 8 盏彩灯，要求按下启动按钮 I0.0，当正序开关 I0.1 闭合时，8 盏彩灯每隔 1s 由低位到高位循环点亮；当反序开关 I0.2 闭合时，8 盏彩灯每隔 1s 由高位到低位循环点亮；按下停止按钮 I0.3，8 盏灯停止工作。

（1）用循环中断组织块 OB30 实现控制 8 个彩灯的循环移位（Q0.0→Q0.7），每次点亮相邻的 3 个彩灯。

（2）用 I0.1 和 I0.2 控制移位的方向，当 I0.1 为 1 状态时彩灯左移，当 I0.2 为 1 状态时彩灯右移。

【单独测】

1. 填空题

（1）组织块是_____和_____之间的接口。

（2）组织块的编号越大，其优先级越_____。

（3）OB100 是_____组织块，OB80 是_____组织块，OB82 是_____组织块。

（4）OB1 是_____组织块，在所有组织块中其优先级最_____，可被_____级的组织块中断。

（5）启动组织块在 CPU 从_____模式切换到_____模式期间执行一次。

（6）初始化程序通常编写在_____组织块中。

（7）S7-1200 PLC 最多支持_____个延时中断组织块，延时中断组织块 OB 的编号必须为_____，或大于等于_____。

（8）循环中断组织块按设定的_____间隔循环执行中断程序。

（9）硬件中断事件包括内置数字输入端的_____沿和_____沿事件以及_____事件。

（10）S7-1200 PLC 可以在硬件配置的属性中预先定义_____事件，一个硬件中断事件允许对应_____个硬件中断组织块 OB。

2. 分析题

请用循环中断组织块编写程序以实现 MW100 中的数每隔 2s 自动加 1；用硬件中断组织块编写程序以实现 I0.0 闭合时，置位 Q0.0，I0.1 闭合时，复位 Q0.0。

模块4
模拟量和顺序功能图的应用

04

导学

在工业自动化控制中，PLC 模拟量通常用于过程量（如温度、压力、流量等）的控制。PLC 模拟量的使用可以实现对生产过程的实时监测和控制，保障生产的稳定和高效。

顺序功能图采用 IEC 标准的语言，用于编制复杂的顺序控制程序。它是描述控制系统的控制过程、功能和特性的一种图形，也是设计顺序控制程序的重要工具。这种先进的编程方法使得初学者很容易就能编写出复杂的顺序控制程序，大大提高工作效率，也为调试、试运行带来许多方便。

模拟量编程和顺序功能图编程是《电工国家职业技能标准》二级（电工技师）"2.1 可编程控制系统编程与维护"的重要知识点和技能点。本模块对标电工技师和《可编程控制系统集成及应用职业技能等级标准》中级"2.2 控制器程序开发"工作岗位的职业技能需求和工作规范，设计表 4-1 中的两个项目，重点介绍模拟量模块的种类、硬件组态和编程，顺序功能图的组成和分类，顺序功能图编程的常用方法等，使读者能熟练使用顺序功能图的编程方法编写较为复杂的顺序控制程序并完成硬件接线和程序调试。

表 4-1　工作项目和学习目标

	名称	学时
工作项目	项目 4.1 模拟量的应用	4
	项目 4.2 顺序功能图的应用	8
知识目标	● 能列出 S7-1200 PLC 模拟量模块的种类。 ● 掌握模拟量模块的接线、硬件组态和编程方法等。 ● 了解顺序功能图的组成和基本结构。 ● 掌握将顺序功能图转换为梯形图的编程方法和编程技巧	
技能目标	● 能对 S7-1200 PLC 的模拟量模块进行电路连接、硬件组态。 ● 能处理模拟量与数字量之间的对应关系并编写程序。 ● 能将顺序功能图转换成梯形图。 ● 能熟练运用启保停电路以及置位复位指令编写顺序控制程序。 ● 能根据控制要求，构建较为复杂的 PLC 控制系统的硬件系统并进行程序设计	
素质目标	● 通过对多种编程方法的学习，学会融会贯通，培养创新和实践能力。 ● 激发科技报国、科技强国的家国情怀和使命担当。 ● 培养敬业、精益、专注、创新的工匠精神	

项目 4.1　模拟量的应用

【项目描述】

模块 2 和模块 3 主要讲的是对 PLC 的数字量进行控制，例如控制灯的点亮、接触器线圈的得电和失电等。在工业自动化控制中，还需要对一些在一定范围内连续变化的量，即模拟量进行控制，例如控制库房的温度、泵的出口压力和流量、变频器的频率、电动比例阀的开度等，这就需要用到 PLC 的模拟量模块对温度、压力、流量等模拟量信号进行处理。本项目通过使用 PLC 的模拟量模块实现储气罐压力和库房温度控制任务，帮助读者掌握转换指令在模拟量编程中的应用并能进行软硬件调试。

> **学海领航**　PLC 通常使用转换指令处理温度、压力等模拟量信号与电压（或电流）信号以及 PLC 内部的数字量信号之间的对应关系，要正确理解它们之间的关系并编写程序，必须不断在 PLC 设备上反复实践调试，正如宋代陆游所说"纸上得来终觉浅，绝知此事要躬行"，才能"知行合一，得到功成"。

【跟我学】

4.1.1　模拟量模块

认识模拟量模块
（视频）

在工业控制中，在对某些物理量（如压力、温度、流量、液位等）进行控制时，需要通过传感器将这些非电信号转换为标准的模拟量电流（0～20mA、4～20mA）或电压（0～5V、0～10V、±10V）信号；某些执行机构（如伺服电机、调节阀、变频器等）需要由模拟量信号控制其运行或动作，如图 4-1 所示。因此 PLC 在对这些物理量进行处理时，就需要对输入的模拟量信号进行模数转换（A/D），对输出的数字量进行数模转换（D/A）。

S7-1200 PLC 的模拟量模块包括模拟量输入模块 SM1231、模拟量输出模块 SM1232 和模拟量输入输出模块 SM1234，其常见型号如表 1-5 所示。

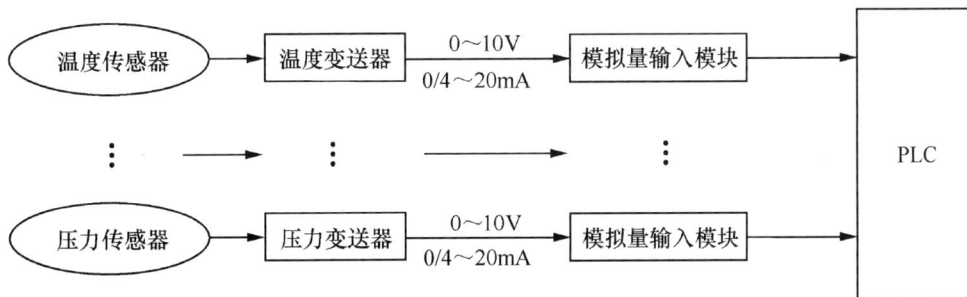

（a）模拟量输入
图 4-1　模拟量输入输出

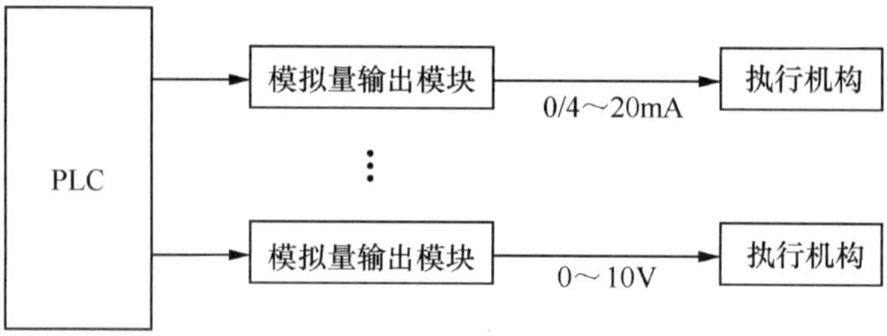

（b）模拟量输出

图 4-1　模拟量输入输出（续）

1. 模拟量输入模块

（1）模拟量输入模块的技术规范

模拟量输入模块 SM1231 用于将传感器输出的直流电压或电流信号转换为 S7-1200 PLC 内部处理的数字信号。SM1231 有通用型、热电阻型和热电偶型等 7 种规格，3 种通用型模拟量输入模块的技术规范如表 4-2 所示。

表 4-2　3 种通用型模拟量输入模块的技术规范

型号	SM1231 AI 4×13 位	SM1231 AI 8×13 位	SM1231 AI 4×16 位
输入通道	4 路	8 路	4 路
类型	电压或电流（差动）：可选 2 个为一组		电压或电流（差动）
范围	±10V、±5V、±2.5V、0～20 mA 或 4～20mA		±10V、±5V、±2.5V、±1.25V、0～20mA 或 4～20mA
满量程范围（数据字）	电压：-27648～27648。 电流：0～27648		
分辨率	12 位+符号位		15 位+符号位
平滑化	无、弱、中或强		
噪声抑制	400Hz、60Hz、50Hz 或 10Hz		

> 🦋 **小提示**　平滑即滤波等级，所选的滤波等级越高，滤波后的模拟量越稳定，但测量的速度越慢；噪声抑制 400Hz、60Hz、50Hz 或 10Hz 为可选择的积分时间，分别是 2.5ms、16.6ms、20ms、100ms。

（2）模拟量输入模块的接线

SM1231 模拟量输入模块的接线如图 4-2 所示，它是 4 路模拟量输入模块，需要 DC 24V 电源供电，其上部和下部分别有两路模拟量输入端子，每 2 个点为一组。模拟量输入通道可接收的信号类型、范围及对应的数字量量程范围如表 4-2 所示。当模拟量模块处于正常状态时，模拟量模块上的指示灯显示为绿色。

> 🦋 **小提示**　每一路输入都可以接收传感器输出的电压信号或电流信号，0+ 和 0-、1+ 和 1- 接入的模拟量信号一定要相同，2+ 和 2-、3+ 和 3- 也一样；对于模拟量输入，传感器电缆应尽可能短，而且使用屏蔽双绞线；一般电压信号比电流信号更容易受干扰，应优先选用电流信号。

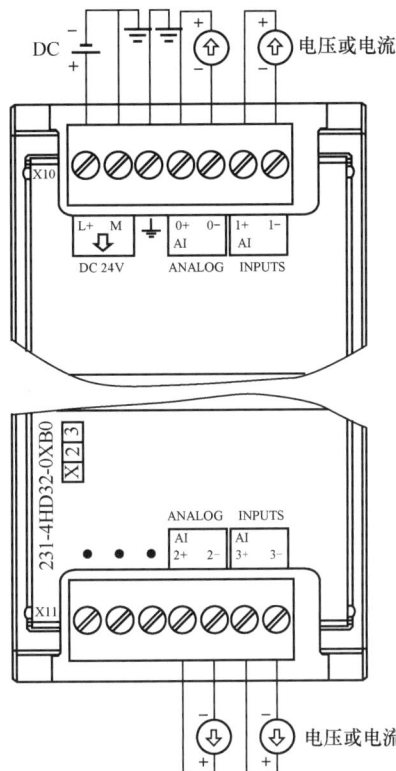

图 4-2　SM1231 模拟量输入模块的接线

🔑 一起看　　　　传感器的模拟量输出有四线制、三线制、两线制 3 种类型，不同类型信号与模拟量输入模块的接线方式不同。请扫码观看"模拟量输入模块与传感器的接线（文档）"。

模拟量输入模块与传感器的接线（文档）

2. 模拟量输出模块

（1）模拟量输出模块的技术规范

模拟量输出模块 SM1232 用于将 S7-1200 PLC 的数字量信号转换成系统所需要的模拟量信号，控制模拟量调节器或执行机构，它有两路和 4 路输出两种规格。模拟量输出模块的技术规范如表 4-3 所示。

表 4-3　模拟量输出模块的技术规范

型号	SM1232 AQ 2×14 位	SM1232 AQ 4×14 位
输出通道	2 路	4 路
类型	电压或电流	
范围	±10V、0~20 mA 或 4~20 mA	
分辨率	电压：14 位。电流：13 位	
满量程范围（数据字）	电压：-27648~27648。电流：0~27648	

（2）模拟量输出模块的接线

SM1232 模拟量输出模块的接线如图 4-3 所示，它是 2 路模拟量输出模块，其上部黑点对应的是空端子，不接任何线；下部是两路模拟量输出 0M 和 0、1M 和 1，模拟量输出通道可输出的信号类型、规格及对应的数字量量程范围如表 4-3 所示。

图 4-3　SM1232 模拟量输出模块的接线

3. 模拟量输入输出模块

（1）模拟量输入输出模块的技术规范

SM1234 模拟量输入输出模块是 S7-1200 PLC 常用的模拟量扩展模块，它实现了 4 路模拟量输入和 2 路模拟量输出功能，其技术规范如表 4-4 所示。

表 4-4　模拟量输出模块的技术规范

型号	SM1234 AI 4 ×13 位/AQ 4×12 位		
模拟量输入		**模拟量输出**	
输入通道	4 路	输出通道	2 路
类型	电压或电流（差动）：可将 2 个选为一组	类型	电压或电流
范围	±10V、±5V、±2.5V、0～20mA、4～20mA	范围	±10V、0～20mA 或 4～20mA
分辨率	12 位+符号位	精度	电压：14 位。电流：13 位
满量程范围（数据字）	电压：-27648～27648。电流：0～27648		

（2）模拟量输入输出模块的接线

SM1234 模拟量输入输出模块的接线如图 4-4 所示，其输入和输出的接线与 SM1231 和 SM1232 模块的相同，这里不赘述。

4. 模拟量模块的组态

以模拟量输入输出模块 SM1234 为例，介绍模拟量模块的组态。

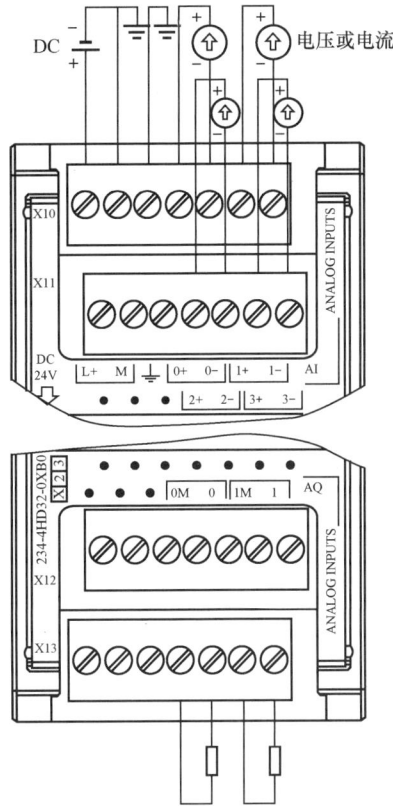

图 4-4　SM1234 模拟量输入输出模块的接线

模拟量输入输出模块能同时输入输出电压或电流信号，需要通过 TIA 博途软件对其进行组态。

（1）添加模拟量输入输出模块

在图 4-5 所示的项目视图下，双击"项目树"下的"PLC_1[CPU DC/DC/Rly]"文件夹下的标记①处的"设备组态"，选择工作区右上角标记②处的"设备视图"标签，单击右侧任务卡标记③处的"硬件目录"，在"硬件目录"界面单击标记④处的"AI/AQ"，拖曳 1 台"6ES7 234-4HE32-0XB0"SM1234 模拟量输入输出模块到 CPU 1215C 右侧的 2 号插槽中。

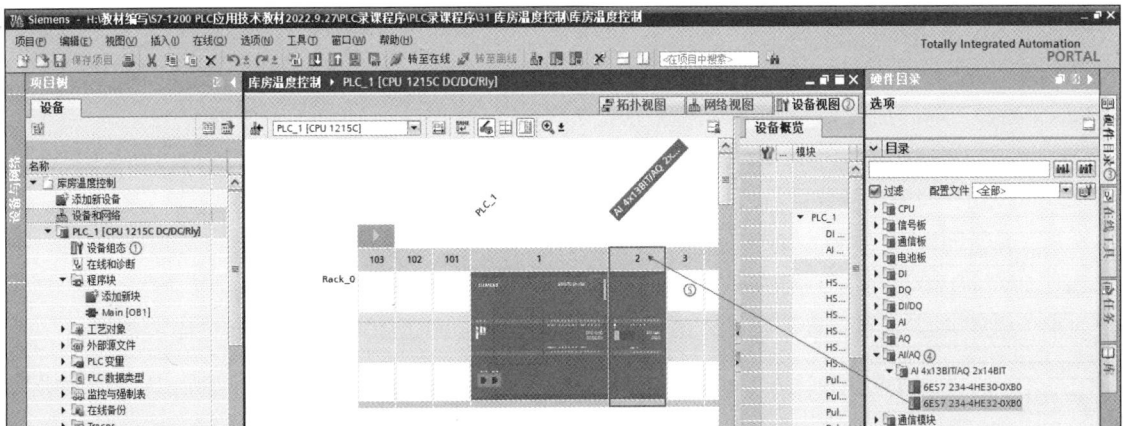

图 4-5　添加 SM1234 模拟量输入输出模块

（2）设置模拟量输入输出地址

用户可以在"设备概览"界面中 [见图 4-6（a）] 或模拟量"属性"界面中 [见图 4-6（b）] 设置模拟量输入输出地址，这里输入和输出的起始地址均为 96，地址的范围为 0～1023，也可以采用默认值。

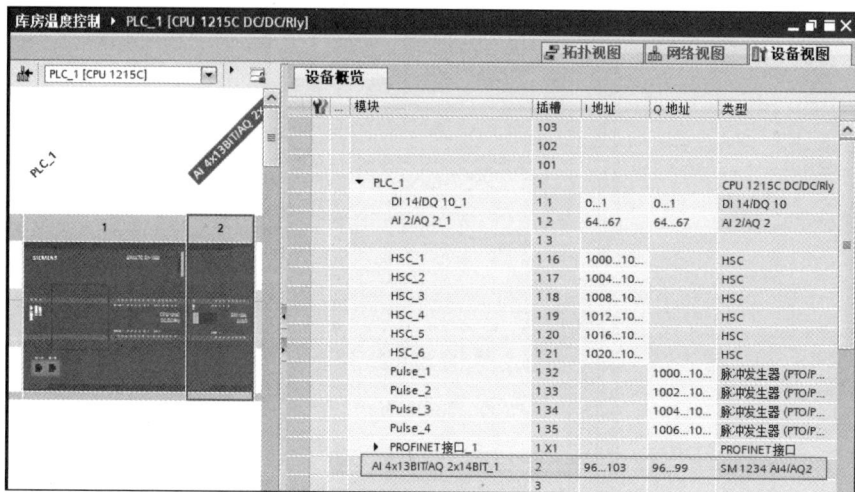

（a）在"设备概览"界面中设置模拟量输入输出地址

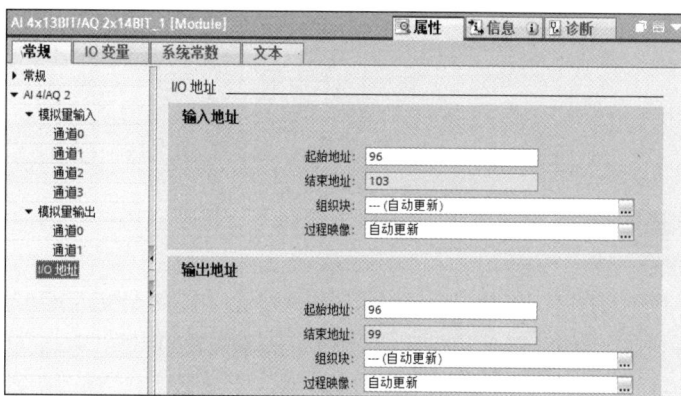

（b）在模拟量"属性"界面中设置模拟量输入输出地址

图 4-6　定义 SM1234 模拟量输入输出模块的输入输出地址

（3）模拟量输入组态

① 双击图 4-6 中的 SM1234 模拟量输入输出模块，在图 4-7（a）所示的巡视窗口中，单击"属性"→"常规"→"AI 4/AQ 2"→"模拟量输入"。

② 由于现场电磁干扰的影响，模拟量输入信号会出现数据失真或漂移，这时可以在标记②处设置"积分时间"对输入信号进行滤波，以消除或抑制现场的噪声。这里选择 50Hz。

③ "通道地址"：按图 4-6 定义后系统自动分配的地址，通道 0～通道 3 的地址分别是 IW96、IW98、IW100 和 IW102，用户不可以更改。

④ "测量类型"：选择模拟量输入信号类型是电压信号或电流信号，这里选择电流信号。

✦ 注意　　通道 0 和通道 1 的输入信号必须组态为同一种类型，通道 2 和通道 3 的输入信号必须组态为同一种类型。

---

⑤"电流范围"：选择模拟量输入信号范围，电压为 ±10V、±5V、±2.5V，电流为 0～20mA、4～20mA，这里选择 0～20mA。

⑥"滤波"：根据输入动态响应的高低选择输入平滑的无、弱、中、强，这里选择"弱（4 个周期）"，表示 4 次采样计算一次平均值。

⑦ 设置模拟量输入超出范围报警。由于输入选择的是电流信号，这里启用溢出诊断和下溢诊断，勾选"启用溢出诊断"和"启用下溢诊断"复选框。

（4）模拟量输出组态 [如图 4-7（b）所示]

① 选择"模拟量输出"→"通道 0"。

②"通道地址"：按图 4-6 定义后系统自动分配的地址，通道 0 和通道 1 的地址分别是 QW96、QW98，用户不可以更改。

③"模拟量输出的类型"：选择模拟量输出信号类型是电压信号或电流信号，这里选择电压信号。

④"电压范围"：选择模拟量输出信号范围，电压为 ±10V，电流为 0～20mA，这里选择 ±10V。

⑤"从 RUN 模式切换到 STOP 模式时，通道的替代值"：只要 CPU 处于 STOP 模式，模拟量输出就可组态为使用替代值，这里选择 0.000，即 PLC 处于 STOP 模式时，模拟量模块输出为 0。

⑥ 设置模拟量输出超出范围报警，由于选择的是电压信号，这里启用短路诊断，勾选"启用短路诊断"复选框。

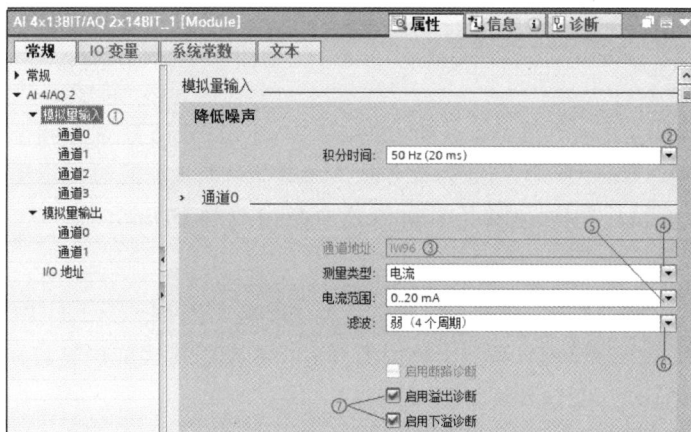

（a）模拟量输入组态

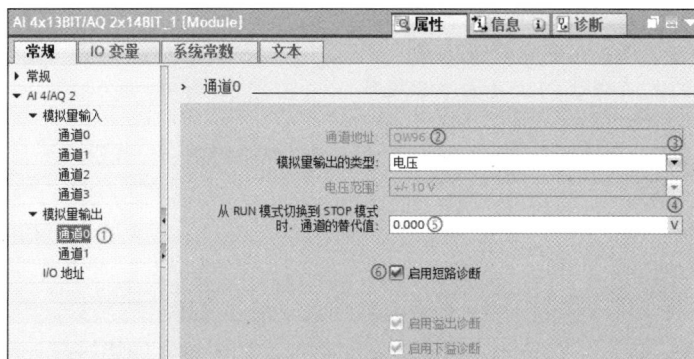

（b）模拟量输出组态

图 4-7　SM1234 模拟量输入输出模块的组态

4.1.2　转换指令

转换指令用于将一种数据格式转换成另一种格式进行存储，它包括转换值指令 CONV、取整指令 ROUND、截尾取整指令 TRUNC、浮点数向下取整和浮点数向上取整指令，以及标准化指令 NORM_X 和缩放指令 SCALE_X 等。

1. 转换值指令

（1）转换值指令的格式及功能

转换值指令 CONV 的格式及功能如表 4-5 所示，单击指令框中的"???"可以从下拉列表中选择输入数据 IN 的数据类型和输出数据 OUT 的数据类型。如果在转换过程中无错误，则使能输出 ENO 的信号状态为 1；如果在处理过程中出错，则使能输出 ENO 的信号状态为 0。

表 4-5　转换值指令的格式及功能

梯形图	参数				功能
	参数名称	声明	数据类型	说明	
CONV ??? to ??? EN ENO IN OUT	EN	Input	Bool	使能输入	将输入 IN 中的数据从当前的数据类型转换为另一种数据类型并存储在输出 OUT 中
	ENO	Output	Bool	使能输出	
	IN	Input	位序列、整数、浮点数、Char、WChar、BCD16、BCD32	要转换的值	
	OUT	Output		转换结果	

> 💡 **小提示**　该指令不允许选择位序列（Byte、Word、DWord）。要为指令参数输入数据类型为 Byte、Word 或 DWord 的操作数，应选择位长度相同的无符号整型，例如为 Byte 选择 USInt，为 Word 选择 UInt 或为 DWord 选择 UDInt。

（2）转换值指令示例

如图 4-8 所示，第一个转换值指令将整数转换成实数，当 M5.0=1 时执行转换值指令，如果 MW10=300，则 MD20=300.0；第二个转换值指令将双整数转换成短整数，当 M5.1=1 时执行转换值指令，如果 MD30 = 16#00002345，则 MB40=16#45，也就是转换之后，只保留了低 8 位的数值。

> 💡 **小提示**　在程序启用监控的情况下，右击 MD20，在弹出的快捷菜单中选择"显示格式"→"变量"→"浮点型"，才能正确显示图 4-8 中的数据。

2. 取整指令

（1）取整指令的格式及功能

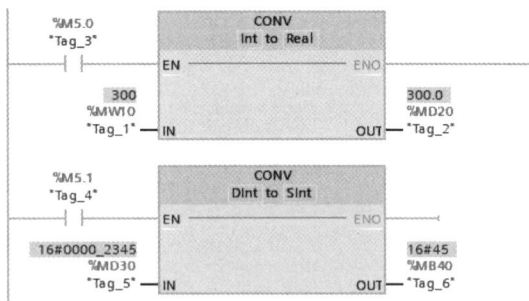

图 4-8　转换值指令示例

取整指令 ROUND 用于将输入 IN 的值四舍五入取整为最接近的整数，该指令输入 IN 的数据类型为浮点数，将其转换为一个 DINT 数据类型的整数。如果输入值恰好在一个偶数和一个奇数之间，则选择偶数，其格式及功能如表 4-6 所示。

表 4-6　取整指令的格式及功能

梯形图	参数				功能
	参数名称	声明	数据类型	说明	
ROUND Real to ??? EN　ENO IN　OUT	EN	Input	Bool	使能输入	将输入 IN 的浮点数转换为一个整数
	ENO	Output	Bool	使能输出	
	IN	Input	浮点数	要取整的输入值	
	OUT	Output	整数、浮点数	取整的结果	

（2）取整指令示例

如图 4-9 所示，当 I0.1 闭合时，执行取整指令，第一个取整指令将实数 10.5 取整数为 10 存入 MD100 中，第二个取整指令将实数 11.5 取整数为 12 并存入 MD160 中。

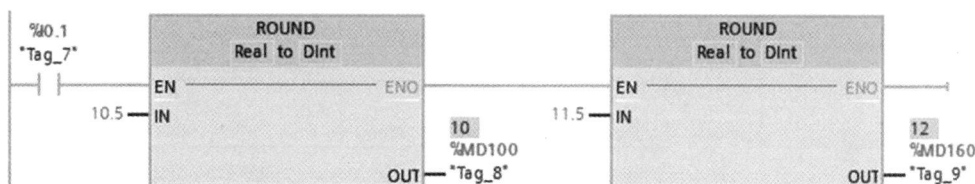

图 4-9　取整指令示例

3. 截尾取整指令

截尾取整指令 TRUNC 用于将输入 IN 中的浮点数截取为整数。该指令仅选择浮点数的整数部分，并将其复制到输出 OUT 中，不带小数位，其格式及功能如表 4-7 所示。

表 4-7　截尾取整指令的格式及功能

梯形图	参数				功能
	参数名称	声明	数据类型	说明	
TRUNC Real to ??? EN　ENO IN　OUT	EN	Input	Bool	使能输入	将浮点数截取为整数，浮点数的小数部分直接被截成零
	ENO	Output	Bool	使能输出	
	IN	Input	浮点数	输入值	
	OUT	Output	整数、浮点数	输入值的整数部分	

4. 标准化指令和缩放指令

（1）指令的格式及功能

标准化指令 NORM_X 将输入 VALUE 中变量的值映射到线性标尺对其进行标准化，并将转换后的结果保存在 OUT（$0.0 \leqslant OUT \leqslant 1.0$）指定的地址中，OUT=(VALUE−MIN)/(MAX−MIN)；缩放指令 SCALE_X 将输入 VALUE（$0.0 \leqslant VALUE \leqslant 1.0$）的值映射到指定的值范围内，对该值进行缩放，并将结果存储在 OUT 指定的地址中，OUT=VALUE×(MAX−MIN)+MIN，缩放结果为整数。这两个指令的格式及功能如表 4-8 所示，其参数及数据类型如表 4-9 所示。

表 4-8　标准化指令和缩放指令的格式及功能

指令名称	梯形图	功能
标准化指令	NORM_X ??? to ??? EN — ENO MIN — OUT VALUE MAX	使用参数 MIN 和 MAX 定义值范围的限值，对输入 VALUE 中变量的值进行标准化
缩放指令	SCALE_X ??? to ??? EN — ENO MIN — OUT VALUE MAX	当执行缩放指令时，输入 VALUE 的浮点数会被缩放到由参数 MIN 和 MAX 定义的值范围内

表 4-9　标准化指令和缩放指令的参数及数据类型

参数名称	声明	数据类型	说明
EN	Input	Bool	使能输入
ENO	Output	Bool	使能输出
MIN	Input	整数、浮点数	取值范围的下限
VALUE	Output	标准化指令：整数、浮点数。 缩放指令：浮点数	需要标准化或缩放的值
MAX		整数、浮点数	取值范围的上限
OUT		标准化指令：浮点数。 缩放指令：整数、浮点数	标准化或缩放后的结果

（2）模拟量输入值的标定示例

如图 4-10（a）所示，温度变送器将 -30.0～70.0℃ 的温度信号转换成 0～20mA 的电流信号输出，将其接入模拟量输入模块 SM1231 的通道 0（地址为 IW96），经过模数转换变为 0～27648 的数值，即模拟量输入 0 对应 -30.0℃，27648 对应 70.0℃。温度、电流、数字量之间的关系如图 4-10（b）所示。

如果需要将模拟量的数值转换为对应的温度，则应将输入的 0～27648 标准化为 0.0～1.0 之间的值，然后将其标定为 -30.0～70.0 之间的值，对应的转换程序如图 4-10（c）所示。

将程序处于监视状态，两个指令框显示为绿色，在图 4-10（d）所示的强制表中，在 "IW96:P" 的 "强制值" 列输入 "13824"（即 27648 的一半）并单击工具栏中的 "启动或替换可见变量的强制" 按钮 **F.**，此时 IW96 的值显示为 13824，经过标准化运算，MD60=0.5，再经过缩放指令的运算，当前温度 MD80=20℃。

（a）温度变送器、模数转换的输入输出关系

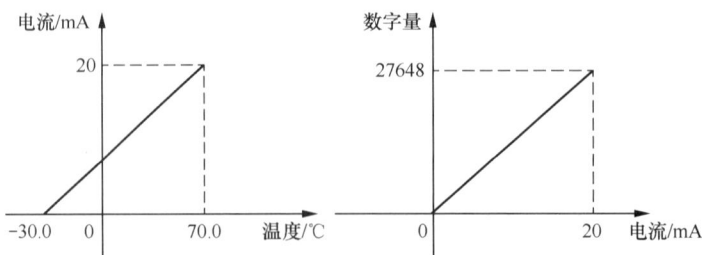

（b）温度、电流、数字量之间的关系

图 4-10　模拟量输入值的标定示例

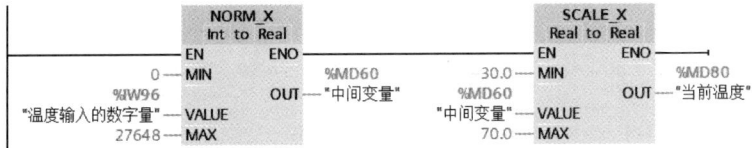

（c）对应的转换程序

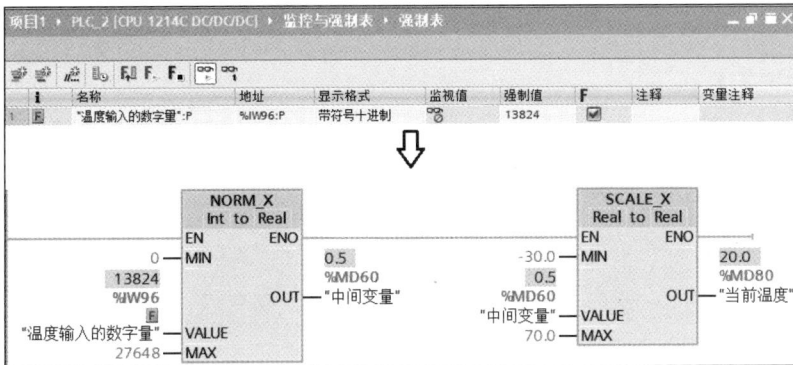

（d）强制 IW96 值的示例

图 4-10　模拟量输入值的标定示例（续）

（3）模拟量输出值的标定示例

如图 4-11（a）所示，PLC 将 0～27648 的数值通过数模转换，写入模拟量输出模块 SM1232 的通道 0（地址为 QW96），通道 0 输出 0～10V 的电压信号，通过压力调节阀控制管道压力在 0～5.0MPa 之间进行调节，即模拟量 0.0MPa 对应数字量 0，5.0MPa 对应数字量 27648。数字量与电压、压力之间的关系如图 4-11（b）所示。

如果需要将模拟量输出的压力转换为对应的数值，则应将输出的 0～5.0MPa 标准化为 0.0～1.0 之间的值，然后将其标定为 0～27648 之间的数值，对应的转换程序如图 4-11（c）所示。如果 MD20=2.5MPa，经过标准化指令运算，MD30=0.5，再经过缩放指令的运算，压力输出的数字量 QW96=13824。

（a）D/A转换的输入和输出、压力之间的关系

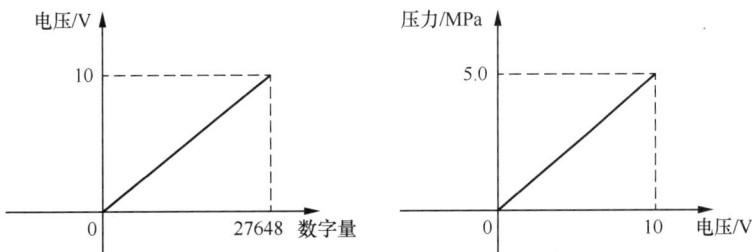

（b）数字量与电压、压力之间的关系

图 4-11　模拟量输出值的标定示例

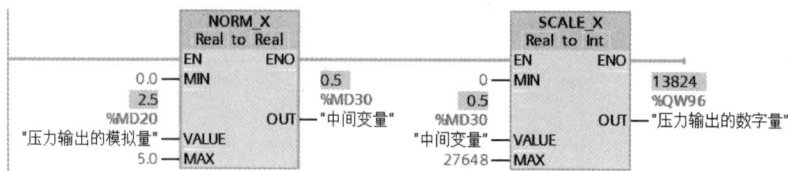

（c）对应的转换程序

图 4-11　模拟量输出值的标定示例（续）

🔄【跟我做】

任务 1　模拟量在储气罐压力控制中的应用

模拟量在储气罐
压力控制中的
应用（视频）

1. 任务导入

储气罐压力控制如图 4-12 所示，空压机将压缩空气送入储气罐，储气罐上有一个电动调节阀用来控制储气罐的压力，当输入 0～10V 的电压信号时，电动调节阀的开度在 0°～90° 之间可调。储气罐上安装有一个压力变送器，用来检测储气罐的压力，其量程是 0～2MPa，输出 4～20mA 的电流信号。按下启动按钮，空压机开始工作。当压力在 0～1MPa 之间时，控制电动调节阀的开度为 27°；当压力在 1～1.5MPa 之间时，控制电动调节阀的开度为 54°；当压力在 1.5～2MPa 之间时，控制电动调节阀的开度为 90°；当压力高于 1.9MPa 时报警指示灯进行闪烁报警。请画出储气罐压力控制的接线图并编写程序。

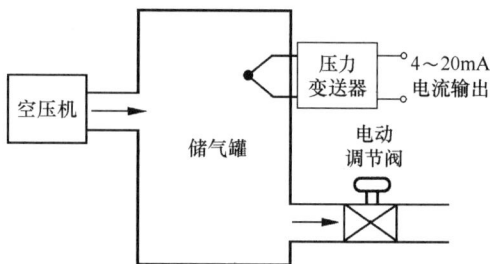

图 4-12　储气罐压力控制

2. 设备和工具

CPU 1215C DC/DC/Rly 1 台、模拟量输入输出模块 SM1234 1 个、空压机（三相异步电机）1 台、电动调节阀 1 台、压力变送器 1 个（0～2MPa，输出 4～20mA 电流）、按钮若干、接触器和热继电器各 1 个、安装有 TIA 博途软件的计算机 1 台、《S7-1200 可编程控制器系统手册》1 本、电工工具 1 套、万用表 1 块等。

3. 硬件电路

根据控制要求，储气罐压力控制的 I/O 分配如表 4-10 所示，电路如图 4-13 所示。将压力变送器输出的 4～20mA 电流信号接到 SM1234 的模拟量输入端 0+ 和 0- 上，通过 SM1234 的模数转换后送到 PLC 中；将 PLC 的输出 Q0.0、Q0.1 接到接触器 KM 和报警指示灯上，控制空压机启停和系统报警；将 SM1234 输出端 0、0M 输出的 0～10V 的电压信号接到电动调节阀上，用来控制阀门的开度。

表 4-10　储气罐压力控制的 I/O 分配

输　入			输　出		
输入继电器	输入元件	作　用	输出继电器	输出元件	作　用
I0.1	SB1	启动	Q0.0	KM	空压机运行
I0.2	SB2	停止	Q0.1	HL	报警指示
0+、0-（IW96）	压力变送器	测量压力	0、0M（QW96）	电动调节阀	调节压力

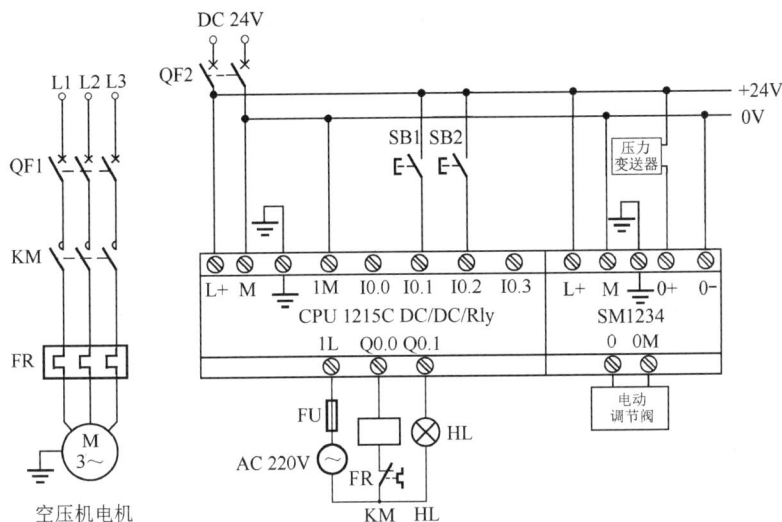

图 4-13　储气罐压力控制电路

✏️ **一起看**　　此例中使用压力变送器检测储气罐的压力，请扫码观看"两线制、三线制压力变送器与 PLC 的接线图（文档）"。

4．程序设计

（1）硬件组态

使用 TIA 博途软件按照图 4-5 添加 CPU 1215C DC/DC/Rly 和模拟量输入输出模块 SM1234。按照图 4-6 将 SM1234 模块的模拟量输入 0 通道的地址组态为 IW96，模拟量输出 0 通道的地址组态为 QW96。按照图 4-7 将模拟量输入信号组态为 4～20mA 的电流信号（对应 0～27648 的数字量），模拟量输出 0 通道的信号组态为 0～10V 的电压信号。

（2）压力、阀门开度和数字量之间的关系

根据压力变送器、电动调节阀的量程以及模拟量输入输出特性可知，模拟量输入输出与数字量、压力、阀门开度的对应关系如表 4-11 所示。

两线制、三线制
压力变送器与
PLC 的接线图
（文档）

表 4-11　模拟量输入输出与数字量、压力、阀门开度的对应关系

输入			输出		
压力/MPa	压力转换的电流信号/mA	模数转换的数字量（IW96）	阀门开度对应的数字量（QW96）	数模转换的电压信号/V	阀门开度
0～1	4～12	0～13824	8294	3	27°
1～1.5	12～16	13824～20736	16589	6	54°
1.5～1.9	16～19.2	20736～26266	27648	10	90°

💡 **小提示**　　压力传感器的量程范围是 0～2.0MPa，其输出信号是 4～20mA 的电流，对应的数字量是 0～27648。电动调节阀的量程范围是 0°～90°，给定 0～10V 的电压，对应的数字量是 0～27648。

📌 **一起说**　　请讨论表 4-11 中压力信号、电流信号、IW96 的数字量、QW96 的数字量、电压信号和阀门开度的对应关系是如何计算出来的。

（3）程序编写

根据表 4-11 编写的储气罐压力控制程序如图 4-14 所示。程序段 1 是空压机启停控制。程序段 2 用于实现储气罐压力采集、处理，将压力数字量 IW96 通过标准化指令和缩放指令转换成实际压力值并存储在 MD106 中。程序段 3 通过比较值指令，将阀门的 3 个开度传送到 MD120 中。程序段 4 将阀门开度 MD120 转换成数字量并送到 QW96 中，经过数模转换后得到 0～10V 的电压信号，从而控制电动调节阀的开度。程序段 5 是报警指示。

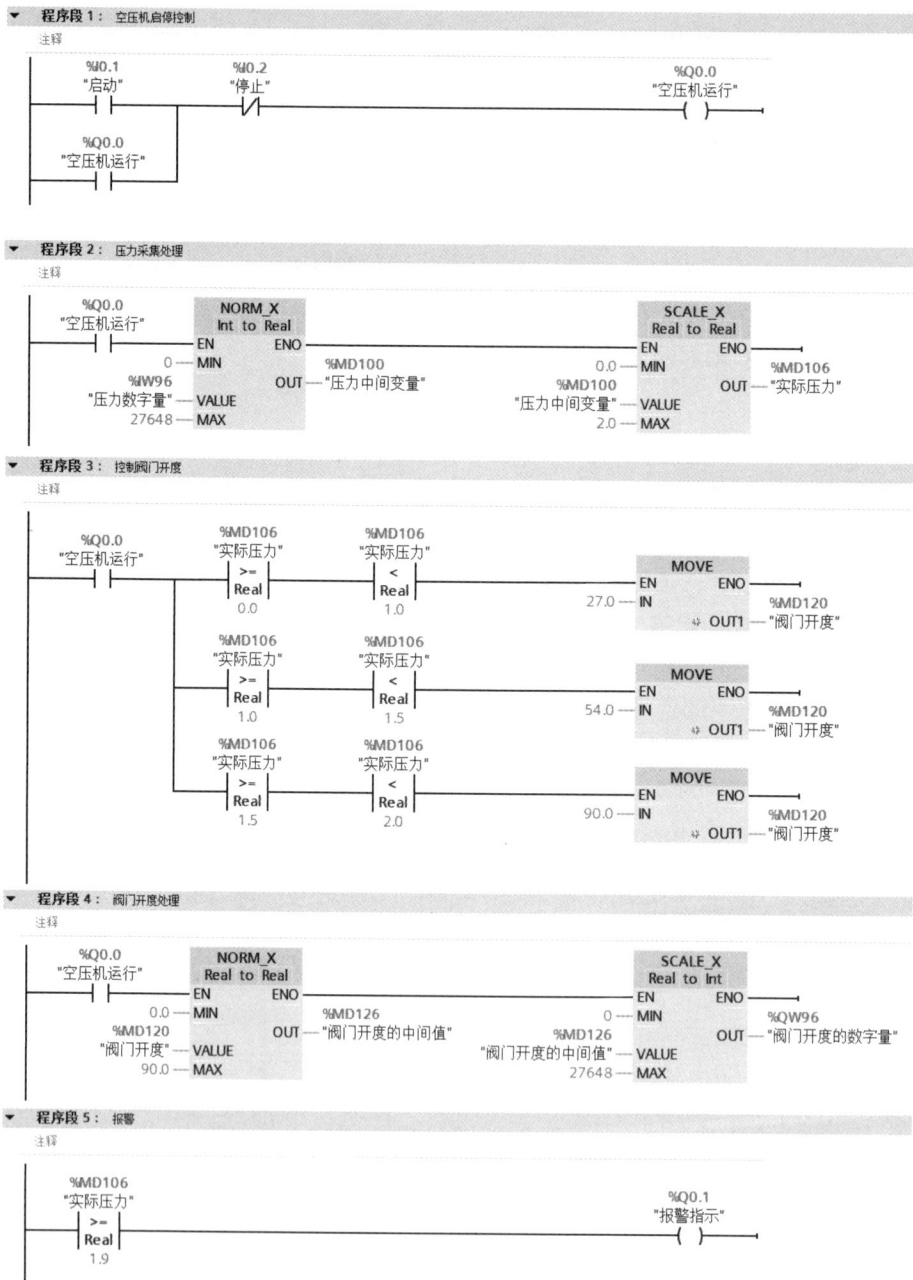

图 4-14　储气罐压力控制程序

5. 运行、调试

如果没有压力变送器，建议用一个电流源模拟压力变送器的输出。如果没有电动调节阀，调试时将万用表接到 SM1234 输出端 0、0M 端子上，观察输出电压的变化。

（1）启动。按下 I0.1，Q0.0 线圈得电，接触器线圈 KM 得电，空压机开始运行。

（2）控制开度。

① 0～1MPa 压力控制。将压力调节到 0.5MPa（或将电流源输出电流调节到 8mA），经过模数转换后，IW96=6912，程序段 2 将 IW96 标准化处理后得 MD100=0.25，经过缩放之后的实际压力 MD106=0.5MPa。程序段 3 通过比较值指令将阀门开度 27° 传送到 MD120 中。程序段 4 将 MD120 中的 27° 经过标准化指令和缩放指令转换成数字量 8294 传送到 QW96 中，经过数模转换得到 3V 电压，控制电动调节阀打开到 27°（或用万用表测得 SM1234 输出端 0、0M 的电压为 3V）。

② 1～1.5MPa 控制。继续调节压力到 1MPa（或将电流源输出电流增加到 12mA），经过模数转换后，IW96=13824，此时实际压力 MD106=1MPa，将阀门开度 MD120=54° 转换成对应的数字量即 QW96=16589，经过数模转换得到 6V 电压，控制电动调节阀打开到 54°（或用万用表测得 SM1234 输出端 0、0M 的电压为 6V）。

③ 1.5～1.9MPa 控制。继续调节压力到 1.5MPa（或将电流源输出电流增加到 16mA），经过模数转换后，IW96=20736，此时实际压力 MD106=1.5MPa，将阀门开度 MD120=90° 转换成对应的数字量即 QW96=27648，经过数模转换得到 10V 电压，控制电动调节阀打开到 90°（或用万用表测得 SM1234 输出端 0、0M 的电压为 10V）。

（3）报警。继续调节压力到 2MPa（或将电流源输出电流增加到 20mA），经过模数转换后，IW96=27648，程序 5 中的比较值指令闭合，Q0.1 线圈得电，报警指示灯点亮。

（4）停止。按下停止按钮 I0.2，Q0.0 失电，KM 线圈失电，空压机停止运行。

【单独练】

任务 2　模拟量在库房温度控制中的应用

库房温度控制程序的编写与调试（视频）

使用 PLC 对库房温度进行控制，由温度变送器对库房温度进行采集，其量程是 0～100℃，输出 0～20mA 的电流信号。根据不同的温度，由变频器控制风机以不同的速度运行。按下启动按钮，风机开始运行。当温度为 40～50℃时，Q0.1 线圈得电，变频器以 20Hz 的频率运行；当温度为 50～60℃时，Q0.2 线圈得电，变频器以 35Hz 的频率运行；超过 60℃时，Q0.3 线圈得电，变频器以 50Hz 的频率运行。按下停止按钮，风机停止运行。请画出 PLC 的接线图并编写程序。

【单独测】

1. 填空题

（1）模拟量输入模块 SM1231 用于将传感器输出的_____信号或_____信号转换为 S7-1200 PLC 内部处理的_____信号。

（2）模拟量输出模块 SM1232 用于将 S7-1200 PLC 的_____量信号转换成系统所需要的_____量信号，控制模拟量调节器或执行机构。

（3）SM1234 模拟量输入输出模块的上部为_____路模拟量_____端子，每_____个点为一组；下部是_____路模拟量_____端子。

（4）SM1234 模拟量输入端子接收的电压信号有_____V、_____V 和_____V。输出端子既能输出_____V 的电压信号，也能输出_____mA 的电流信号。

（5）SM1234 模拟量输入输出模块电压信号对应的数字量范围是_____，电流信号对应的数字量范围是_____。

（6）当 SM1234 模拟量输入输出模块处于正常状态时，其模块上的指示灯为_____色。

（7）SM1234 模拟量输入输出模块的模拟量输入通道 0～通道 3 的地址可以定义为 IW96、IW_____、IW_____和 IW_____；模拟量输出通道 0 和通道 1 的地址可以定义为_____96、_____98。

（8）如果需要将模拟量输入 IW64 中的模数转换结果读取到 S7-1200 PLC 中，可以使用_____指令；如果需要将数字量 9600 写入 QW96 中进行数模转换，可以使用_____指令。

2．分析题

（1）使用传感器将 50～100℃的温度信号转换为 0～20 mA 的电流信号，SM1234 模拟量输入输出模块将给定的 0～20mA 的电流经过模数转换变为 0～27648 的数字量，请将对应的转换数据填写在表 4-12 中，如何编写转换程序？

表 4-12　温度、电流与数字量之间的对应关系

温度/℃	50	61.2	72.4	83.59	100
电流/mA					
数字量					

（2）使用 SM1234 模拟量输入输出模块将给定的数字量 0～27648 经过数模转换变为对应的 0～10V 电压信号，该电压对应 0～1000r/min 的转速，请将对应的转换数据填写在表 4-13 中，如何编写转换程序？

表 4-13　数字量、电压与转速之间的对应关系

数字量	0	6192	12384	18576	27648
电压/V					
转速/（r/min）					

项目 4.2　顺序功能图的应用

【项目描述】

本书模块 1 和模块 2 中的程序设计方法一般称为经验设计法。当工艺动作表达烦琐，梯形图涉及的联锁关系较复杂时，使用经验设计法编写程序较麻烦，容易出错并导致梯形图可读性较差。我们需要寻求一种易于构思、易于理解的图形程序设计工具，它应有流程图的直观特点，又有利于复杂控制逻辑关系的分解与综合，这种图就是顺序功能图。顺序功能图设计法是一种先进的设计方法，很容易被初学者接受，对于有经验的电气工程师，也会提高设计效率，方便程序的调试、修改和阅读。

顺序功能图
（视频）

顺序功能图常用的编程方法有起保停电路和置位复位指令两种。本项目通过使用顺序功能图实现运料小车控制和机械手控制的任务，帮助读者掌握顺序功能图的常用编程方法并能进行软硬件调试。

✚【跟我学】

4.2.1　顺序功能图

1. 顺序功能图的组成

顺序功能图（SFC）是一种通用的 PLC 程序设计语言，它主要由步、动作、有向线段、转移条件等组成，如图 4-15 所示。

（1）步

将一个复杂的顺序控制程序分解为若干个状态，这些状态称为步。步用单线方框表示，框中编号是标志存储器 M 的编号。步通常涉及以下几个概念。

① 初始步。初始状态对应的步，初始状态即系统等待命令的相对静止状态。一个顺序功能图必须有一个初始步，如图 4-15 中的 M10.0，通常用双线方框表示，放在顺序功能图的顶端。初始步一般由初始化脉冲 M1.0 激活。

② 活动步。活动步是指当前正在运行的步。当步处于活动状态时，步右侧相应的动作被执行。比如图 4-15 中的 M10.1 是活动步时，其右侧相应的动作 Q0.2 线圈和 Q0.0 线圈就会得电。

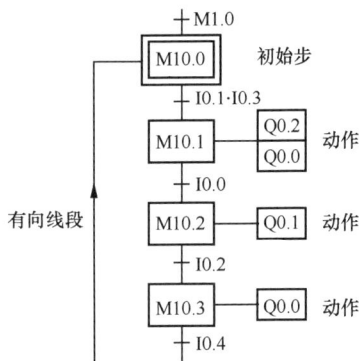

图 4-15　顺序功能图的组成

③ 静步。静步是指没有运行的步。步处于不活动状态时，相应的非保持型动作被停止。

（2）动作

步方框右边用线条连接的符号为本步的工作对象，简称为动作，如图 4-15 所示。一步中可能有一个或几个动作，通常动作用矩形方框中的文字或地址表示。当标志存储器 M 为 1 时，工作对象得电动作，比如 M10.2 为 1 时，Q0.1 线圈得电动作。

动作分保持型动作和非保持型动作两类。若为保持型动作（用置位指令 S 使其置位），则该步变为静步时继续执行该动作；若为非保持型动作，则该步变为静步时，动作也停止。

（3）有向线段

有向线段表示步的转移方向。在画顺序功能图时，将代表各步的方框按先后顺序排列，并用有向线段将它们连接起来。表示从上到下或从左到右这两个方向的有向线段的箭头可以省略，如果不是上述的方向，则应在有向线段上用箭头注明进展方法，如图 4-15 所示。

（4）转移条件

转移用与有向线段垂直的短线来表示，将相邻两步隔开。转移条件标注在短线的旁边，它是与转移逻辑相关的触点，可以是常开触点、常闭触点或它们的串并联组合，如图 4-15 中的 I0.1·I0.3。

2. 顺序功能图的基本结构

顺序功能图的基本结构可分为单序列、选择序列、并行序列 3 种，如图 4-16 所示。

（1）单序列

单序列由一系列相继激活的步组成，如图 4-16（a）所示，每个步的后面仅有一个转移，每个转移后面只有一个步，当 M20.1 为活动步，且转移条件 c=1 时，回到 M10.0 开始新一轮的循环。

（2）选择序列

选择序列既有分支又有合并，如图 4-16（b）所示。选择序列的开始叫分支，转移条件 d 和 e 只能标在水平连线之下，根据分支转移条件 d、e 来决定究竟选择哪一个分支。当 M10.0 为活动步，且转移条件 d=1 时，就由 M10.0 转移到 M20.0。选择序列的结束叫合并，转移条件 i 和 j 只能标在水平连线之上。假设 M20.4 为活动步，且转移条件 j=1，则由 M20.4 转移到 M20.2。

（3）并行序列

若在某一步执行完后，需要同时启动若干条分支，那么这种结构称为并行序列，如图 4-16（c）所示。

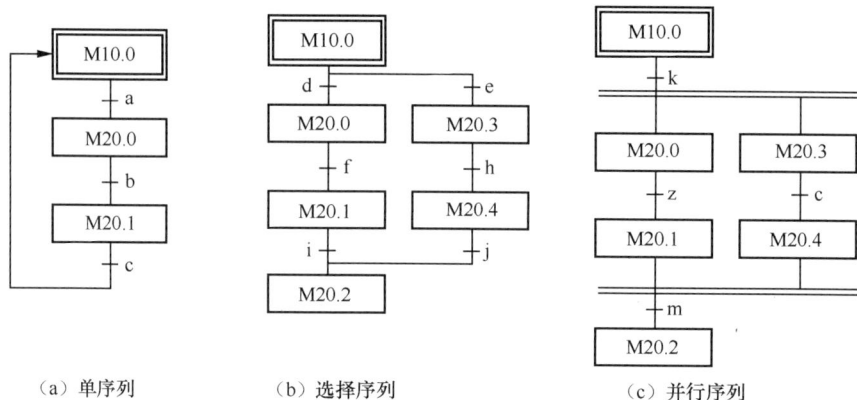

（a）单序列　　　　　　（b）选择序列　　　　　　（c）并行序列

图 4-16　顺序功能图的基本结构

并行序列的开始叫分支，分支开始时采用双水平线将各个分支相连，双水平线上方需要有一个转移条件，该转移条件 k 称为公共转移条件。若 M10.0 为活动步，且公共转移条件 k=1，则由 M10.0 转移到 M20.0 和 M20.3。并行序列的结束叫合并，公共转移条件只能标在双水平线之下。当直接连接在双水平线之上的所有前级步 M20.1 和 M20.4 为活动步，且公共转移条件 m=1 时，由 M20.1 和 M20.4 转移到 M20.2。

3．转移实现的条件

在顺序功能图中，步的活动状态的进展是由转移实现来完成的。转移实现必须同时满足以下两个条件。

（1）该转移的所有前级步都是活动步。

（2）相应的转移条件得到满足。

在图 4-16（a）中，如果 M20.0 为活动步，并且满足了转移条件 b=1，那么控制系统的状态就从 M20.0 转移到 M20.1，这时 M20.0 变为静步，M20.1 就变为活动步。

4．绘制顺序功能图的规则

（1）步与步之间必须由转移隔开。

（2）转移和转移之间必须由步隔开。

（3）步和转移、转移和步之间用有向线段连接，正常顺序功能图的方向是从上到下或从左到右，按照正常顺序画图时，有向线段可以不加箭头，否则必须加箭头。

（4）一个顺序功能图中至少有一个初始步。

（5）自动控制系统应能多次重复执行同一工艺过程，因此在顺序功能图中应由步和有向线段构成一个闭环回路，以体现工作周期的完整性。即在完成一次工艺过程的全部操作后，应从最后一步返回到初始步，使系统停留在初始状态（单周期操作）；在连续循环工作时，将从最后一步返回到下一工作周期开始运行的第一步。

（6）仅当某步的所有前级步均为活动步且满足转移条件时，该步才有可能变为活动步，同时其所有的前级步都变为静步。

4.2.2　启保停电路的编程方法

使用启保停电路进行顺序功能图编程时，可以用标志存储器 M 来代表步。图 4-17 所示的步 M1.1、M1.2 和 M1.3 是顺序功能图中顺序相连的 3 步，I0.1 是 M1.2 之前的转移条件。设计启保停电路的关键是找出它的启动条件和停止条件。根据转移实现的基本原则，转移实现的条件是它的前级步为活动步，并且满足相应的转移条件，因此 M1.2 变为活动步的条件是它的前级步 M1.1 为活动步，且转移条件 I0.1=1。在启保停电路中，应将前级步 M1.1 和转移条件 I0.1 对应的常开触点串联，作为控制 M1.2 的启动电路。

当 M1.2 和 I0.2 均为 ON 时，M1.3 变为活动步，这时 M1.2 应变为静步，因此可以将 M1.3=1 作为使标志存储器 M1.2 变为 OFF 的条件，即将后续步 M1.3 的常闭触点与 M1.2 的线圈串联，作为启保停电路的停止电路。

1. 单序列的编程方法

根据启保停电路的编程方法，将图 4-18 所示的单序列顺序功能图转换成梯形图，如图 4-19 所示。

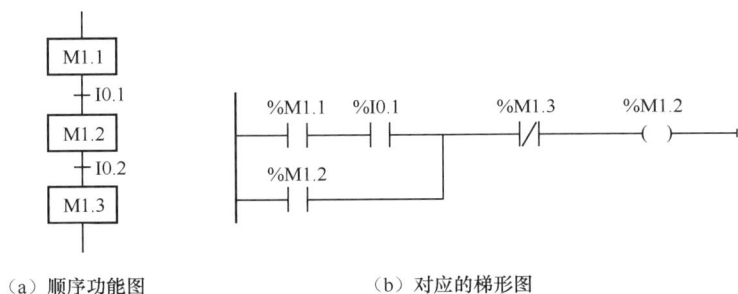

（a）顺序功能图　　（b）对应的梯形图

图 4-17　使用启保停电路编程

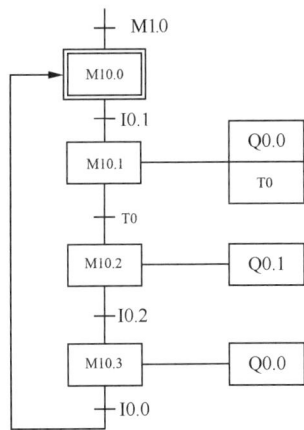

图 4-18　单序列顺序功能图

设计梯形图的输出电路部分时，应注意以下问题。

（1）如果某一输出量仅在某一步中为 ON，则可以将它们的线圈分别与对应步的标志存储器 M 的线圈并联，如图 4-19 中的定时器 TON 以及 Q0.1，也可以将标志存储器 M 的常开触点与输出量线圈串联。

（2）如果某一输出量在几步中都应为 ON，为了避免双线圈问题，应将代表有关各步的标志存储器的常开触点并联后，驱动该输出量的线圈，如图 4-19 中程序段 5 中的 Q0.0。

2. 选择序列的编程方法

选择序列的编程方法是集中处理分支，然后按照单序列的编程方法处理每个分支内部的状态转移，最后集中处理合并。图 4-20（a）所示是选择序列的分支，在 M10.1 之后有一个选择序列的分支，它的后续步 M20.1、M20.2 或 M20.3 变为活动步时，M10.1 应变为静步，因此需要将 M20.1、M20.2 和 M20.3 的常闭触点串联作为 M10.1 停止的条件，如图 4-20（b）所示。

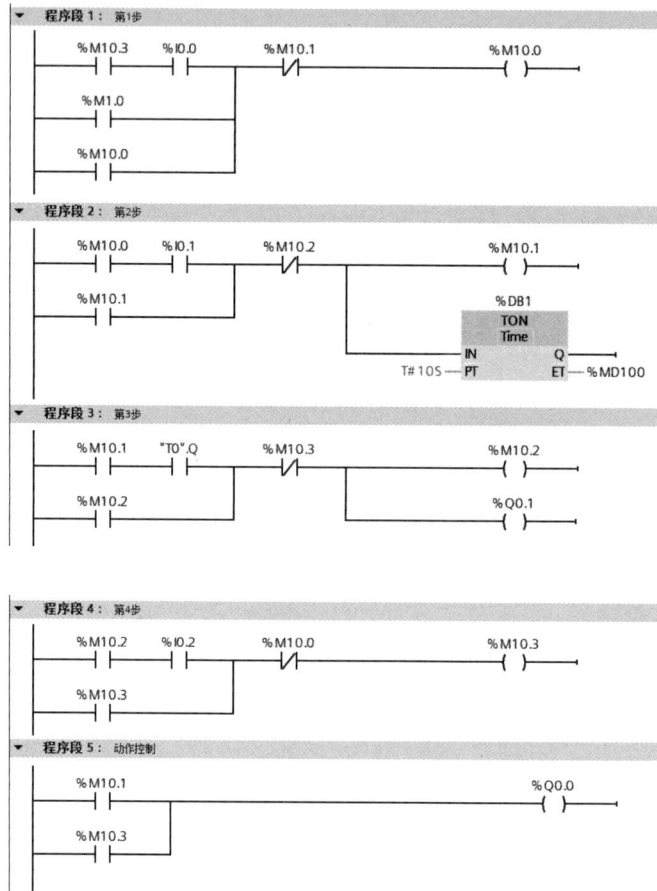

图 4-19　单序列顺序功能图转换成的梯形图

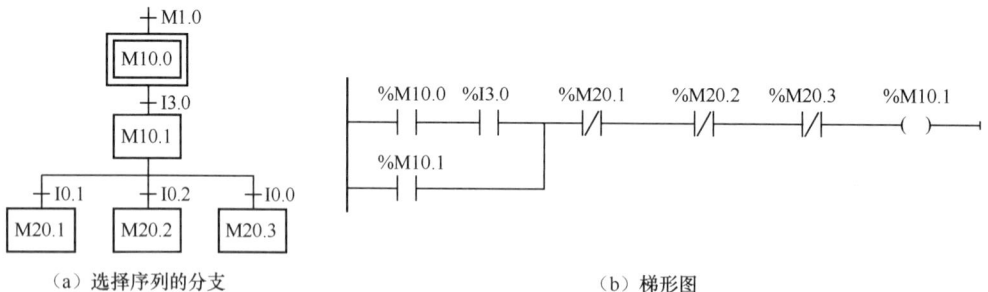

（a）选择序列的分支　　　　　　　　　　（b）梯形图

图 4-20　选择序列分支的编程方法示例

图 4-21（a）所示是选择序列的合并，在 M3.3 之前有一个选择序列的合并，当其前级步 M3.0 为活动步同时满足转移条件 I2.0，或 M3.1 为活动步同时满足转移条件 I2.1，或 M3.2 为活动步同时满足转移条件 I2.2 时，M3.3 变为活动步，即 M3.3 的启动条件应为 M3.0·I2.0+M3.1·I2.1+ M3.2·I2.2，对应的启动条件由 3 条并联支路组成，每条支路分别由 M3.0、I2.0 和 M3.1、I2.1 以及 M3.2、I2.2 的常开触点串联而成，如图 4-21（b）所示。

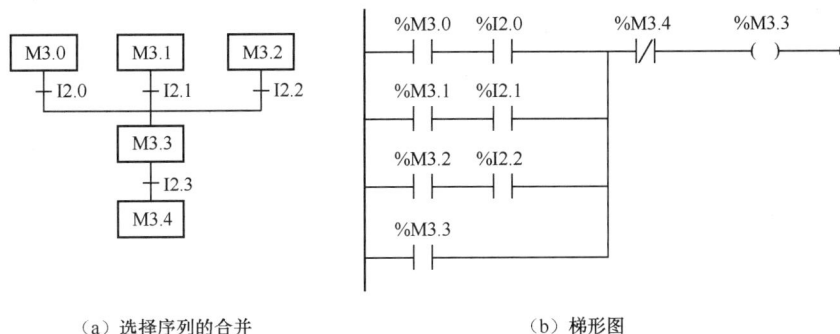

（a）选择序列的合并　　　　　　　　　　（b）梯形图

图 4-21　选择序列合并的编程方法示例

3. 并行序列的编程方法

并行序列的编程方法也是集中处理分支，然后按照单序列的编程方法处理每个分支内部的状态转移，最后集中处理合并。图 4-22（a）所示是并行序列的分支，在 M1.0 之后有一个并行序列的分支，当 M1.0 为活动步，并满足转移条件 I0.1 时，它的后续步 M1.1 和 M1.2 同时变为活动步，因此需要将 M1.0 和 I0.1 的常开触点串联作为 M1.1 和 M1.2 的启动条件，如图 4-22（b）所示。

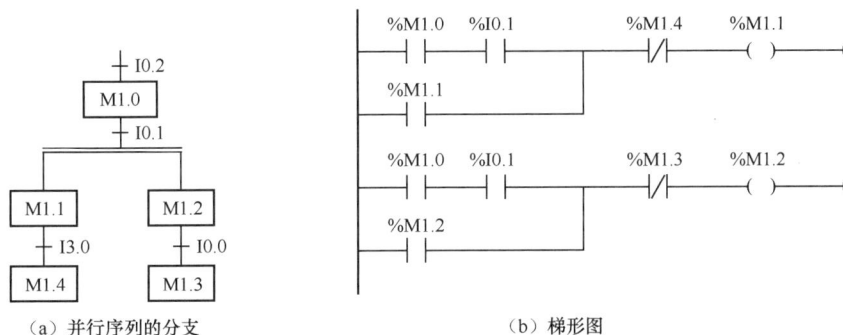

（a）并行序列的分支　　　　　　　　　　（b）梯形图

图 4-22　并行序列分支的编程方法示例

图 4-23（a）所示是并行序列的合并，在 M5.3 之前有一个并行序列的合并，当其前级步 M5.0 和 M5.2 同时为活动步并满足转移条件 I0.5 时，M5.3 变为活动步，即 M5.3 的启动条件应为 M5.0·M5.2·I0.5，对应的启动条件由这 3 个常开触点串联而成，如图 4-23（b）所示。

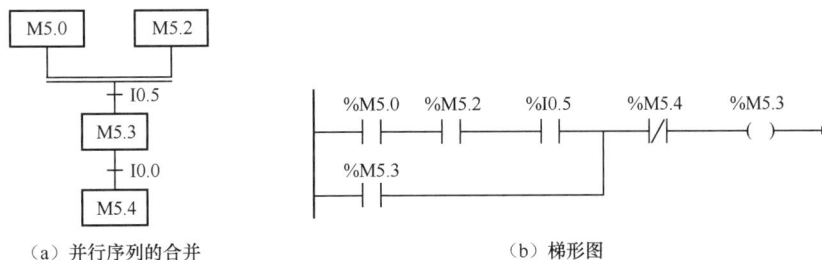

（a）并行序列的合并　　　　　　　　　　（b）梯形图

图 4-23　并行序列合并的编程方法示例

4.2.3　置位复位指令的编程方法

置位复位指令的编程方法，也被称为以转换为中心的编程方法。这种编程方法是将该转移的所有前级步对应的标志存储器 M 的常开触点与转移对应的触点或电路串联，作为使所有后续步对应的标志存储器 M 置位（使用 S 指令）和使所有前级步对应的标志存储器复位（使用 R 指令）的条件。

在任何情况下，代表步的标志存储器的控制电路都可以用这一原则来设计，每一个转换对应一个这样的控制置位和复位的电路块，有多少个转换就有多少个这样的电路块。

1. 单序列的编程方法

在图 4-24（a）中，当 M1.1 为活动步且满足转移条件 I0.1 时，M1.2 被置位，同时 M1.1 被复位，因此将 M1.1 和 I0.1 的常开触点串联作为 M1.2 的启动条件，同时它也作为 M1.1 步的停止条件，如图 4-24（b）或图 4-24（c）所示。图 4-24（b）是将置位复位指令并联，图 4-24（c）是将置位复位指令串联。

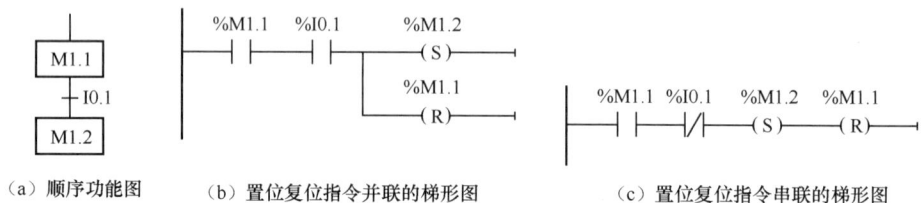

（a）顺序功能图　（b）置位复位指令并联的梯形图　（c）置位复位指令串联的梯形图

图 4-24　使用置位复位指令的控制步

将图 4-18 所示的单序列顺序功能图用置位复位指令转换成梯形图，如图 4-25 所示。

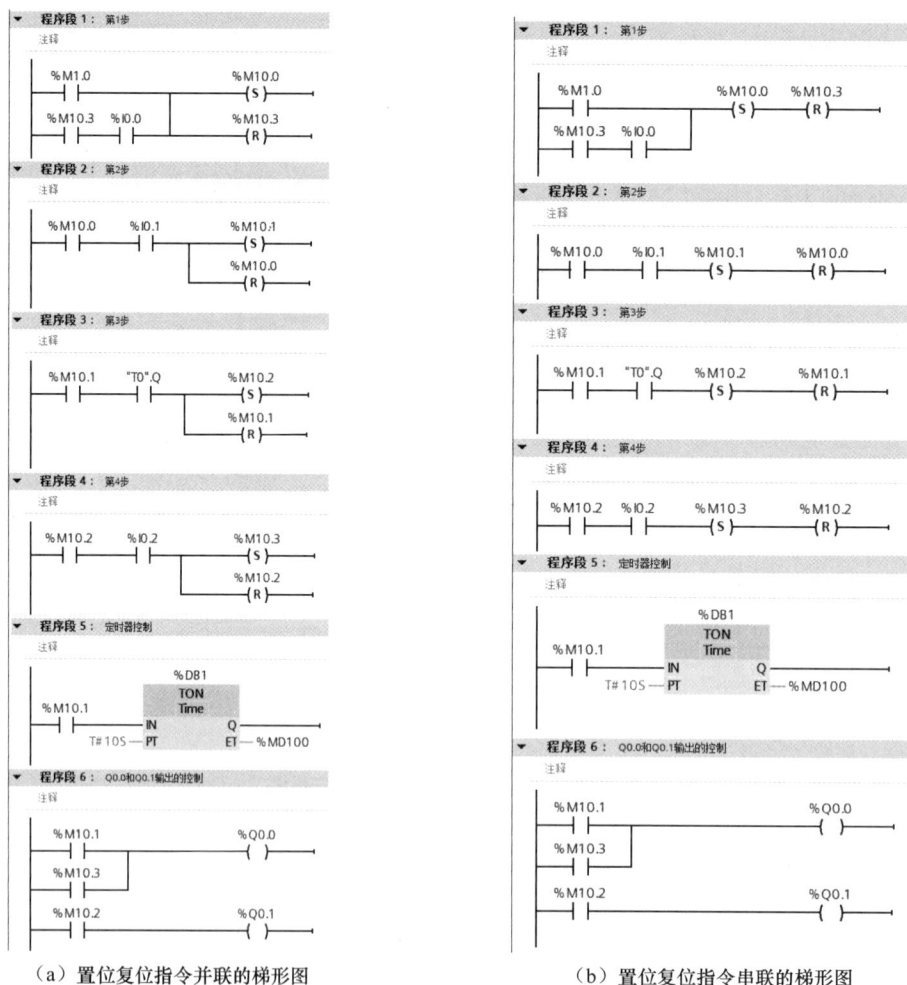

（a）置位复位指令并联的梯形图　（b）置位复位指令串联的梯形图

图 4-25　与图 4-18 对应的梯形图

需要说明的是，图 4-25 中每一步对应的输出线圈 Q 或定时器不能与置位复位指令直接并联，原因在于由 M 与转移条件的常开触点串联组成的电路的通电时间很短，当满足转移条件后，前级步立即复位，而输出线圈 Q 至少应在某步为活动步的全部时间内接通。处理方法为：①用所需步的常开触点驱动线圈 Q 或定时器，如图 4-25 中的程序段 5、6；②在所需步中用置位指令对输出线圈 Q 进行置位，在下一步中对其进行复位。

2．选择序列的编程方法

选择序列顺序功能图转化为梯形图的关键点在于分支处和合并处程序的处理，置位复位指令编程法的核心是转换，因此选择序列在处理分支和合并处编程上与单序列的处理方法一致，不需要考虑多个前级步和后续步的问题，只考虑转换即可。

图 4-26（a）所示是选择序列的分支，该分支对应的梯形图如图 4-26（b）所示。

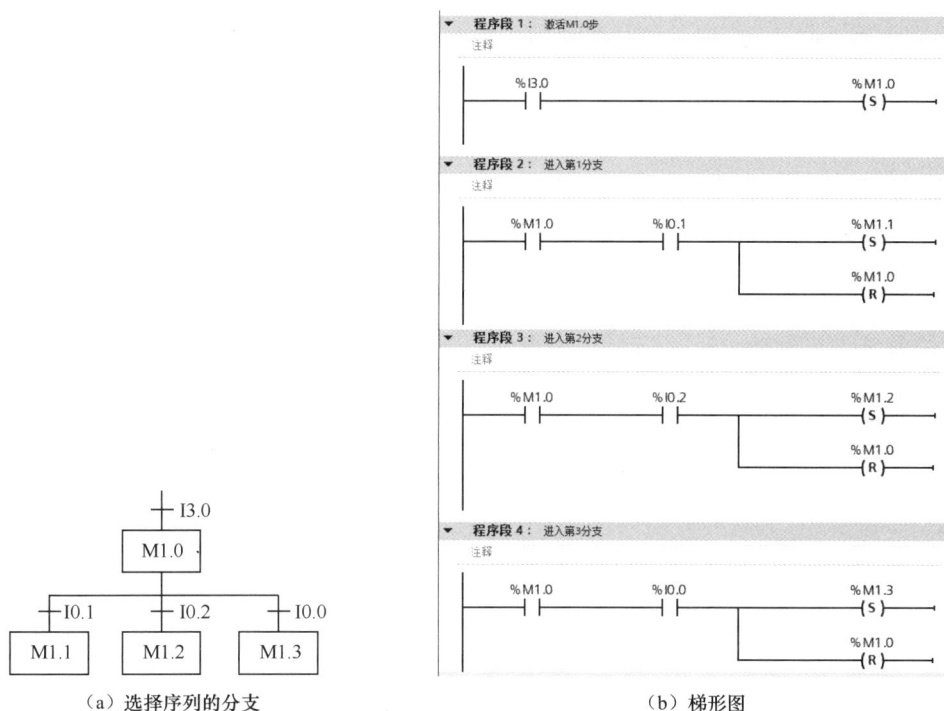

（a）选择序列的分支　　　　　　　　　（b）梯形图

图 4-26　选择序列分支的编程方法示例

图 4-27（a）所示是选择序列的合并，该合并对应的梯形图如图 4-27（b）所示。

3．并行序列的编程方法

图 4-28（a）中的 M1.0 的后面有两条分支，当 M1.0 为活动步并满足转移条件 I0.1 时，其后的 M1.1 和 M1.2 同时激活，故 M1.0 与转移条件 I0.1 的常开触点串联，置位后续步 M1.1 和 M1.2，同时复位 M1.0。并行序列分支对应的梯形图如图 4-28（b）所示。

图 4-29（a）所示是并行序列的合并，M5.3 之前有两个分支，即有两条分支进入该步，则只有两个分支的最后一步 M5.0 和 M5.2 同时为 1，且满足转移条件 I0.5 时，方能完成合并。因此合并处的两个分支的最后一步 M5.0 以及 M5.2 的常开触点与转移条件的常开触点串联，置位 M5.3，同时复位 M5.0 和 M5.2。并行序列合并对应的梯形图如图 4-29（b）所示。

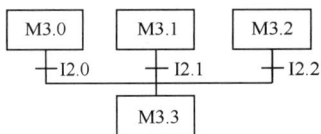

（a）选择序列的合并　　　　　　　　（b）梯形图

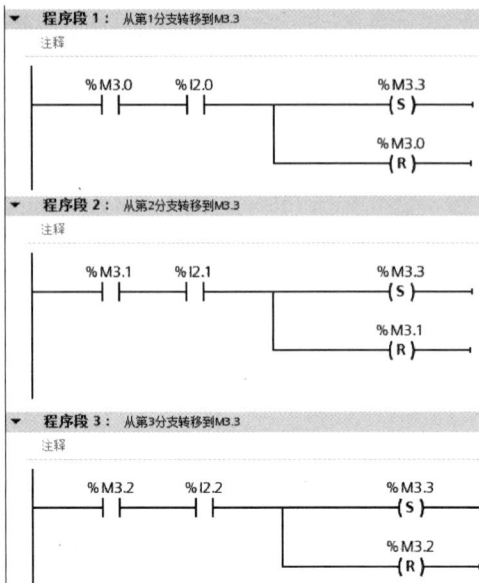

图 4-27　选择序列合并的编程方法示例

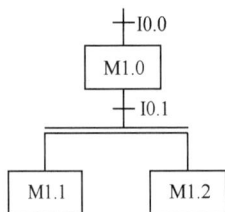

（a）并行序列的分支　　　　　　　　（b）梯形图

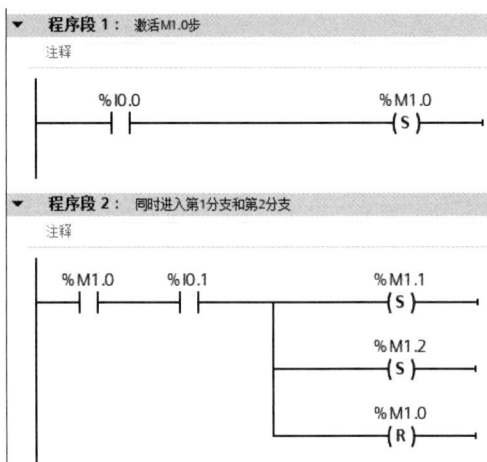

图 4-28　并行序列分支的编程方法示例

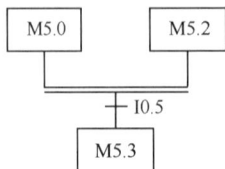

（a）并行序列的合并　　　　　　　　（b）梯形图

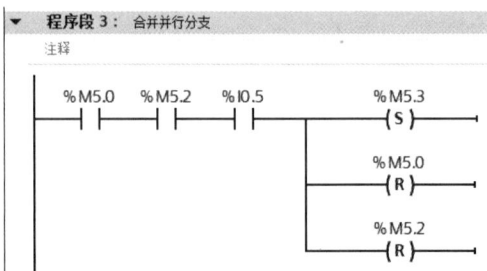

图 4-29　并行序列合并的编程方法示例

【跟我做】

任务 1　单序列在运料小车中的应用

**单序列在运料
小车中的应用
（视频）**

1. 任务导入

运料小车开始时停在右侧装料处，如图 4-30 所示，按下启动按钮，打开料斗的闸门，开始装料，10s 后关闭料斗的闸门，运料小车开始左行。到达卸料处后停止运行，开始卸料，8s 后小车又开始向右运行，到达装料处后返回初始状态，小车停止运行。请设计硬件电路并编写控制程序。

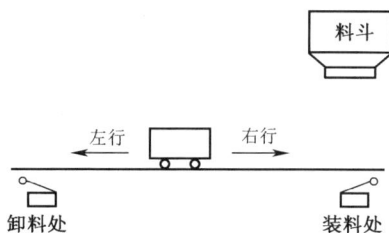

图 4-30　运料小车工作示意

2. 设备和工具

CPU 1215C DC/DC/Rly 1 台、三相异步电机 1 台、按钮和行程开关若干、接触器和热继电器各 1 个、电磁阀 2 个、安装有 TIA 博途软件的计算机 1 台、《S7-1200 可编程控制器系统手册》1 本、电工工具 1 套、万用表 1 块等。

3. 硬件电路

根据控制要求，运料小车的 I/O 分配如表 4-14 所示，其硬件电路如图 4-31 所示。

表 4-14　运料小车的 I/O 分配

输　　　入			输　　　出		
输入继电器	输入元件	作　用	输出继电器	输出元件	作　用
I0.0	SB1	启动	Q0.0	KM1	右行
I0.1	SB2	停止	Q0.1	KM2	左行
I0.2	SQ1	右限位	Q0.2	YV1	装料
I0.3	SQ2	左限位	Q0.3	YV2	卸料

一起说　图 4-31 中，为什么在 KM1 和 KM2 的线圈电路中串联 KM1 和 KM2 的常闭触点？如果将热继电器的常闭触点 FR 连接 PLC 的输入端子，其电路与图 4-31 所示电路相比有什么不同？

4. 程序设计

（1）由运料小车的控制要求可知，这是一个单序列顺序控制过程，其顺序功能图如图 4-32 所示。

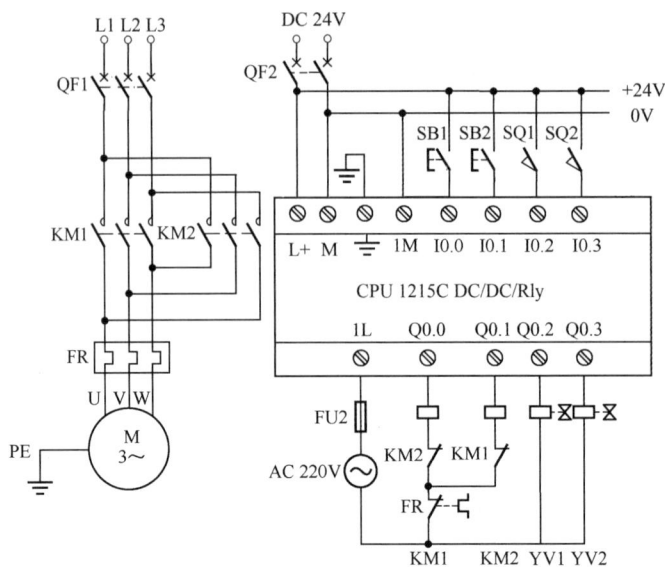

图 4-31　运料小车的硬件电路

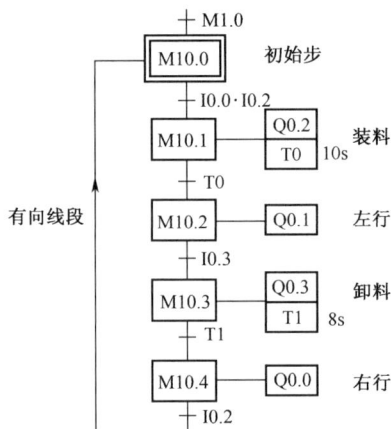

图 4-32　运料小车的顺序功能图

> 🖈 **一起说**　图 4-32 中最后一步回到 M10.0，若要让运料小车再次运行，则需要按下启动按钮才可以实现，这种工作方式称为单周期工作方式。如果按下启动按钮后，小车一直按照工艺流程连续运行，请问如何修改图 4-32 所示的顺序功能图？

（2）根据图 4-32 编写图 4-33 所示的运料小车的控制程序。

> 🖈 **一起说**　图 4-33 所示的运料小车的控制程序没有停止功能，如果需要设计停止功能，可以采用 RESET_BF 指令实现。请讨论如何编写程序。

5. 运行、调试

将图 4-33 所示的运料小车的控制程序下载到 PLC 中，然后进行调试。调试时请参照图 4-32，首先同时按下 I0.0 和 I0.2，观察 Q0.2 线圈是否得电，延时 10s 后，观察 Q0.1 线圈是否得电，以此类推，按照顺序功能图对程序进行调试，观察程序能否达到控制要求。

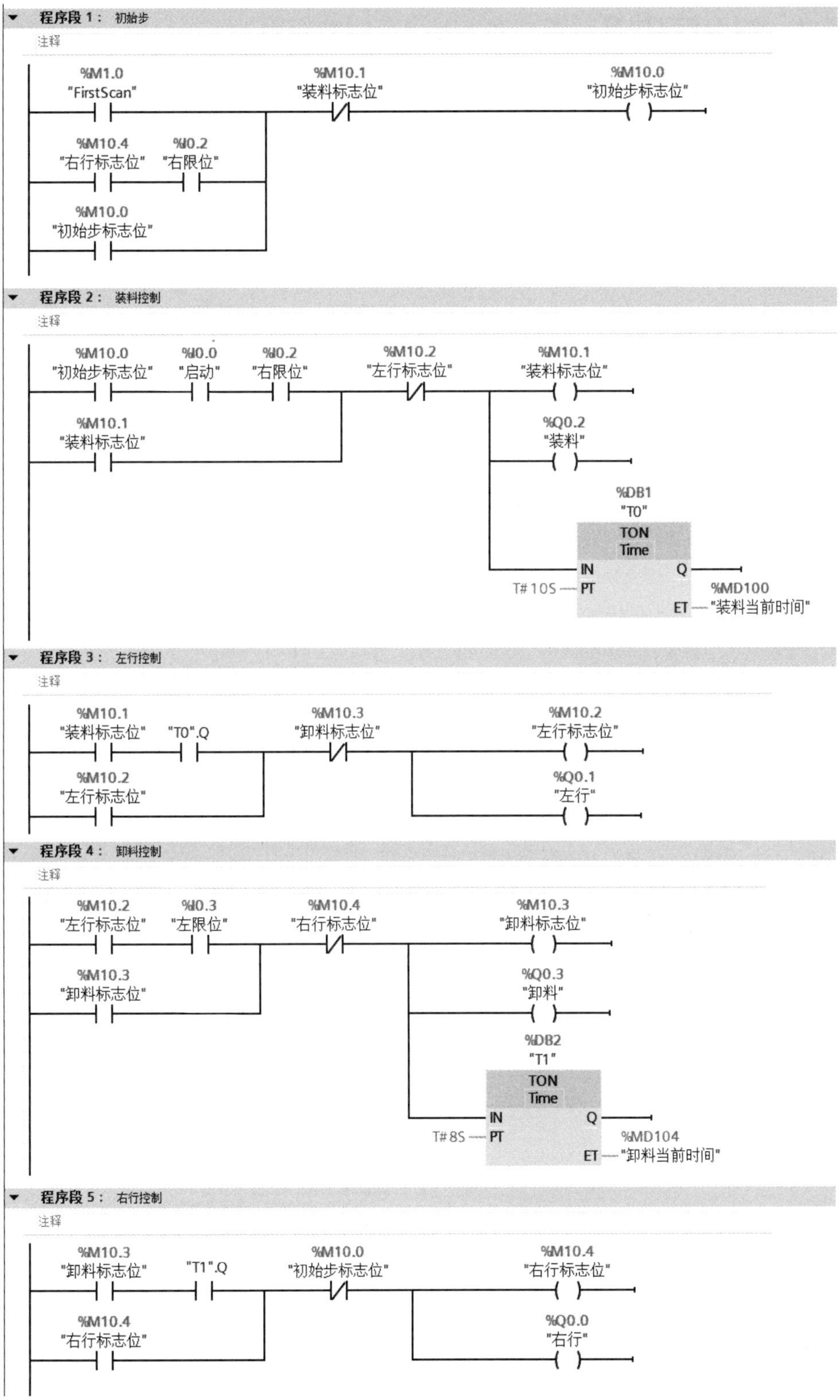

图 4-33 运料小车的控制程序

任务 2　选择序列在多工作方式运料小车中的应用

1. 任务导入

运料小车的工作方式分为手动控制、单步工作、单周期工作和连续工作等，各种工作方式的含义如下。

（1）手动控制：通过右行按钮或左行按钮控制小车右行或左行。

（2）单步工作：按一次启动按钮，前进一个工步（或工序），系统每进行一步都会停止下来，适用于系统的调试和检修。

（3）单周期工作：在原点位置按启动按钮，自动运行一个周期后再在原点位置停止，再按一次启动按钮就开始下一个周期的运行。

（4）连续工作：在原点位置按启动按钮，开始连续的反复运行。

2. 设备和工具

CPU 1215C DC/DC/Rly 1 台、三相异步电机 1 台、按钮和行程开关若干、单刀四掷选择开关 1 个、接触器和热继电器各 1 个、安装有 TIA 博途软件的计算机 1 台、《S7-1200 可编程控制器系统手册》1 本、电工工具 1 套、万用表 1 块等。

3. 硬件电路

根据控制要求，多工作方式运料小车的硬件电路如图 4-34 所示。采用单刀四掷选择开关 SA 控制运料小车以手动控制、单步工作、单周期工作、连续工作等方式运行。

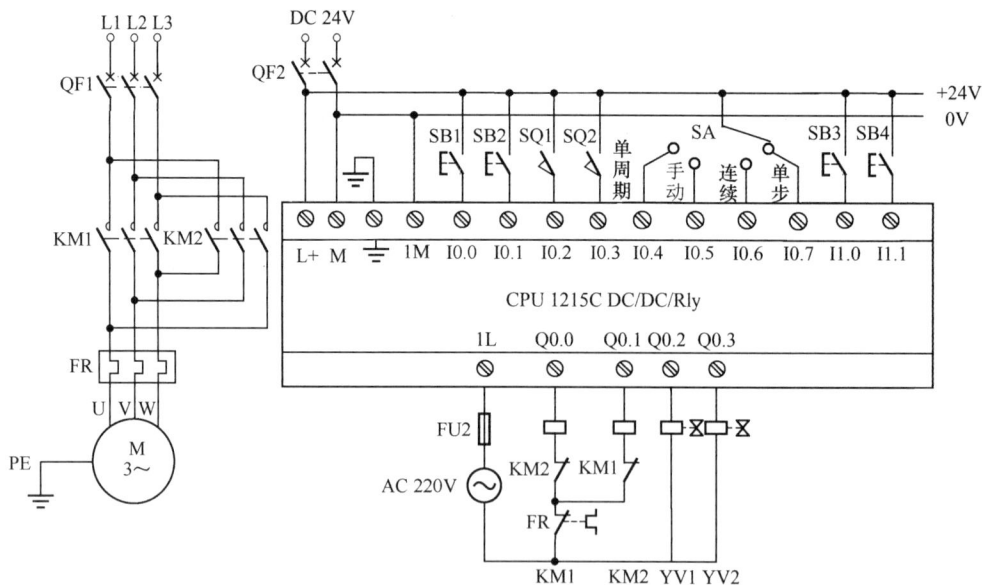

图 4-34　多工作方式运料小车的硬件电路

4. 程序设计

（1）由控制要求可知，这是一个选择序列顺序控制过程，顺序功能图如图 4-35 所示。如果将选择开关 SA 置于连续位置，当 M10.4=1，I0.6·I0.2=1 时，从 M10.4 转移到 M10.1，即选择连续工作方式运行；如果将选择开关 SA 置于单周期位置，当 M10.4=1，I0.4·I0.2=1 时，从 M10.4 转移到

M10.0，即选择单周期工作方式。

（2）程序设计。

多工作方式运料小车的控制程序包括主程序 OB1、手动控制程序 FC1 和自动控制程序 FC2 等，如图 4-36 所示。

主程序如图 4-36（a）所示，程序段 1 用于当 PLC 上电或按下停止按钮时，对 M10.1～M10.4 进行复位并对初始步 M10.0 进行置位。程序段 2 和程序段 3 用于在选择开关置于手动或单周期、连续、单步时，调用手动控制程序或自动控制程序。

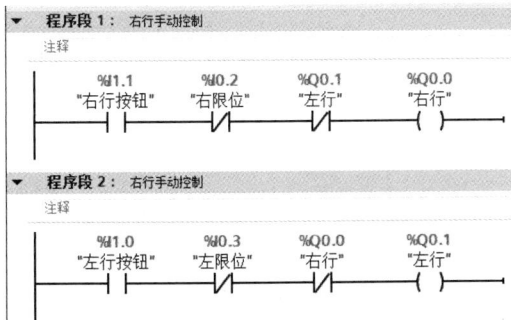

手动控制程序 FC1 如图 4-36（b）所示，程序进行了联锁和限位控制。

采用置位复位指令编写自动控制程序 FC2，它包括单周期、连续和单步 3 种工作方式，如图 4-36（c）所示。

程序段 1：当选择单步工作方式时，I0.7 的常闭触点断开，转换允许 M10.5=0，只有按下启动按钮 I0.0 时，转换允许 M10.5=1（只得电一个扫描周期），串联在程序段 3 中的常开触点 M10.5 闭合，允许顺序功能图由 M10.0 转移到 M10.1，其他步的转移也需要每次按下启动按钮 I0.0 才可以实现以单步工作方式运行；当选择单周期工作方式或连续工作方式时，I0.7 的常闭触点闭合，M10.5=1，其串联在程序段 3～程序段 6 中的常开触点都会一直闭合，此时程序按照控制要求自动运行。

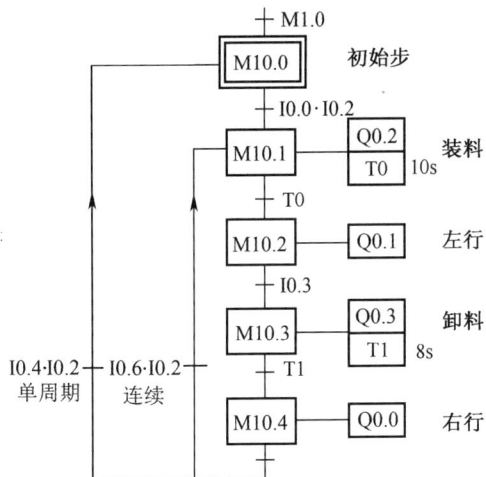

图 4-35　多工作方式运料小车的顺序功能图

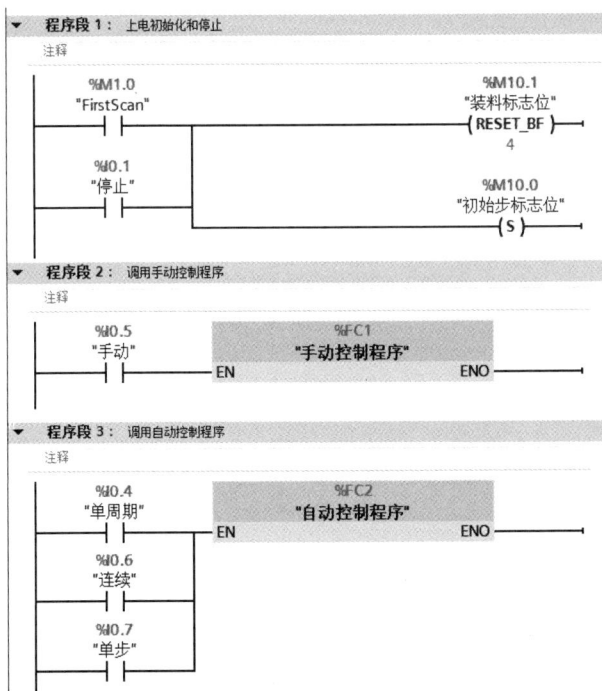

（a）主程序 OB1　　　　　　　　　　（b）手动控制程序 FC1

图 4-36　多工作方式运料小车的控制程序

（c）自动控制程序 FC2

图 4-36 多工作方式运料小车的控制程序（续）

程序段 2：当选择单周期工作方式时，I0.4=1，小车运行到最后一步，M10.4=1，如果此时小车运行到右限位处，即 I0.2=1，则初始步 M10.0=1，顺序功能图从最后一步返回到初始步 M10.0，并对 M10.4 进行复位。

程序段 3：有两个条件能让 M10.1=1，一个是小车在初始步，即 M10.0=1，I0.2=1，此时按下启动按钮 I0.0，则 M10.1=1 并对初始步 M10.0 进行复位；另一个是小车在最后一步，即 M10.4=1，且小车以连续工作方式运行并回到了右限位，即 I0.6=1，I0.2=1，则 M10.1=1，顺序功能图从最后一步返回到 M10.1，并对 M10.4 进行复位。

程序段 4、5、6 使用置位复位指令对 M10.2～M10.4 进行控制。

程序段 7 用每一步的标志位分别对其动作进行控制。

> 📌 **一起说** ┆ 　　在单周期运行和连续运行中，如果按下停止按钮后，要求小车将整个工艺流程进行完后才能停止，请问如何修改程序？

5. 运行、调试

将图 4-36 所示的程序下载到 PLC 中，并使主程序 OB1、手动控制程序 FC1 和自动控制程序 FC2 均处于监控状态。

（1）手动运行。

将选择开关 SA 置于 I0.5，图 4-36（a）中的程序段 2 调用手动控制程序 FC1，按下右行按钮 I1.1，图 4-36（b）程序段 1 中的 Q0.0=1，KM1 线圈得电，小车右行，松开 I1.1，小车停止右行；按下左行按钮 I1.0，图 4-36（b）程序段 2 中的 Q0.1=1，KM2 线圈得电，小车左行，松开 I1.0，小车停止左行。

（2）单周期运行和连续运行。

将选择开关 SA 置于 I0.4 或 I0.6，图 4-36（a）中的程序段 3 调用自动控制程序。按下启动按钮 I0.0，小车按照图 4-35 所示顺序功能图的顺序逐步运行，可以通过建立监控表对 M10.0～M10.4 以及 Q0.0～Q0.3 的得电状态进行监控，观察程序能否达到控制要求。

> 💧 **小提示** ┆ 　　单周期运行和连续运行的区别主要看最后一步是返回到 M10.0 还是 M10.1。

（3）单步运行。

将选择开关 SA 置于 I0.7，图 4-36（a）中的程序段 3 调用自动控制程序 FC2。按下启动按钮 I0.0，Q0.2=1，小车开始装料；再按下 I0.0，Q0.1=1，小车开始左行，以此类推，小车一直运行到最后一步。

（4）停止。

无论小车运行到哪一步，只要按下停止按钮 I0.1，小车均会停止运行。

任务 3　气动机械手 PLC 控制系统的设计

1. 任务导入

气动机械手的外形如图 4-37 所示，其运动形式为垂直、水平、左右摆动 3 种，垂直气缸和水平气缸控制机械手分别在垂直方向做升降移动、水平方向做伸缩移动，摆动气缸控制机械手左右摆动。气动手指气缸将工件从供料台抓取到传送带上，传送带由一台三相异步电机驱动，将工件转运到料斗中。

气动机械手 PLC
控制系统的安装
与调试（视频）

气动机械手的上升/下降和伸出/缩回的执行机构采用单线圈电磁阀推动气缸来完成动作，其左转/右转和夹紧/放松采用双线圈电磁阀推动气缸来完成。4 个气缸均采用磁性开关检测是否到位。

气动机械手控制的要求如下。

（1）气动机械手初始状态下处于原点位置，此时机械手上升到位、缩回到位、右转到位、放松到位。按下启动按钮后，机械手从原点位置 A 开始，其动作顺序为：A 点下降→A 点伸出→A 点夹紧→A 点上升→A 点缩回→左转到达 B 点→B 点下降→B 点伸出→B 点松开→B 点上升→B 点缩回→右转→回到原点位置 A，如图 4-38 所示。机械手在动作过程中将工件从供料台抓取后转运到传送带，如此循环，当抓取的工件数量达到 20 个后，机械手回到原点位置并停止运行。

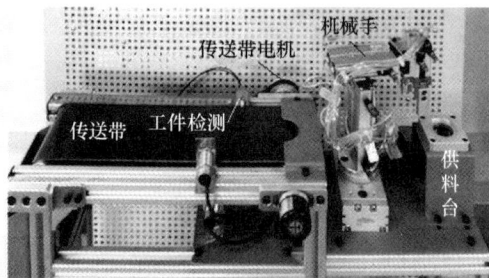

图 4-37　气动机械手的外形

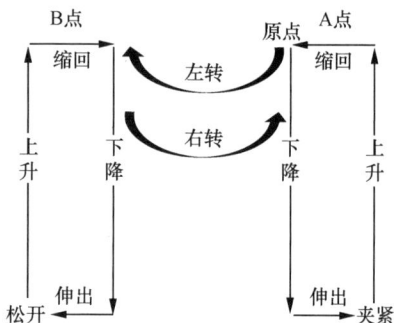

图 4-38　气动机械手的运动轨迹

（2）按下停止按钮后，机械手必须完成一个周期的工作后才能停止。

（3）工件检测传感器检测到第一个工件时传送带开始运行，按下停止按钮后停止运行。

请根据控制要求，使用 PLC 控制气动机械手的动作流程，设计气动机械手控制的电气原理图，使用顺序功能图编写控制程序并进行调试。

➡ **学海领航**　老子在《道德经》中曾经说："天下难事，必作于易；天下大事，必作于细。"气动机械手的工艺复杂，安装和调试的输入输出元器件较多，硬件接线图和程序比前几个模块中的复杂，尤其是传感器的类型不同，其接线有很大差别，在安装和调试过程中一定要认真、细心、专注、一丝不苟。

2. 设备和工具

按照表 4-15 配置设备和工具。

表 4-15　气动机械手 PLC 控制系统的设备和工具清单

序号	名称	数量	备注
1	S7-1200 PLC（CPU 1215C DC/DC/DC）	1 台	
2	气动机械手装置（包含传送带、气缸、电磁阀、磁性开关等）	1 套	
3	空气压缩机	1 台	
4	传送带	1 台	
5	按钮、接触器、热继电器	若干	表中所列仅供参考
6	NPN 输出型光电传感器	1 个	
7	24V 的开关电源	1 个	
8	安装有 TIA 博途软件的计算机	1 台	
9	万用表和电工通用工具	各 1 套	

3. 硬件电路

根据控制要求，气动机械手的 I/O 分配及功能如表 4-16 所示。

表 4-16　气动机械手的 I/O 分配及功能

输　入			输　出		
输入继电器	输入元件	作　　用	输出继电器	输出元件	作　　用
I0.0	SC	工件检测	Q0.1	KA1	传送带运行
I0.2	1B1	左转到位	Q0.4	KA2	右转
I0.3	1B2	右转到位	Q0.5	KA3	左转
I0.4	2B1	上升到位	Q0.6	KA4	伸缩
I0.5	2B2	下降到位	Q0.7	KA5	升降
I0.6	3B1	伸出到位	Q1.0	KA6	夹紧
I0.7	3B2	缩回到位	Q1.1	KA7	放松
I1.0	4B1	放松到位			
I1.1	4B2	夹紧到位			
I1.2	SB3	停止			
I1.4	SB4	启动			

气动机械手的电路主要由主电路、PLC 控制电路、电磁阀及显示控制电路等组成。

（1）主电路

图 4-39 所示为气动机械手的主电路。接触器 KM1 控制传送带电机运行，接触器 KM2 控制系统上电，开关电源将 220V 的交流电转变为 24V 的直流电，电源指示灯 HL 点亮，同时给 PLC 控制电路、电磁阀及显示控制电路提供直流 24V 电源。

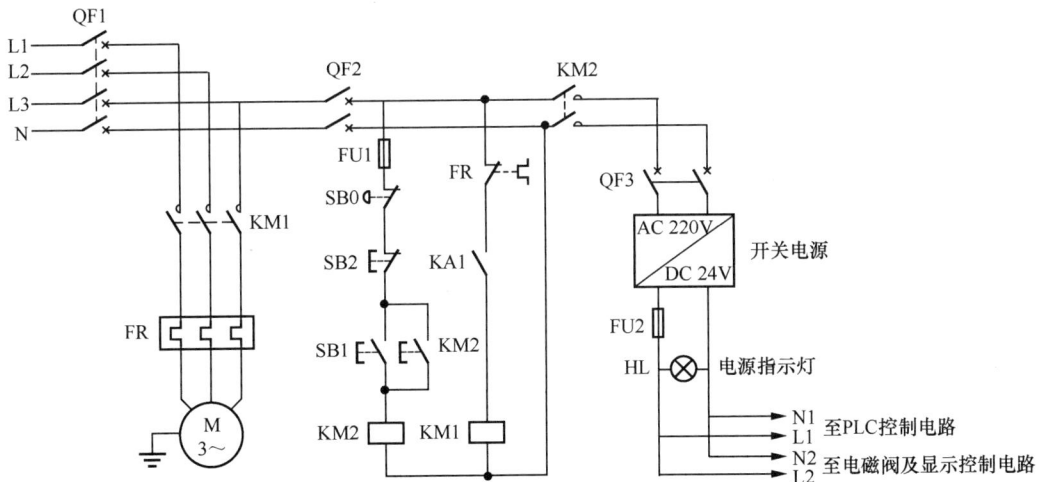

图 4-39　气动机械手的主电路

（2）PLC 控制电路

PLC 控制电路如图 4-40 所示。PLC 的输出端子接中间继电器 KA1~KA7，通过中间继电器控制电磁阀，从而控制机械手的运行。

| 外部电源 | PLC工作电源 | 公共端 | 工件检测 | | 左转到位 | 右转到位 | 上升到位 | 下降到位 | 伸出到位 | 缩回到位 | 放松到位 | 夹紧到位 | 停止 | | 启动 |

```
L1 ○─╳──                                                                                    24V
N1 ○─╳──                                                                                    0V
   QF4                  SC    1B1  1B2  2B1  2B2  3B1  3B2  4B1  4B2  SB3        SB4

   ⊘   ⊘   ⊘   ⊘   ⊘   ⊘   ⊘   ⊘   ⊘   ⊘   ⊘   ⊘   ⊘   ⊘   ⊘   ⊘
   L+  M   ⏚   1M  I0.0 I0.1 I0.2 I0.3 I0.4 I0.5 I0.6 I0.7 I1.0 I1.1 I1.2 I1.3 I1.4

                              CPU 1215C DC/DC/DC

   4L+  4M  Q0.0 Q0.1 Q0.2 Q0.3 Q0.4 Q0.5 Q0.6 Q0.7 Q1.0 Q1.1
   ⊘   ⊘         ⊘              ⊘    ⊘    ⊘    ⊘    ⊘    ⊘
                  KA1            KA2  KA3  KA4  KA5  KA6  KA7

N1 ○                                                                                        0V
L1 ○                                                                                        24V
```

| 外部电源 | PLC负载电源 | 传送带 | | 右转 | 左转 | 伸缩 | 升降 | 夹紧 | 放松 |

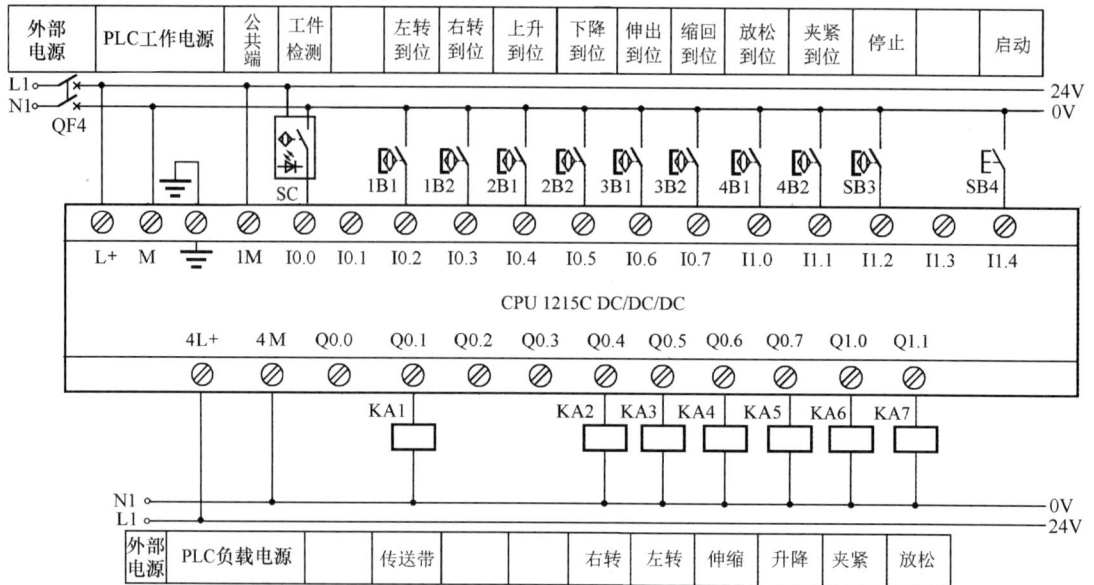

图 4-40　PLC 控制电路

（3）电磁阀及显示控制电路

电磁阀及显示控制电路如图 4-41 所示，图中的指示灯均为运行指示灯，全选为绿色，直流 24V；电磁阀为感性元件，且电路为直流电路，故需要添加续流二极管。

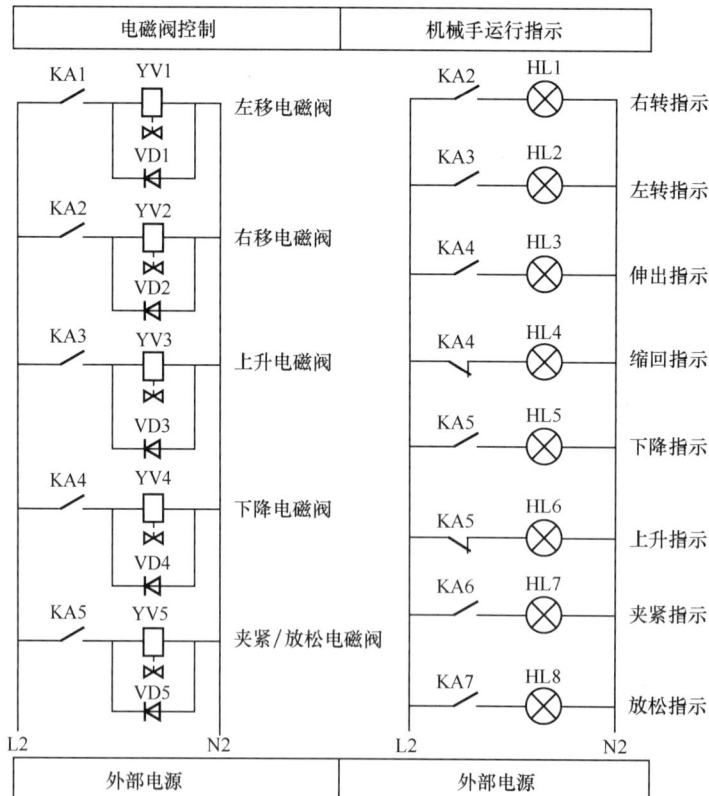

| 电磁阀控制 | | 机械手运行指示 | |

```
KA1   YV1  左移电磁阀        KA2   HL1   右转指示
      VD1                         
KA2   YV2  右移电磁阀        KA3   HL2   左转指示
      VD2                         
KA3   YV3  上升电磁阀        KA4   HL3   伸出指示
      VD3                    KA4   HL4   缩回指示
KA4   YV4  下降电磁阀        KA5   HL5   下降指示
      VD4                    KA5   HL6   上升指示
KA5   YV5  夹紧/放松电磁阀   KA6   HL7   夹紧指示
      VD5                    KA7   HL8   放松指示
L2              N2          L2              N2
```

| 外部电源 | 外部电源 |

图 4-41　电磁阀及显示控制电路

4. 程序设计

（1）根据控制要求，气动机械手的顺序功能图如图 4-42 所示。

当机械手位于原点位置 A 时，右转到位、上升到位、缩回到位、放松到位，即 I0.3·I0.4·I0.7·I1.0=1，初始步 M10.0 变成活动步，此时，按下启动按钮 I1.4，M10.1 变为活动步，机械手开始下降，然后按照工艺流程依次往下执行。

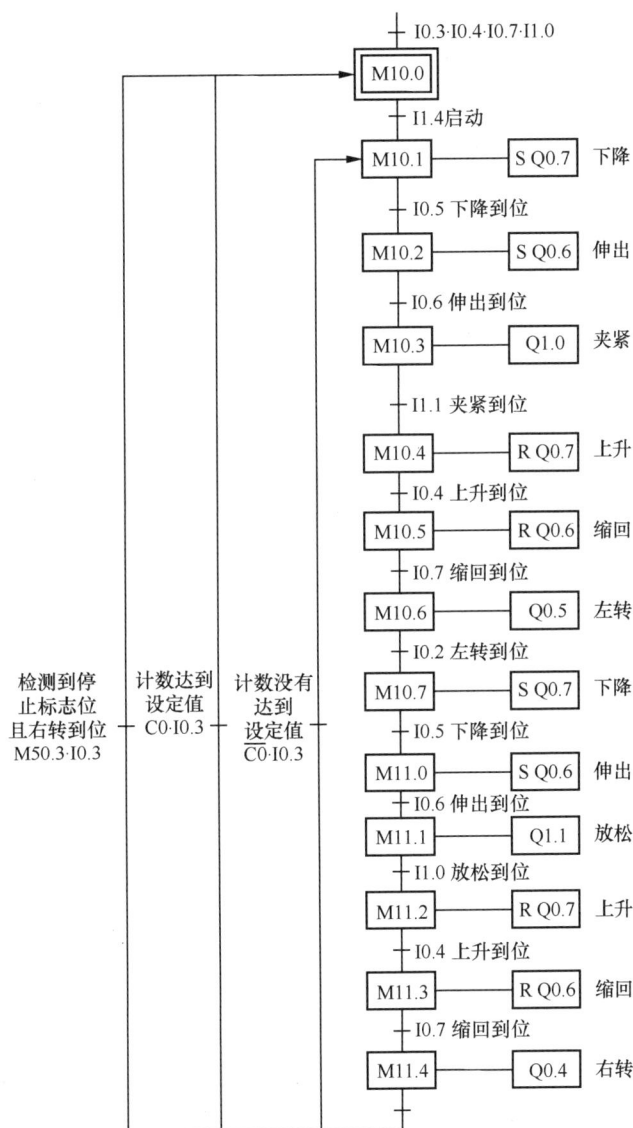

图 4-42 气动机械手的顺序功能图

最后一步 M11.4 后有 3 条选择分支，如果计数没有达到设定值，机械手跳转到步 M10.1，继续下一个周期的连续运行；如果计数值达到设定值，机械手跳转到初始步 M10.0 后停止运行；当检测到停止标志位 M50.3 置 1，并且机械手完成了最后一步的右转到位，即 I0.3=1 时，无论计数值达到设定值与否，机械手跳转到初始步 M10.0 后停止运行，实现了按下停止按钮后，机械手运行完一个周期后才能停止的控制要求。

177

（2）采用函数块编写气动机械手程序，它主要由主程序、机械手控制程序 FB1、传送带控制程序 FB2 等组成。

① 主程序如图 4-43 所示。程序段 1 用于 PLC 上电自动回原点。程序段 2 用于启停标志位控制，为了在按下停止按钮后使停止按钮保持为 1 状态，通过置位指令使停止标志位 M50.3=1。程序段 3 用于保证在启动标志位 M70.0=1 时，才能调用机械手控制程序 FB1 和传送带控制程序 FB2。

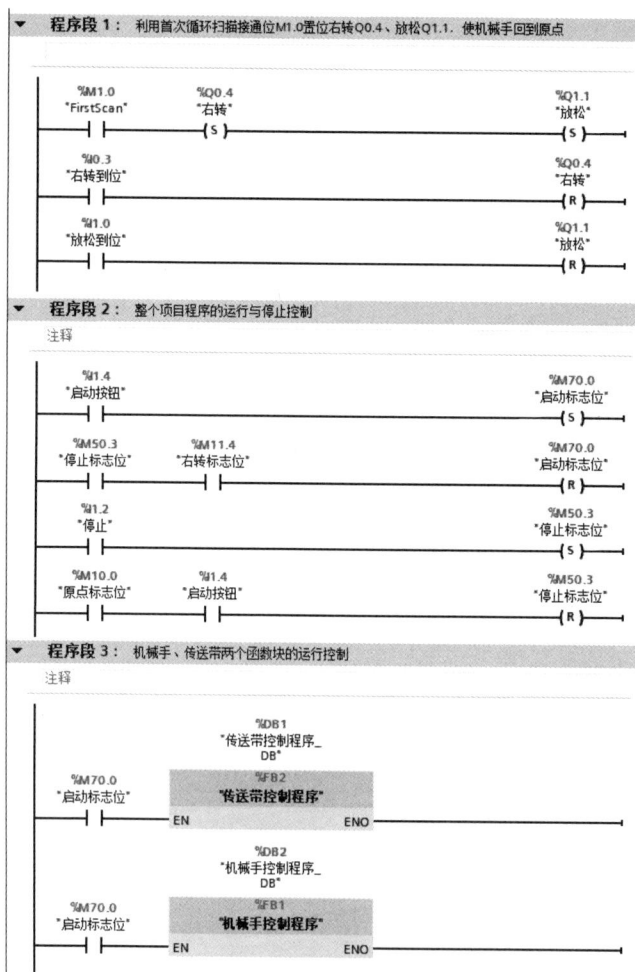

图 4-43　主程序

② 机械手控制程序 FB1 如图 4-44 所示。程序段 1：初始步 M10.0 被激活的条件有 3 个，分别是原点 I0.3·I0.4·I0.7·I1.0=1；或者是 M11.4 为活动步，I0.3=1（右转到位）并且检测到停止标志位 M50.3=1；或者是 M11.4 为活动步，I0.3=1（右转到位）并且满足计数值达到设定值。程序段 2：M10.1 被激活的条件分别是 M10.0 为活动步，并且满足 I1.4=1；或者是 M11.4 为活动步，并且满足 I0.3=1（右转到位）、计数值未达到设定值，没有检测到停止标志位。

小提示　图 4-44 所示程序中应用置位复位指令将 Q 点与步的标志位线圈串联起来。

▼ 程序段 1：原点标志位控制
注释

%I0.3 "右转到位"　%I0.4 "上升到位"　%I0.7 "缩回到位"　%I1.0 "放松到位"　%M10.0 "原点标志位" (S)　%M11.4 "右转标志位" (R)

%M11.4 "右转标志位"　%I0.3 "右转到位"　%M50.3 "停止标志位"

%M11.4 "右转标志位"　%I0.3 "右转到位"　"加计数器".QU

▼ 程序段 2：A点下降控制
注释

%M10.0 "原点标志位"　%I1.4 "启动按钮"　%M10.1 "A点下降标志位" (S)　%Q0.7 "下降" (S)　%M10.0 "原点标志位" (R)

%M11.4 "右转标志位"　%I0.3 "右转到位"　"加计数器".QU　%M50.3 "停止标志位"　%M11.4 "右转标志位" (R)

▼ 程序段 3：A点伸出控制
注释

%M10.1 "A点下降标志位"　%I0.5 "下降到位"　%M10.2 "A点伸出标志位" (S)　%Q0.6 "伸出" (S)　%M10.1 "A点下降标志位" (R)

▼ 程序段 4：夹紧标志位
注释

%M10.2 "A点伸出标志位"　%I0.6 "伸出到位"　%M10.3 "夹紧标志位" (S)　%Q1.0 "夹紧" (S)　%M10.2 "A点伸出标志位" (R)

▼ 程序段 5：A点上升控制
注释

%M10.3 "夹紧标志位"　%I1.1 "夹紧到位"　%M10.4 "A点上升标志位" (S)　%Q0.7 "下降" (R)　%M10.3 "夹紧标志位" (R)

▼ 程序段 6：A点缩回控制
注释

%M10.4 "A点上升标志位"　%I0.4 "上升到位"　%M10.5 "A点缩回标志位" (S)　%Q0.6 "伸出" (R)　%M10.4 "A点上升标志位" (R)

▼ 程序段 7：左转控制
注释

%M10.5 "A点缩回标志位"　%I0.7 "缩回到位"　%M10.6 "左转标志位" (S)　%Q0.5 "左转" (S)　%M10.5 "A点缩回标志位" (R)

▼ 程序段 8：B点下降控制
注释

%M10.6 "左转标志位"　%I0.2 "左转到位"　%M10.7 "B点下降标志位" (S)　%Q0.7 "下降" (S)　%M10.6 "左转标志位" (R)　%Q0.5 "左转" (R)

▼ 程序段 9：B点伸出控制
注释

%M10.7 "B点下降标志位"　%I0.5 "下降到位"　%M11.0 "B点伸出标志位" (S)　%Q0.6 "伸出" (S)　%M10.7 "B点下降标志位" (R)

▼ 程序段 10：放松控制
注释

%M11.0 "B点伸出标志位"　%I0.6 "伸出到位"　%M11.1 "放松标志位" (S)　%Q1.0 "夹紧" (R)　%Q1.1 "放松" (S)　%M11.0 "B点伸出标志位" (R)

▼ 程序段 11：B点上升控制
注释

%M11.1 "放松标志位"　%I1.0 "放松到位"　%M11.2 "B点上升标志位" (S)　%Q0.7 "下降" (R)　%M11.1 "放松标志位" (R)

▼ 程序段 12：B点缩回控制
注释

%M11.2 "B点上升标志位"　%I0.4 "上升到位"　%M11.3 "B点缩回标志位" (S)　%Q0.6 "伸出" (R)　%M11.2 "B点上升标志位" (R)

▼ 程序段 13：右转控制
注释

%M11.3 "B点缩回标志位"　%I0.7 "缩回到位"　%M11.4 "右转标志位" (S)　%Q0.4 "右转" (S)　%M11.3 "B点缩回标志位" (R)

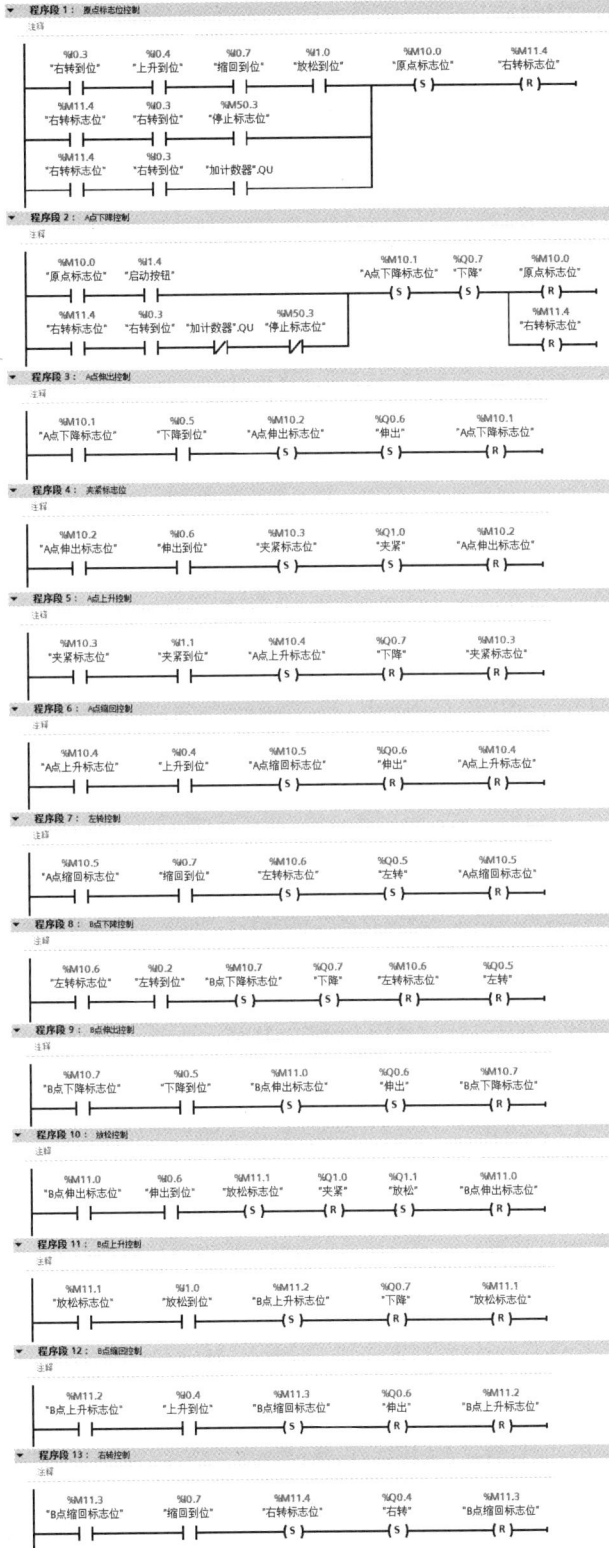

图 4-44　机械手控制程序 FB1

③ 传送带控制程序 FB2 如图 4-45 所示。用加计数器对传送带上的工件进行计数。

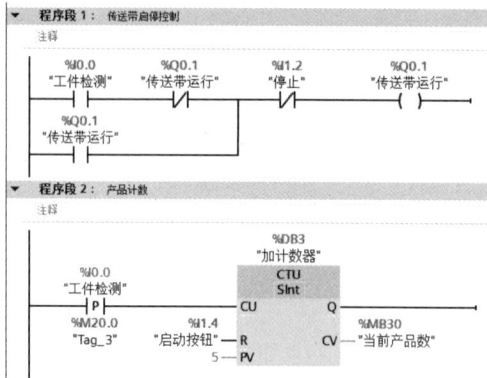

图 4-45　传送带控制程序 FB2

5. 运行、调试

（1）将气动机械手的程序下载到 PLC 中，启用监视模式。机械手在原点位置时，按下启动按钮 I1.4，工件检测传感器检测到第一个工件时，传送带开始运行，机械手按照工艺流程不断将工件从供料台抓取到传送带上，当抓取的工件数量达到 20 个后，机械手回到原点位置并停止运行。

（2）再次按下启动按钮 I1.4，机械手运行过程中，如果按下停止按钮 I1.2，则机械手必须完成一个周期的工作后才能回到原点位置并停止。

⤵【单独练】

任务 4　并行序列在钻床中的应用

某组合钻床用来加工圆盘状工件上均匀分布的 6 个孔，如图 4-46 所示。两个钻头在上限位 SQ2（I0.3）和 SQ4（I0.5）时，系统处于初始步。按下启动按钮 I0.0，工件被夹紧（Q0.4=1），检测到完全夹紧（I0.6=1）时，Q0.1 和 Q0.3 使两只钻头同时开始向下进给。大钻头钻到由限位开关 SQ1（I0.2）设定的深度时，Q0.0 使它上升，升到由限位开关 SQ2（I0.3）设定的上限位时停止上行。小钻头钻到由限位开关 SQ3（I0.4）设定的深度时，Q0.2 使它上升，升到由限位开关 SQ4（I0.5）设定的上限位时停止上行。两个孔都钻完后，松开工件（Q0.4=0），完全松开（I0.7=1）后使工件旋转 120°（Q0.5=1），旋转结束后回到初始步。再次按下启动按钮 I0.0，又开始钻第二对孔。请画出 PLC 的硬件电路图，并使用顺序功能图编写程序。

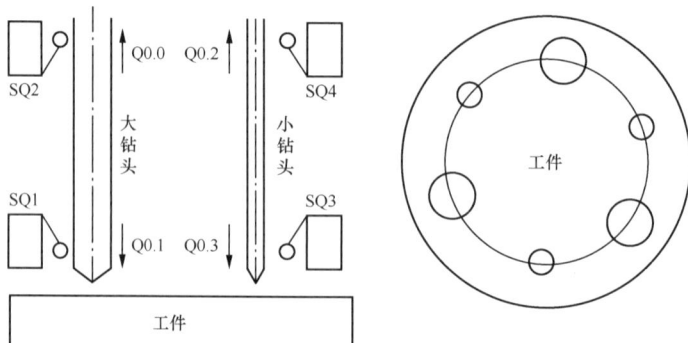

图 4-46　钻床加工工件示意

➡️【单独测】

1. 填空题

（1）顺序功能图是一种通用的 PLC 程序设计语言，它主要由_____、_____、_____和_____组成。

（2）顺序功能图的基本结构分为_____、_____和_____3 种。顺序功能图的动作分_____型动作和_____型动作两类。

（3）将一个复杂的顺序控制程序分解为若干个状态，这些状态称为_____。步用_____表示，框中编号可以是_____。

（4）活动步是指当前_____的步。当步处于活动状态时，步右侧相应的_____被执行。

（5）转移实现必须同时满足以下两个条件：该转移的所有前级步都是_____步，相应的_____得到满足。

2. 分析题

（1）试设计可实现 4 盏流水灯每隔 1s 顺序点亮并循环运行的顺序功能图和梯形图。

（2）使用顺序功能图编写项目 2.5 中的交通灯控制程序。

模块5
工艺功能和通信功能的应用

05

导学

S7-1200 PLC 具有强大的工艺功能和通信功能。工艺功能包括高速计数器、运动控制和 PID 控制等。高速计数器用来捕获高速脉冲输入信号，主要应用于测速和测位移；运动控制主要应用于步进电机和伺服电机的高精度定位控制；PID 控制广泛应用于生产过程的闭环控制系统。

S7-1200 PLC 本体上集成了 1 个或 2 个 PROFINET 通信接口，支持以太网通信和基于 TCP/IP 的通信标准，通过该通信接口可实现 CPU 与编程设备、HMI 和其他 CPU 之间的多种通信。S7-1200 PLC 也可以通过扩展的通信模块或通信板支持串口通信，实现 CPU 与现场设备之间的通信。

本模块对标《电工国家职业技能标准》二级（电工技师）"4.2 伺服系统调试维修"和一级（电工高级技师）"2.2 工业控制网络系统调试与维修"以及《可编程控制系统集成及应用职业技能等级标准》中级"2.3 驱动器控制""3.2 驱动控制程序调试"工作岗位的职业技能需求和工作规范，设计表 5-1 所示的两个工作项目，重点介绍高速计数器、运动控制、S7 通信和 Modbus RTU 串口通信的工作原理和硬件电路组成，帮助读者编写控制程序并进行软硬件调试。

表 5-1　工作项目和学习目标

	名称	学时
工作项目	项目 5.1 工艺功能的组态及应用	12
	项目 5.2 通信功能的组态及应用	8
知识目标	• 能说出高速计数器的工作模式和计数类型。 • 掌握使用高速计数器测速和测位移的方法。 • 掌握 S7-1200 PLC 的运动轴组态和运动控制指令。 • 知道运动控制系统的组成，掌握其硬件电路和软件编程。 • 掌握 PUT/GET 指令和 Modbus RTU 通信指令的使用方法。 • 掌握 S7 通信和 Modbus RTU 通信的配置和编程方法	
技能目标	• 能对高速计数器进行硬件组态及基本配置。 • 能使用高速计数器指令和硬件中断编写程序并进行调试。 • 能独立配置运动控制系统并进行硬件电路的安装和调试。 • 能用 PLC Open 标准程序块编写运动控制程序并进行调试。 • 能构建 S7 通信和 Modbus RTU 通信网络。 • 能完成通信网络的硬件电路连接，会编写并调试通信控制程序	
素质目标	• 激发爱国情怀和民族自豪感。 • 培养敬业、精益、专注、创新的工匠精神。 • 养成规则意识和标准意识。 • 养成 6S 管理的职业素养	

项目 5.1　工艺功能的组态及应用

⊙【项目描述】

S7-1200 PLC 集成有 6 个高速计数器，具有高速计数和运动控制等工艺功能。高速计数器主要应用于电机转速测量和生产机械定位控制中，运动控制主要应用于步进电机和伺服电机的速度和位置控制中。本项目针对高速计数器设置高速计数器的组态及基本配置、高速计数器在速度检测中的应用、高速计数器在定点加工中的应用 3 个任务，针对运动控制设置组态轴工艺对象、使用"轴控制面板"调试运动轴、步进电机在单轴机械手定位控制中的应用 3 个任务。通过对 6 个任务的学习，读者能够掌握高速计数器和运动轴的组态、硬件电路安装与编程调试的方法。

S7-1200 PLC 提供了 PID 控制器和 PID 指令，方便实现模拟量的闭环控制。本项目将 PID 控制在恒压供水中的应用作为拓展任务，以扫码方式供学习者学习。

✥【跟我学】

高速计数器
（视频）

5.1.1　高速计数器

普通计数器的输入信号受 PLC 扫描周期的影响，不能准确地对高频脉冲进行计数。高速计数器（High Speed Counter，HSC）不受 PLC 扫描周期的限制，可用来对高频脉冲进行计数。高速计数器可连接 PNP 或 NPN 脉冲输入信号，通过进行硬件组态和调用高速计数器指令实现计数功能，其典型应用是利用增量型旋转编码器或光栅尺等测量位移和转速。

1. 高速计数器的工作模式

S7-1200 PLC 本体和高速输入信号板共提供了 6 个高速计数器（HSC1～HSC6），它支持的工作模式有以下 4 种。

（1）单相计数，计数方向由内部或外部控制。

单相计数的工作原理是通过 1 个脉冲输入端采集并记录脉冲信号（上升沿）的个数，当方向信号为 1 时，当前计数值增加；当方向信号为 0 时，当前计数值减少，如图 5-1 所示。单相计数器的方向由用户程序中的软元件或外部硬件输入信号控制。从表 5-2 可知，如果选用 HSC1，则 I0.0 为脉冲输入端，方向控制可以由用户程序中的软元件或变量来定义，也可以选用外部硬件输入端 I0.1 为方向控制端。还可以选用 HSC2～HSC6，至于输入端，可以使用 CPU 集成 I/O 模块或信号板。

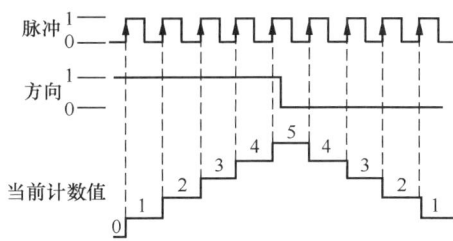

图 5-1　单相计数的工作原理

表 5-2　高速计数器与工作模式的描述和输入端定义

		描述	输入端定义		
高速计数器	HSC1	使用 CPU 集成 I/O 模块或信号板	I0.0、I4.0	I0.1、I4.1	I0.3
	HSC2	使用 CPU 集成 I/O 模块	I0.2	I0.3	I0.1
	HSC3	使用 CPU 集成 I/O 模块	I0.4	I0.5	I0.7

续表

描述			输入端定义		
高速计数器	HSC4	使用 CPU 集成 I/O 模块	I0.6	I0.7	I0.5
	HSC5	使用 CPU 集成 I/O 模块或信号板	I1.0、I4.0	I1.1、I4.1	I1.2
	HSC6	使用 CPU 集成 I/O 模块	I1.3	I1.4	I1.5
工作模式	单相计数，内部方向控制		脉冲		复位
	单相计数，外部方向控制		脉冲	方向	复位
	两相位计数，两路时钟输入		增脉冲	减脉冲	复位
	A/B 计数器		A 相	B 相	Z 相
	A/B 计数器四倍频		A 相	B 相	Z 相

（2）两相位计数，双脉冲输入。

如图 5-2 所示，两相位计数有两路脉冲信号输入 PLC，加计数脉冲（上升沿）使当前计数值增加，减计数脉冲（上升沿）使当前计数值减少。例如：如果选用表 5-2 中的 HSC2，则 I0.2 为加计数脉冲输入端，I0.3 为减计数脉冲输入端。

（3）A/B 计数器。

如图 5-3 所示，A/B 计数器包括 A 相和 B 相两路脉冲输入信号，两者之间有 90° 的相位差。当 A 相计数脉冲超前 B 相计数脉冲 90°（即正转）时，A 相的上升沿计数，当前计数值增加；当 A 相计数脉冲滞后 B 相计数脉冲 90°（即反转）时，A 相的下降沿计数，当前计数值减少。利用编码器或者光栅尺测量位移和速度时，通常采用这种工作模式。例如：如果选用表 5-2 中的 HSC3，则 I0.4 为 A 相脉冲输入端，I0.5 为 B 相脉冲输入端，I0.7 为 Z 相脉冲输入端。

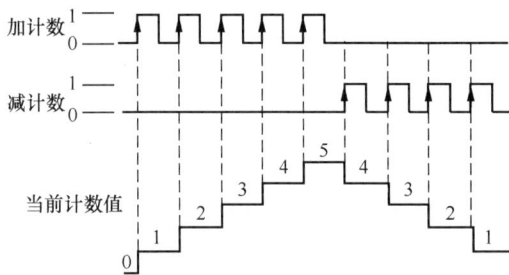

图 5-2　两相位计数的工作原理

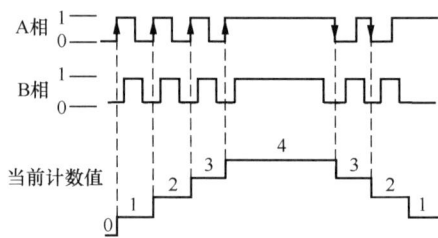

图 5-3　A/B 计数器的工作原理

（4）A/B 计数器四倍频。

A/B 计数器四倍频的计数方式与 A/B 计数器的计数方式类似，不同之处在于，A/B 计数器四倍频在每个脉冲信号的上升沿和下降沿都会计数，当前计数值会随之发生变化，如图 5-4 所示。例如，如果选用表 5-2 中的 HSC4，则 I0.6 为 A 相脉冲输入端，I0.7 为 B 相脉冲输入端，I0.5 为 Z 相脉冲输入端。对于同一个编码器，在相同的接线情况下，A/B 计数器四倍频的计数速度为 A/B 计数器的 4 倍，计数精度要比 A/B 计数器的精度高。

高速计数器的每种工作模式都可以使用或不使用复位输入。对于高速计数器的复位，每种工作模式下都可以进行内部复位或外部端子复位（例如表 5-2 中的复位输入端）。复位输入端为 1 状态时，HSC 的当前计数值被清除。直到复位输入端变为 0 状态，才能启用计数功能。

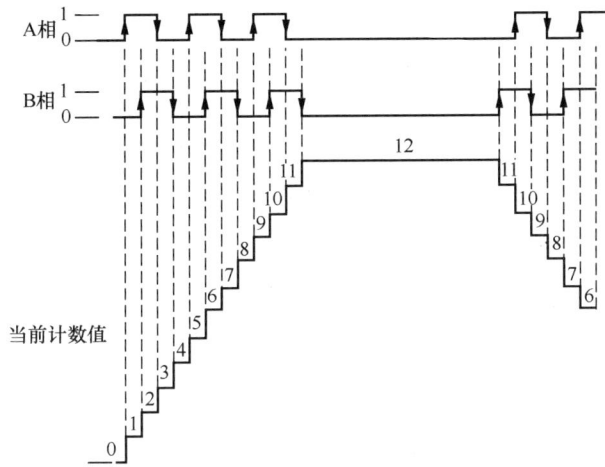

图 5-4 A/B 计数器四倍频的工作原理

2. 高速计数器的硬件组成

不同型号的 CPU 和信号板分别在采用单相计数、两相位计数和 A/B 计数器输入时默认的硬件输入端以及各输入端在不同工作模式下的最高计数频率不同，具体如表 5-3 和表 5-4 所示。其中，CPU 1217C 可测量的脉冲频率最高为 1000kHz（差分信号），其他型号的 CPU 可测量的单相脉冲频率最高为 100kHz，A/B 计数器的最高单相脉冲频率为 80kHz。如果使用信号板，还可以测量单相脉冲频率高达 200kHz 的信号，A/B 计数器的最高单相脉冲频率为 160kHz。

表 5-3　CPU 高速计数器的性能

CPU	CPU 输入通道	单相计数		两相位计数		A/B 计数器	
		频率/kHz	高速计数最大数量	频率/kHz	高速计数最大数量	频率/kHz	高速计数最大数量
1211C	Ia.0～Ia.5	100	6	100	3	80	3
1212C	Ia.0～Ia.5	100	6	100	3	80	3
	Ia.6～Ia.7	30	2	30	1	20	1
1214C/1215C	Ia.0～Ia.5	100	6	100	3	80	3
	Ia.6～Ib.5	30	6	30	4	20	4
1217C	Ia.0～Ia.5	100	6	100	3	80	3
	Ia.6～Ib.1	30	4	30	2	20	2
	Ib.2～Ib.5	1000	4	1000	2	1000	2

表 5-4　信号板高速计数器的性能

信号板		信号板输入通道	单相计数		两相位计数		A/B 计数器	
			频率/kHz	高速计数最大数量	频率/kHz	高速计数最大数量	频率/kHz	高速计数最大数量
DI	SB1221 DI 4×24V DC	Ie.0～Ie.3	200	4	200	2	160	2
	SB1221 DI 4×5V DC							
DI/DO	SB1223 DI 2×24V DC/DQ 2×24V DC	Ie.0～Ie.1	200	2	200	1	160	1
	SB1223 DI 2×5V DC/DQ 2×5V DC	Ie.0～Ie.1	200	2	200	1	160	1

🌸 小提示

① 高速计数器具有可组态的硬件输入地址，其硬件输入端与普通数字量输入端使用相同的地址。已经定义用于高速计数器的输入端不能再用于其他功能，但在某些计数模式下，没有用到的输入端还可以用作普通的数字量输入端。

② 对于用于高速计数器的输入端，只能使用 CPU 上集成的 I/O 模块或信号板，不能使用扩展模块。

3. 高速计数器的寻址

S7-1200 PLC 将每个高速计数器的测量值存储在过程映像输入存储区内，其数据类型为 32 位有符号双整数。高速计数器默认的存储地址如表 5-5 所示，可以在设备组态时修改其存储地址。由于输入过程映像存储区受扫描周期的影响，在一个扫描周期内该测量值不会发生变化，但高速计数器中的实际值有可能会在一个扫描周期内变化，可通过读取外部设备地址的方式读取到当前测量值的实际值。以高速计数器测量值存储地址是 ID1000 为例，其外部设备地址为%ID1000:P。

表 5-5　高速计数器默认的存储地址

高速计数器编号	当前值数据类型	当前值默认存储地址
HSC1	DInt	ID1000
HSC2	DInt	ID1004
HSC3	DInt	ID1008
HSC4	DInt	ID1012
HSC5	DInt	ID1016
HSC6	DInt	ID1020

4. 高速计数器的计数类型

高速计数器具有计数、周期、频率和 Motion Control（运动控制）4 种计数类型。

（1）计数：计算脉冲次数，并根据方向控制递增或递减计数值，在指定事件上可以重置计数、取消计数和启动当前值捕获等。

（2）周期：在指定的时间周期内计算输入脉冲的次数。

（3）频率：测量输入脉冲和持续时间后，计算脉冲的频率。

（4）Motion Control：用于运动控制工艺对象，不适用于高速计数。

运动控制计数类型需要在运动控制工艺对象中组态，其他 3 种计数类型均在硬件组态中配置。

5. 高速计数器指令

高速计数器指令共有两条，这里仅介绍控制高速计数器指令 CTRL_HSC。该指令可以用来修改高速计数器的计数方向、参考值、计数值、频率测量周期等参数，它位于图 5-5 所示的工艺计数指令中，其格式及参数如表 5-6 所示。

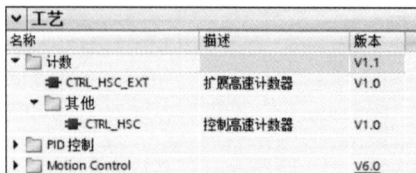

图 5-5　工艺计数指令

表 5-6　CTRL_HSC 指令的格式及参数

梯形图	参数			
	参数	声明	数据类型	说明
	EN	Input	Bool	使能输入
	ENO	Output	Bool	使能输出
	HSC	Input	HW_HSC	高速计数器的硬件地址（HW_ID）
	DIR	Input	Bool	启用新的计数方向（与 NEW_DIR 配合使用）
	CV	Input	Bool	启用新的计数值（与 NEW_CV 配合使用）
	RV	Input	Bool	启用新的参考值（与 NEW_RV 配合使用）
	PERIOD	Input	Bool	启用新的频率测量周期（与 NEW_PERIOD 配合使用）
	NEW_DIR	Input	Int	DIR=1 时装载的计数方向
	NEW_CV	Input	DInt	CV=1 时装载的计数值
	NEW_RV	Input	DInt	RV=1 时装载的参考值
	NEW_PERIOD	Input	Int	PERIOD=1 时装载的频率测量周期
	BUSY	Output	Bool	处理状态
	STATUS	Output	Word	运行状态

梯形图区域文字：

%DB1
"CTRL_HSC_0_DB"
CTRL_HSC
EN　　　　ENO
HSC　　　BUSY
DIR　　　STATUS
CV
RV
PERIOD
NEW_DIR
NEW_CV
NEW_RV
NEW_PERIOD

　　当高速计数器的计数类型为计数或频率时，不需要调用 CTRL_HSC 指令，直接读取高速计数器的默认存储地址即可，例如 ID1000。对于指定的高速计数器，无法在程序中同时执行多个 CTRL_HSC 指令。

　　使用 CTRL_HSC 指令可以将以下参数值加载到高速计数器。

　　（1）计数方向（NEW_DIR）。

　　计数方向用于定义高速计数器采用的是加计数还是减计数。计数方向通过输入 NEW_DIR 的以下值来定义：1 表示加计数，-1 表示减计数。

　　只有通过程序参数设置方向控制后，才能使用 CTRL_HSC 指令更改计数方向。只有在 DIR 位为 1 时，才能把 NEW_DIR 指定的计数方向装载到高速计数器。

　　（2）计数值（NEW_CV）。

　　计数值是高速计数器开始计数时使用的初始值。计数值的范围为 -2147483648～2147483647。只有在 CV 位为 1 时，才能把 NEW_CV 指定的计数值装载到高速计数器。

　　（3）参考值（NEW_RV）。

　　可以通过比较参考值和当前计数器的值触发一个报警。与计数值类似，参考值的范围为 -2147483648～2147483647。只有在 RV 位为 1 时，才能把 NEW_RV 指定的参考值装载到高速计数器。

　　（4）频率测量周期（NEW_PERIOD）。

　　频率测量周期通过输入 NEW_PERIOD 的以下值来指定：10 表示 0.01s，100 表示 0.1s，1000 表示 1s。如果为指定高速计数器组态了测量频率功能，那么可以更新该时间段。只有在 PERIOD 位为 1 时，才能把 NEW_PERIOD 中指定的频率测量周期装载到高速计数器。

【跟我做】

任务 1　高速计数器的组态及基本配置

1. 任务导入

将一个增量式编码器连接到 PLC 上，要求实现以下功能。

（1）通过 PLC 的输入端子控制高速计数器启动和复位。

（2）当前计数值等于 7000 时，比较输出一个脉冲，脉冲周期为 500ms，脉冲宽度为 50%。请对高速计数器进行组态并编写程序。

2. 设备和工具

CPU 1214C DC/DC/DC 1 台、PNP 输出型编码器 1 个，开关和按钮若干、指示灯 1 个、安装有 TIA 博途软件的计算机 1 台、《S7-1200 可编程控制器系统手册》1 本、电工工具 1 套、万用表 1 块等。

3. 硬件电路

根据控制要求，高速计数器组态的 I/O 分配如表 5-7 所示，硬件接线如图 5-6 所示。编码器输出 A、B 相正交脉冲信号，将其分别接到 PLC 的 I0.0 和 I0.1 端子上，将编码器的棕色和蓝色电源线分别接到 24V 工作电源上，由于该编码器是 PNP 输出型的，因此 PLC 的公共输入端 1M 接电源的负极。

表 5-7　高速计数器组态的 I/O 分配

输　　入			输　　出		
输入继电器	输入元件	作　　用	输出继电器	输出元件	作　　用
I0.0	A 相	接收编码器 A 相脉冲	Q0.0	HL	比较输出
I0.1	B 相	接收编码器 B 相脉冲			
I0.2	SB	同步输入（复位计数器）			
I0.3	SA	门输入（启动计数器）			

📌一起说　如果编码器是 NPN 输出型的，请讨论如何修改图 5-6 中的接线。

4. 高速计数器组态

（1）创建新项目，添加 CPU 模块并进行硬件组态。

（2）启用高速计数器。

图 5-7 中的"HSC1"中有"常规""功能""初始值""同步输入""捕捉输入""门输入""比较输出""事件组态""硬件输入""硬件输出""I/O 地址"共 11 项供用户对高速计数器进行配置。

如图 5-7 所示，在"设备视图"中，选中标记①处的"属性"，单击"HSC1"下标记②处的"常规"，勾选标记③处的"启用该高速计数器"复选框，根据需要可以修改标记④处的"名称"即"HSC_1"，本例采用默认名称。

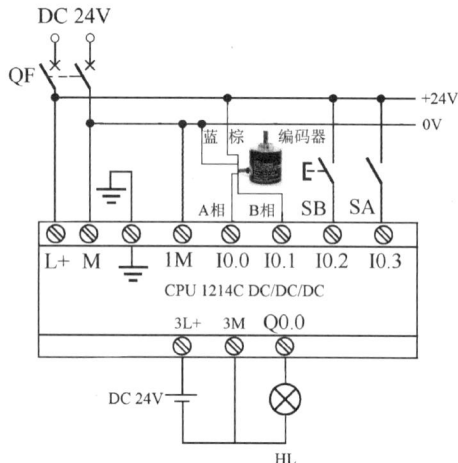

图 5-6　高速计数器组态的硬件接线

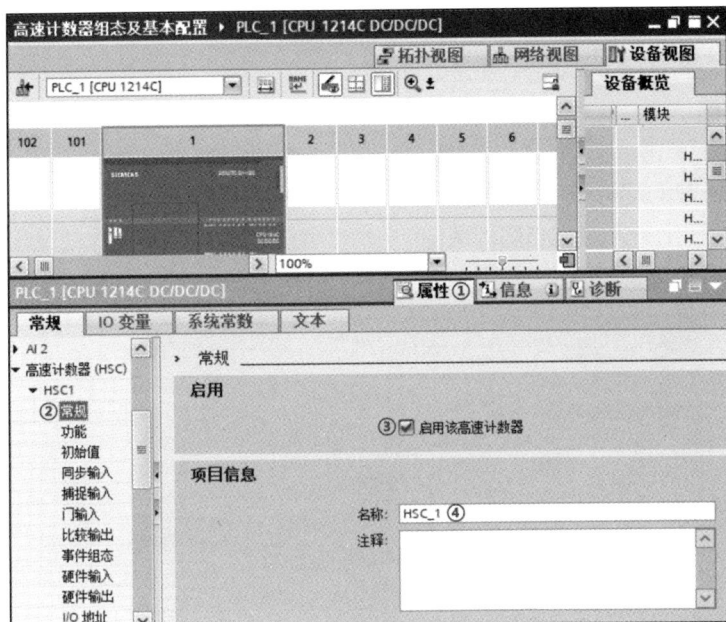

图 5-7　启用高速计数器

（3）配置高速计数器的功能。

如图 5-8 所示，单击标记①处的"功能"，在弹出的界面中对高速计数器的功能进行配置。

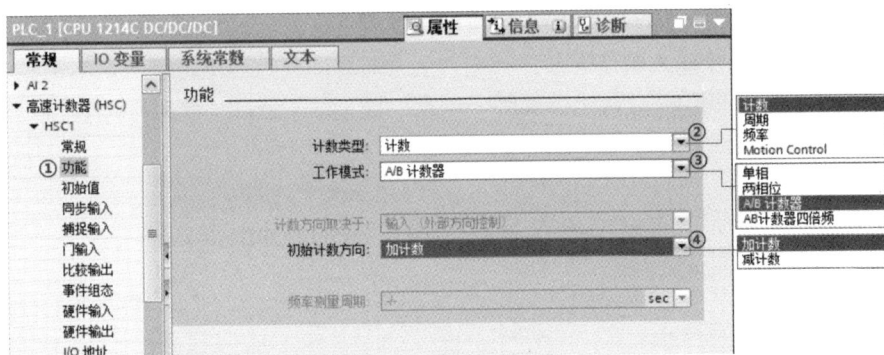

图 5-8　配置高速计数器的功能

单击"计数类型"右侧标记②处的黑色倒三角形按钮，出现"计数""周期""频率""Motion Control"4 个选项，本例选择"计数"。

单击"工作模式"右侧标记③处的黑色倒三角形按钮，出现"单相""两相位""A/B 计数器""A/B 计数器四倍频"4 个选项，本例使用 A/B 相输出的编码器，因此选择"A/B 计数器"。

单击"初始计数方向"右侧标记④处的黑色倒三角形按钮，出现"加计数""减计数"两个选项，本例选择"加计数"。

> 小提示　如果将"计数类型"选择为"周期"或"频率"，图 5-8 中的"频率测量周期"选项可供选择，只能选择 1s、0.1s、0.01s。一般情况下，当脉冲频率比较高时，选择更小的频率测量周期可以更新得更加及时；当脉冲频率比较低时，选择更大的频率测量周期可以测量得更准确。

如果将"工作模式"选择为"单相"，图 5-8 中的"计数方向取决于"选项可供选择，可以选择取决于用户程序（通过指令修改），还是外部输入。

（4）配置初始值。

如图 5-9 所示，单击"初始值"，在弹出的界面中进行配置。"初始计数器值"是指当计数器启动后，计数器重新计数的起始数值，本例中设置为 0。"初始参考值"和"初始参考值 2"都是设定值，当当前计数值=初始参考值或当前计数值=初始参考值 2 时，会接通比较输出或产生中断事件，本例中初始参考值设置为 7000。

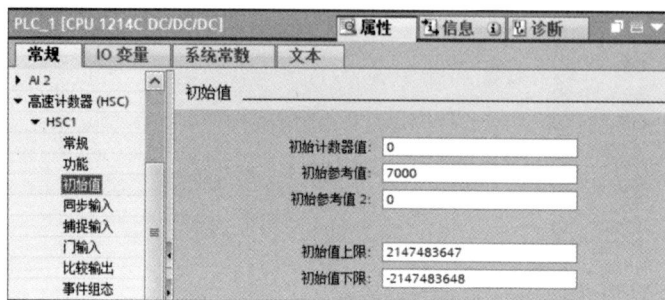

图 5-9　配置初始值

> 小提示　图 5-9 中，当计数正方向达到"初始值上限"后从"初始值下限"开始正方向计数，当计数反方向达到"初始值下限"后从"初始值上限"开始反方向计数。

（5）配置同步输入、捕捉输入和门输入（可根据需要选择，非必选项）。

如图 5-10 所示，同步输入就是通过外部输入信号对高速计数器进行复位。本例要求从外部对高速计数器进行复位，因此勾选"使用外部同步输入"复选框，选择"高电平有效"。

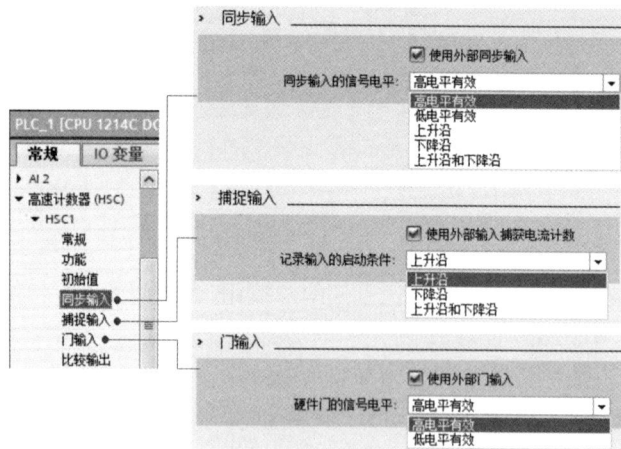

图 5-10　配置同步输入、捕捉输入和门输入

捕捉输入就是通过外部输入信号来保存高速计数器的当前计数值，如果勾选"使用外部输入捕获电流计数"复选框（见图 5-10），"记录输入的启动条件"可选择"上升沿""下降沿""上升沿和下降沿"。本例不使用捕捉输入功能。

门输入就是计数器的使能信号，可通过门输入功能来开启或关闭计数。本例要求从外部控制计数器启动，因此勾选"使用外部门输入"复选框，选择"高电平有效"。

对于图 5-10 中的 3 个输入功能，如果勾选相应复选框，则需要在"硬件输入"里选择对应的输入信号端子。

（6）配置比较输出。

配置比较输出会生成一个可组态脉冲，每次发生组态的事件时便会产生脉冲，如图 5-11 所示，单击"计数事件"右侧的黑色倒三角形按钮，在其下拉列表中一共有"参考计数 1（加计数）""参考计数 1（减计数）"等 8 个计数事件可供选择。本例勾选"为计数事件生成输出脉冲"复选框，选择"参考计数 1（加/减计数）"，将"输出脉冲的周期时间"设置为 500ms，"输出的脉冲宽度"设置为 50%，不管是加计数还是减计数，当当前计数值=参考计数 1 = 7000 时，会产生一个周期为 500ms 的脉冲。

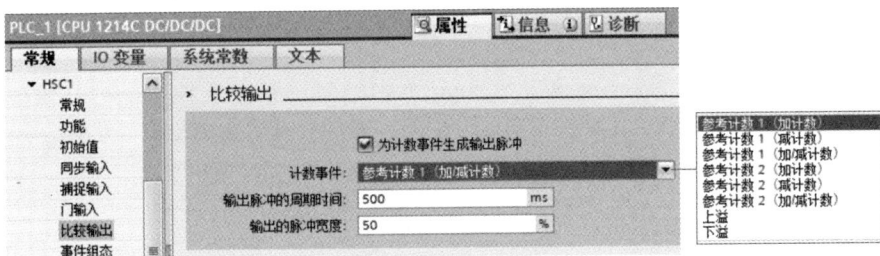

图 5-11　配置比较输出

（7）配置硬件输入。

配置硬件输入，如图 5-12 所示，"硬件输入"中定义了高速脉冲输入端、同步输入和门输入的地址。

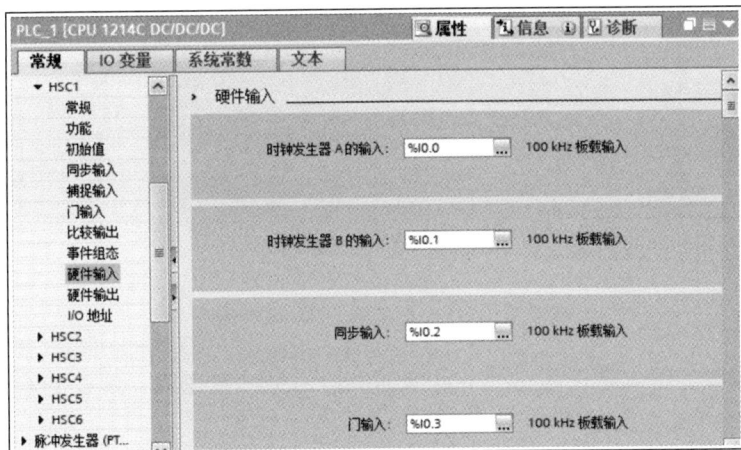

图 5-12　配置硬件输入

（8）配置硬件输出，如图 5-13 所示，当满足当前计数值=参考计数 1=7000 时，Q0.0 会产生一个周期为 500ms 的脉冲。

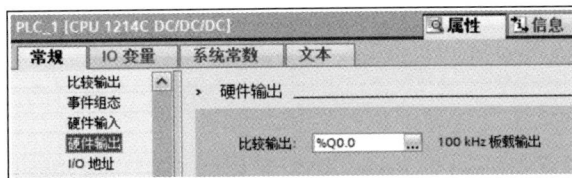

图 5-13　配置硬件输出

（9）设置高速计数器的 I/O 地址，如图 5-14 所示，此地址为默认地址，用户可以修改。

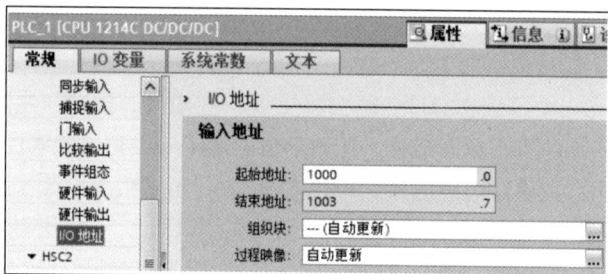

图 5-14　设置高速计数器的 I/O 地址

（10）修改输入滤波时间。

如图 5-15 所示，选择"数字量输入"下的"通道 0"，将输入滤波时间从原来的 6.4ms 修改为 0.8μs（0.8microsec），此步非常重要。按照同样的方法，将"通道 1"的输入滤波时间也修改为 0.8μs。

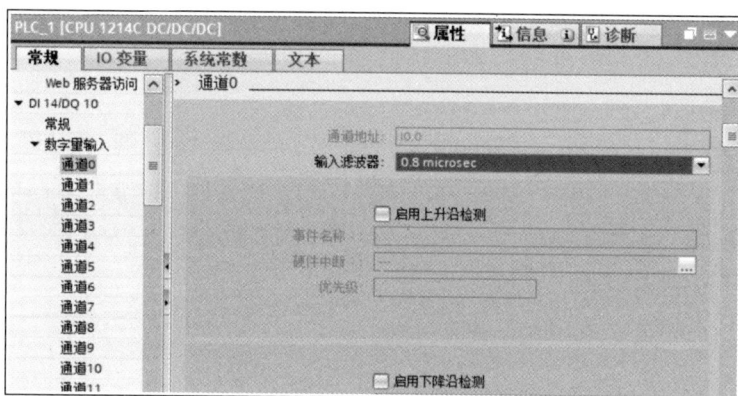

图 5-15　修改输入滤波时间

> 💡 **小提示**　图 5-15 中，"通道 0"的上升沿和下降沿不能启用。

需为高速计数器的输入端设置合适的滤波时间以避免计数遗漏，建议的滤波时间如表 5-8 所示。

表 5-8　建议的滤波时间

HSC 的最高频率	建议的滤波时间/μs
1MHz	0.1
100kHz、200kHz	0.8
30kHz	3.2

5. 运行、调试

（1）将组态好的项目下载到 PLC 中并"转至在线"，在监控表中添加 ID1000 并监控其值的变化。

（2）将门输入 I0.3 上的开关 SA 闭合，启动高速计数器。顺时针拨动编码器，会发现 ID1000 中的数值不断增加，当 ID1000 中的数值增加到 7000 时，Q0.0 连接的指示灯会闪烁一下后熄灭，继续顺时针拨动编码器，ID1000 中的数值会继续增加；如果逆时针拨动编码器，会发现 ID1000 中的数值减小，当减小到 7000 时，Q0.0 连接的指示灯又会闪烁一下再熄灭，说明加计数值和减计数值达到 7000 时，都会产生一个脉冲。

（3）按下同步输入 I0.2 上的按钮 SB，会发现 ID1000 中的数值变为 0，说明从外部对高速计数器进行了复位。

> 💠 **小提示**　　如果拨动编码器时，ID1000 中的数值没有变化，有可能是因为高速计数器没有启动，请查看 I0.3 上的开关 SA 是否闭合。

任务 2　高速计数器在速度检测中的应用

1. 任务导入

某车间有一台三相异步电机，通过皮带轮驱动一条传送带，使传送带可以前进或后退。将一个增量式编码器与皮带轮同轴相连，皮带轮的直径是 3.2cm。编码器是 NPN 输出型的，其分辨率是 1000P/R（脉冲数/圈）。请使用高速计数器的频率功能检测皮带轮的角速度和传送带的线速度。

高速计数器在速度检测中的应用（视频）

2. 设备和工具

CPU 1214C DC/DC/Rly 1 台、三相异步电机 1 台、NPN 输出型编码器 1 个，接触器 2 个、热继电器 1 个、开关和按钮若干、安装有 TIA 博途软件的计算机 1 台、《S7-1200 可编程控制器系统手册》1 本、电工工具 1 套、万用表 1 块等。

3. 硬件电路

根据控制要求，高速计数器速度检测的 I/O 分配如表 5-9 所示，硬件接线如图 5-16 所示。由于该编码器是 NPN 输出型的，因此 PLC 的公共输入端 1M 接电源的正极。

表 5-9　高速计数器速度检测的 I/O 分配

输　　入			输　　出		
输入继电器	输入元件	作　　用	输出继电器	输出元件	作　　用
I0.0	A 相	接收编码器 A 相脉冲	Q0.0	KM1	后退
I0.1	B 相	接收编码器 B 相脉冲	Q0.1	KM2	前进
I0.2	SB1	正转启动			
I0.3	SB2	反转启动			
I0.4	SB3	停止			

4. 高速计数器组态

按照图 5-7 所示启用高速计数器。如果需要检测电机的转速，则需要将高速计数器的"计数类型"选择为"频率"，"频率测量周期"选择为 1s，如图 5-17 所示。硬件输入、I/O 地址和输入滤波时间分别按照图 5-12、图 5-14、图 5-15 进行设置。

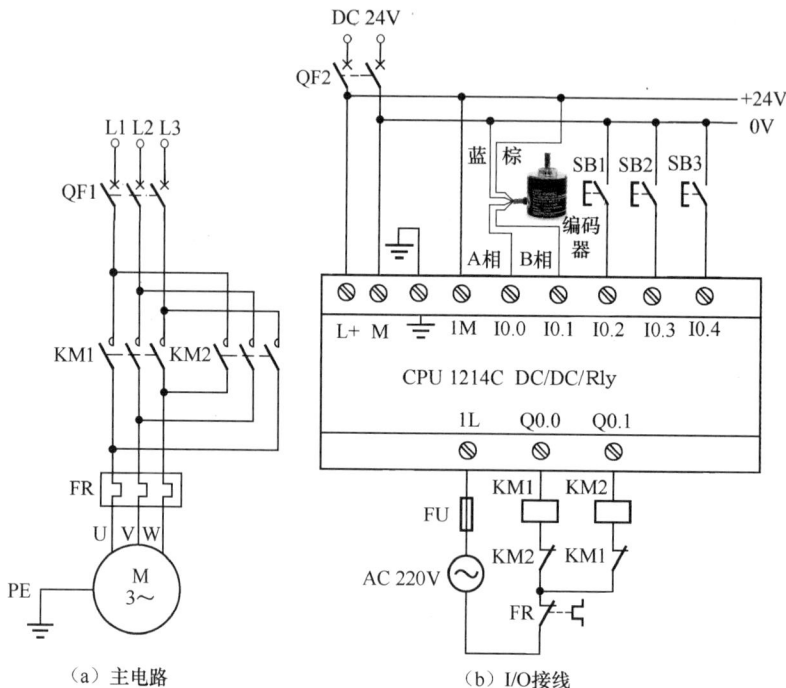

图 5-16　高速计数器速度检测的硬件接线

5. 程序设计

高速计数器速度检测的控制程序如图 5-18所示。

程序段 1 用于实现传送带前进、后退控制。

程序段 2 用于实现皮带轮的角速度计算。高速计数器测量的是脉冲的频率，这里需要把脉冲的频率转换成皮带轮的转速（每分钟转多少圈）。由于编码器每转一圈产生 1000 个脉冲，因此用下面的公式计算皮带轮的角速度：

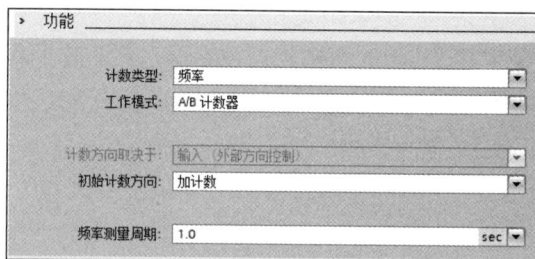

图 5-17　配置高速计数器"功能"

$$皮带轮的转速（r/min）= \frac{检测频率（个/s）}{1000（个/r）} \times 60（s/min）$$

程序段 3 用于实现传送带的线速度计算。由于编码器每转一圈产生 1000 个脉冲，皮带轮的直径 D=3.2cm，皮带轮每转一圈的直线运行距离为皮带轮的周长$=π \times D≈3.14 \times 3.2cm=10.048cm$，因此用下面的公式计算传送带的线速度：

$$传送带的线速度（cm/s）= \frac{检测频率（个/s）\times 10.048（cm/r）}{1000（个/r）}$$

6. 运行、调试

（1）将高速计数器的组态和图 5-18 所示的控制程序下载到 PLC 中并"转至在线"。

（2）按下正转启动按钮 SB1，Q0.1 线圈得电，接触器 KM1 吸合，传送带前进，在监控模式下查看 MD208 和 MD220 即皮带轮的角速度和传送带的线速度。此时两者均为正值。

按下反转启动按钮 SB2，Q0.0 线圈得电，接触器 KM2 吸合，传送带后退，此时 MD208 和

MD220 均为负值。

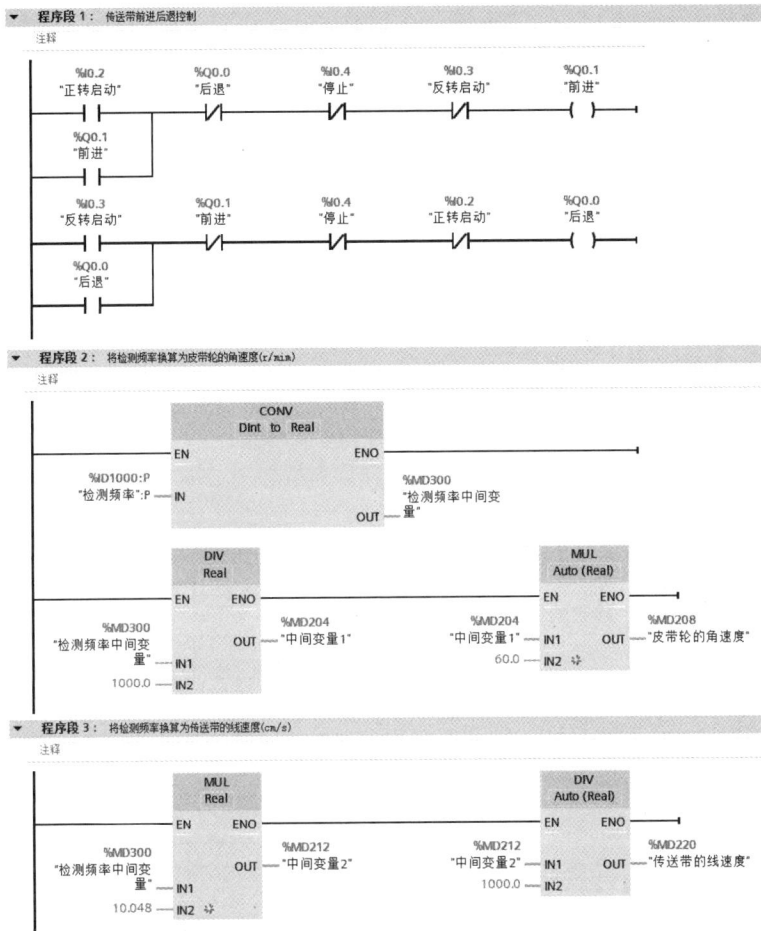

图 5-18　高速计数器速度检测的控制程序

（3）按下停止按钮 SB3，传送带停止运行。

任务 3　高速计数器在定点加工中的应用

1.　任务导入

图 5-19 所示是定点加工示意，三相异步电机通过皮带轮驱动传送带运送工件。编码器安装在皮带轮上，每转 1 圈输出 1000 个脉冲，皮带轮的周长是 10cm。系统有 3 个工位，当工件被运送到 50mm 处的 1 号工位时，对工件进行冲压，10s 后工件被运送到 100mm 处的 2 号工位，对工件进行钻孔，15s 后工件被运送到 150mm 处的 3 号工位，对工件进行攻丝，20s 后对下一个工件进行加工。

请设计定点加工的硬件电路并编写控制程序。

2.　设备和工具

CPU 1214C DC/DC/DC 1 台、三相异步电机 1 台、NPN 输出型编码器 1 个，接触器 1 个、热继电器 1 个、中间继电器 1 个、电磁阀 3 个、开关和按钮若干、安装有 TIA 博途软件的计算机 1

台、《S7-1200 可编程控制器系统手册》1 本、电工工具 1 套、万用表 1 块等。

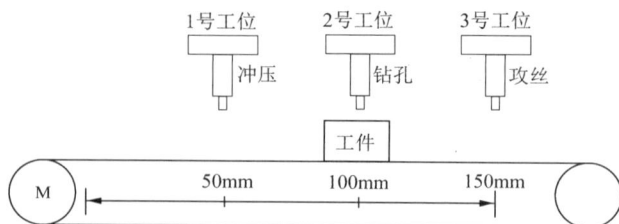

图 5-19　定点加工示意

3. 硬件电路

根据控制要求，定点加工的 I/O 分配如表 5-10 所示，硬件接线如图 5-20 所示。通过中间继电器的常开触点 KA 控制接触器线圈得电。

表 5-10　定点加工的 I/O 分配

输　入			输　出		
输入继电器	输入元件	作　用	输出继电器	输出元件	作　用
I0.0	A 相	接收编码器 A 相脉冲	Q0.1	KA	电机运行
I0.1	B 相	接收编码器 B 相脉冲	Q0.2	YV1	冲压
I0.2	SB1	启动	Q0.3	YV2	钻孔
I0.3	SB2	停止	Q0.4	YV3	攻丝

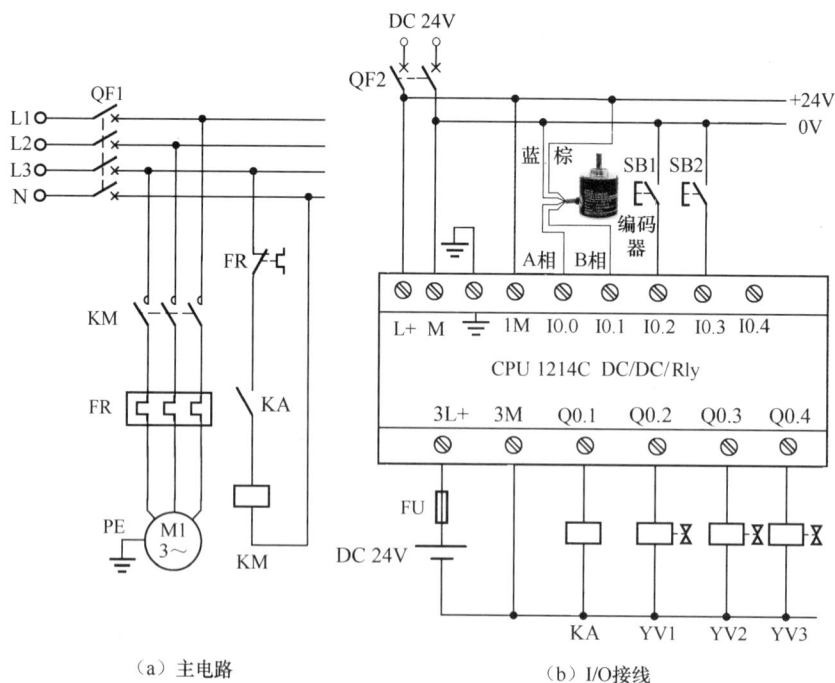

（a）主电路　　　　　　　　　　（b）I/O 接线

图 5-20　定点加工的硬件接线

4. 高速计数器组态

（1）按照图 5-7 所示启用高速计数器。

（2）按照图 5-21 所示配置高速计数器的"功能"，本例将"工作模式"配置为"AB 计数器四倍频"，即编码器每旋转 1 圈，高速计数器接收到的脉冲数是 4×1000=4000（个）。

（3）初始值配置。

由于皮带轮的周长是 10cm=100mm，"工作模式"选择"AB 计数器四倍频"，因此传送带每走 100mm，需要 4000 个脉冲，工件到达 1 号工位需要 $(50/100) \times 4000 = 2000$（个）脉冲，到达 2 号工位需要 $(100/100) \times 4000 = 4000$（个）脉冲，到达 3 号工位需要 $(150/100) \times 4000 = 6000$（个）脉冲。

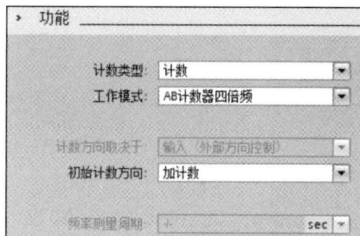

图 5-21 配置高速计数器的"功能"

根据控制要求，需要将图 5-9 中的"初始计数器值"设置为 0，"初始参考值"设置为 2000。

（4）本例需要在工件到达 1 号工位、2 号工位和 3 号工位时产生硬件中断，因此需要配置"事件组态"。

如图 5-22 所示，选择"事件组态"，勾选"为计数器值等于参考值这一事件生成中断"复选框，"事件名称"为"计数器值等于参考值 1"，单击"硬件中断"右侧的按钮 ...，弹出图 5-23 所示的新增"硬件中断"界面，单击"新增"按钮，弹出图 5-24 所示的"添加新块"对话框，将其名称修改为"当前值等于参考值的硬件中断"，单击"确定"按钮，添加硬件中断 OB40，完成事件组态配置，如图 5-25 所示。

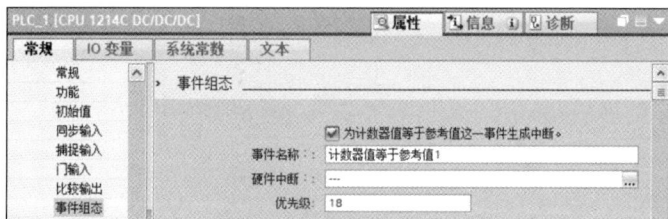

图 5-22 配置事件组态

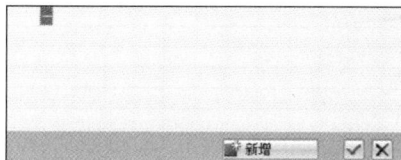

图 5-23 新增"硬件中断"界面

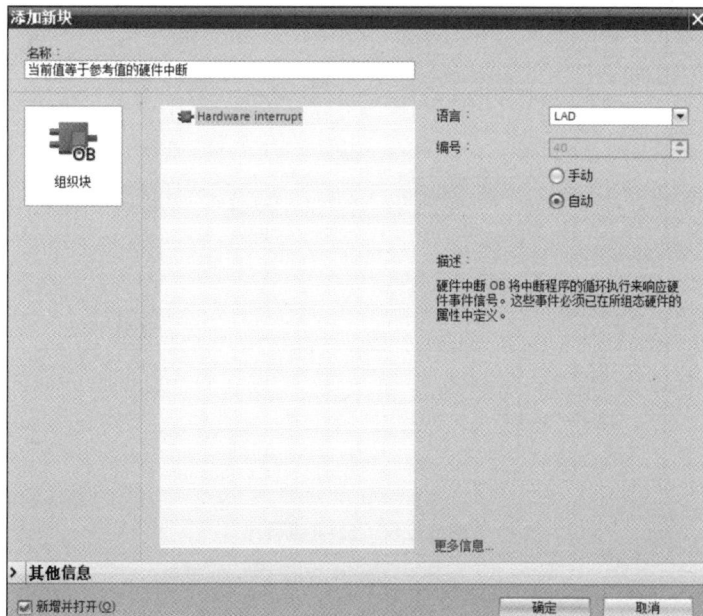

图 5-24 "添加新块"对话框

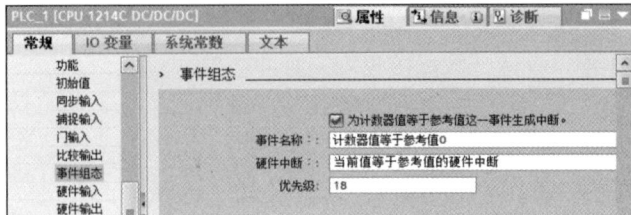

图 5-25　完成事件组态配置

（5）按照图 5-12 进行硬件输入配置，本例不需要配置同步输入和门输入。

（6）按照图 5-14 配置 I/O 地址。

（7）按照图 5-15 配置 I0.0 和 I0.1 的输入滤波时间。

5. 程序设计

（1）编写硬件中断程序，如图 5-26 所示。

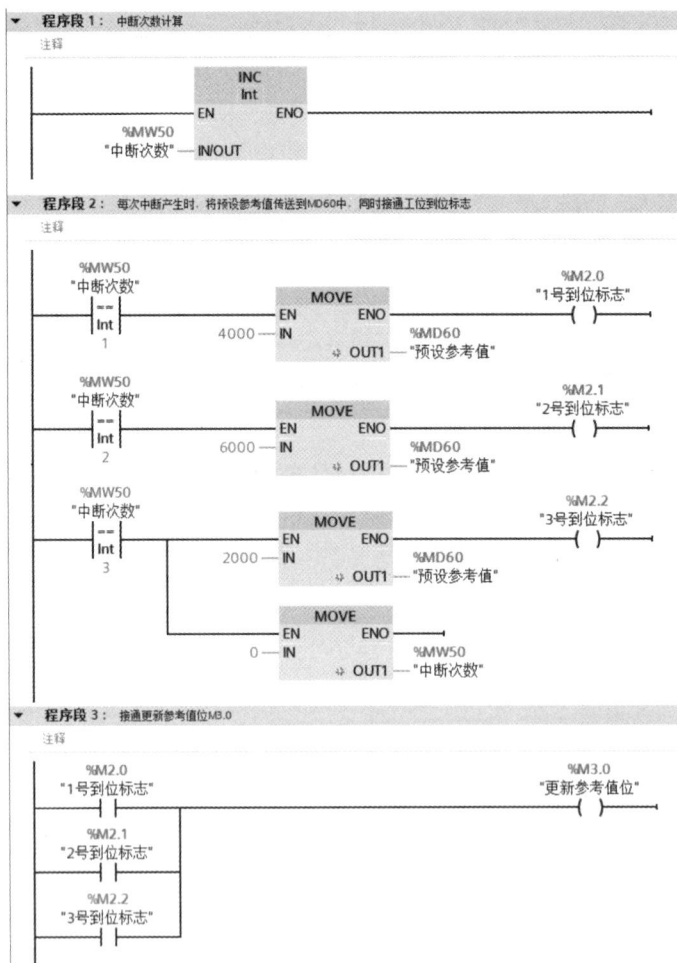

图 5-26　硬件中断程序

程序段 1：中断次数计算，每中断一次，MW50 加 1。

程序段 2：当传送带把工件送到 1 号工位、2 号工位、3 号工位，即 MW50=1、MW50=2、

MW50=3 时，通过移动值指令将新的预设参考值 4000、6000、2000 传送到 MD60 中，为下一次中断更新参考值，并接通到位标志 M2.0～M2.2。

当 MW50=3 时，对中断次数 MW50 进行清零，以便开始下一个周期的循环。

程序段 3：3 个工位到位标志 M2.0～M2.2 闭合时，接通更新参考值位 M3.0，以便控制主程序中的 CTRL_HSC 指令的引脚 RV，更新参考值。

（2）编写主程序，如图 5-27 所示。

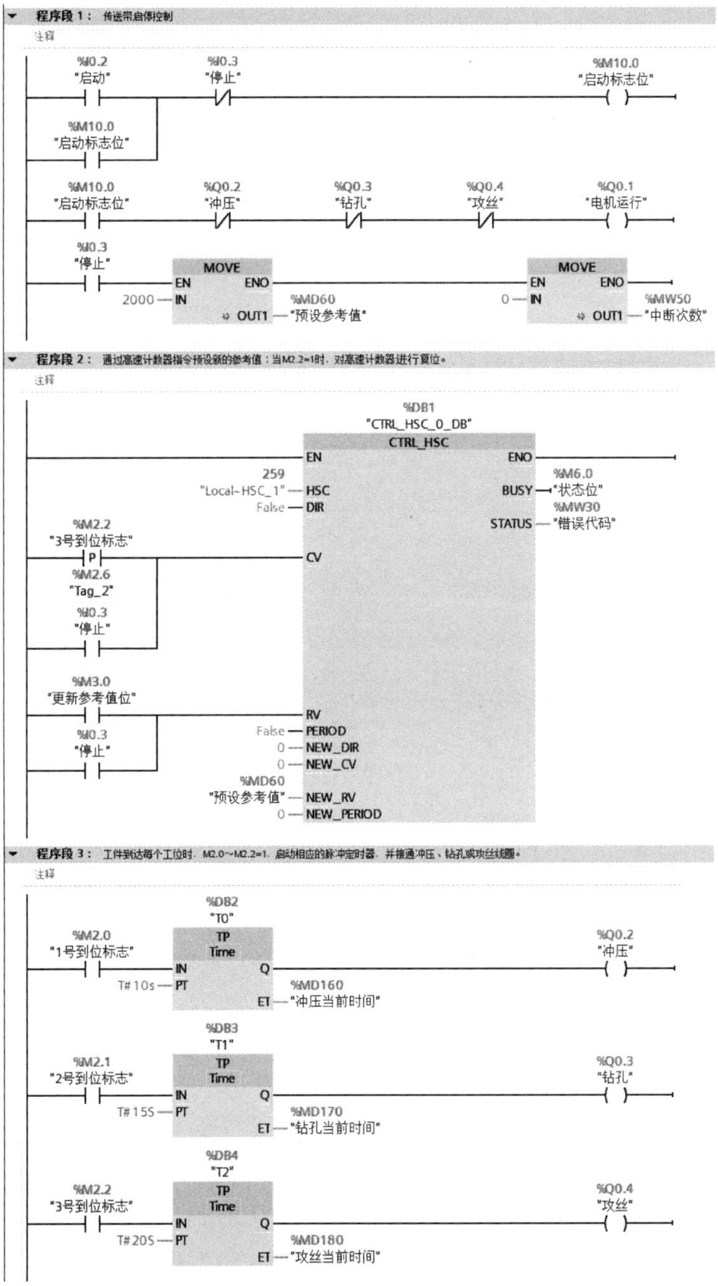

图 5-27　定点加工的主程序

程序段 1 用于传送带启停控制。在 Q0.1 线圈中串联 Q0.2、Q0.3、Q0.4 的常闭触点，是为了冲压、钻孔、攻丝加工时，传送带电机必须停止运行。

按下停止按钮 I0.3，通过 MOVE 指令将 2000 传送到 MD60，并对中断次数 MW50 进行清零，以便下一次再按下启动按钮时，系统能按照工艺流程从第 1 步开始工作。

程序段 2 用于通过高速计数器指令修改计数值和新的参考值。如图 5-5 所示，在"工艺"→"计数"→"其他"中将 CTRL_HSC 指令拖曳到程序段 2 中，软件会自动创建指令的背景数据块，设置图 5-27 所示的参数。

当工件到达 3 号工位或按下停止按钮 I0.3 时，M2.2=1，CV 位=1，将 0 写入 NEW_CV，对高速计数器进行复位。

当更新参考值位 M3.0=1 或按下停止按钮 I0.3 时，RV 位=1，将预设参考值 MD60 写入 NEW_CV，为高速计数器预置新的中断参考值。

如图 5-28 所示，在 CTRL_HSC 指令中，只需要单击引脚位置右侧的按钮，在其下拉列表中选择"Local~HSC_1"，就可以把 HSC_1 的硬件标识符 259 输入该引脚。

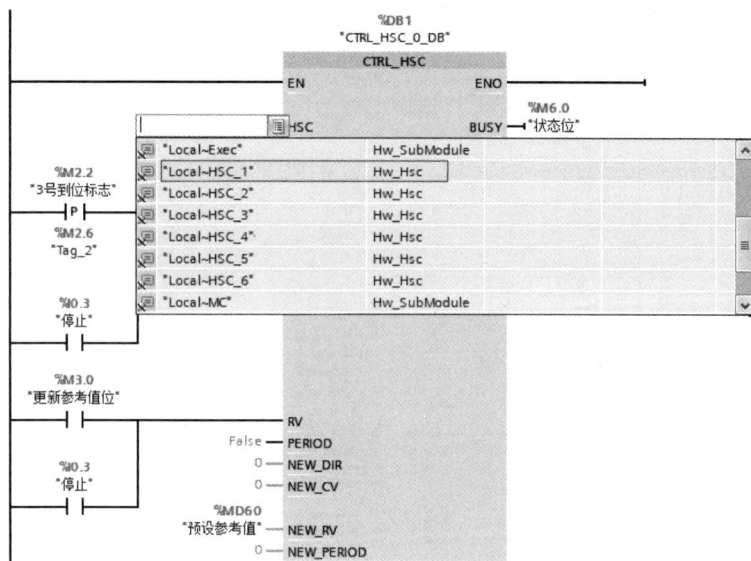

图 5-28　CTRL_HSC 指令

程序段 3 用于加工时的动作控制。当工件到达了相应位置时，其到位标志 M2.0~M2.2 的常开触点闭合，接通脉冲定时器 TP，让 Q0.2、Q0.3 或 Q0.4 线圈得电，对工件进行加工。

6. 运行、调试

（1）将图 5-26 和图 5-27 所示的程序下载到 PLC 中并"转至在线"，添加图 5-29 所示的定点加工的监控表并转至监控模式。

（2）按下启动按钮 SB1，Q0.1 线圈得电，传送带运行，图 5-29 中的 ID1000 中的值不断增加，到达 2000 时，Q0.1 线圈失电，传送带停止运行，同时 Q0.2 线圈得电，对工件进行冲压加工。此时中断次数 MW50=1，预置参考值 MD60=4000，冲压当前时间 MD160 不断增加；10s 后，Q0.1 线圈得电，传送带继续运行，当 ID1000=4000 时，Q0.1 线圈失电，传送带停止运行，同时 Q0.3 线圈得电，对工件进行钻孔加工。此时中断次数 MW50=2，预置参考值 MD60=6000，钻孔当前时间 MD170 不断增加；15s 后，Q0.1 线圈得电，传送带继续运行，当 ID1000=6000 时，Q0.1 线圈失电，传送带停止运行，同时 Q0.4 线圈得电，对工件进行攻丝加工。此时中断次数 MW50=3，预置参考值 MD60=2000，攻丝当前时间 MD180 不断增加；20s 后，Q0.1 线圈得电，传送带继续运行，进行下一个工件的加工。

图 5-29　定点加工的监控表

（3）按下停止按钮 SB2，传送带停止运行。如果此时系统正在加工工件，例如正在攻丝则当前攻丝动作会继续，加工时间到达之后，加工动作停止。

【跟我学】

5.1.2　S7-1200 PLC 的运动控制

S7-1200 PLC 的高速脉冲输出包括脉冲串输出（PTO）和脉冲调制输出（PWM）。PTO 可以输出一串脉冲（50%的占空比），用户可以控制脉冲的个数和周期，如图 5-30（a）所示，PTO 主要用于步进电机或伺服电机的速度和位置的开环控制；PWM 可以输出连续的、占空比可调制的脉冲串，用户可以控制脉冲周期和脉宽，如图 5-30（b）所示，PWM 主要用于控制电机的转速和阀门的位置等。

如图 5-30（c）所示，S7-1200 PLC 将输出的高速脉冲信号和方向信号送到驱动器（步进或伺服）的输入端，由驱动器对其信号进行处理后控制步进电机或伺服电机加速、减速及移动。PTO 控制是开环控制。

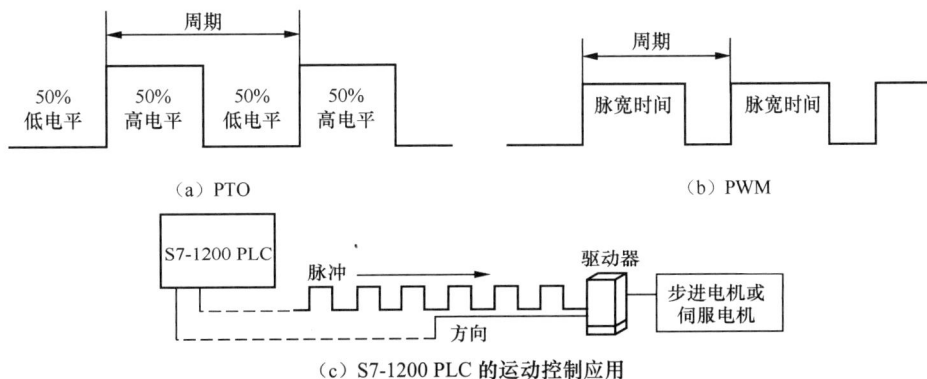

（a）PTO

（b）PWM

（c）S7-1200 PLC 的运动控制应用

图 5-30　高脉冲输出及 S7-1200 PLC 的运动控制应用

➡ **学海领航**　　步进系统和伺服系统是工业自动化的重要组成部分，是自动化行业中实现精确定位、精准运动的必要工具。伺服系统关键技术的突破，将极大地提升我国智能制造的技术水平和市场竞争力。运动控制系统的控制精度越高，要求的伺服电机体积越小、功率越大，如何攻克这一难题，制造出世界领先的伺服电机？请在网上搜索《大国重器》第三季《动力澎湃》第 5 集《聚力天地间》，它将带领你走进智能制造的大门，揭秘世界领先的伺服电机制造背后的工业智慧。

晶体管输出型的 S7-1200 PLC 可通过板载 I/O 接口最多提供 4 路高速脉冲输出信号（V3.0），频率范围为 2Hz～100kHz，输出端为源型（PNP）。继电器输出型的 S7-1200 PLC 可以通过信号板的 I/O 扩展接口实现高速脉冲输出（V3.0），频率范围为 2Hz～200kHz，输出端分为源型和漏型（NPN）。

❖ **小提示**　　S7-1200 PLC 最多通过高速脉冲输出控制 4 台驱动器，不能进行扩展。

S7-1200 PLC 的运动控制功能支持电机回零、绝对位置和相对位置控制。TIA 博途软件结合 S7-1200 PLC 可以通过工艺对象组态、调试、诊断运动轴。

🔄【跟我做】

任务 4　组态轴工艺对象

1. 任务导入

在 S7-1200 PLC 运动控制系统中，必须对工艺对象进行配置才能够应用自动生成的运动控制指令，实现绝对位置控制、相对位置控制和回原点控制等。轴工艺对象是用户程序与驱动的接口，每一个轴都需要添加一个工艺对象。轴工艺对象的配置是硬件配置的一部分，定位轴（TO_PositioningAxis）用于映射控制器中的物理驱动装置。

本任务通过 TIA 博途软件中的工艺轴组态向导完成运动轴的组态。

2. 设备和工具

CPU 1215C DC/DC/DC 1 台、3ND583 步进驱动器 1 个、三相步进电机 1 台、安装有 TIA 博途软件的计算机 1 台、网线 1 根、行程开关或光电开关若干、《S7-1200 可编程控制器系统手册》1 本、通用电工工具 1 套等。

3. 硬件电路

硬件电路如图 5-31 所示，其中，I0.5、I0.6 和 I0.7 分别是组态轴的原点开关、上限开关和下限开关，Q0.0 是脉冲输出，Q0.1 是方向输出。

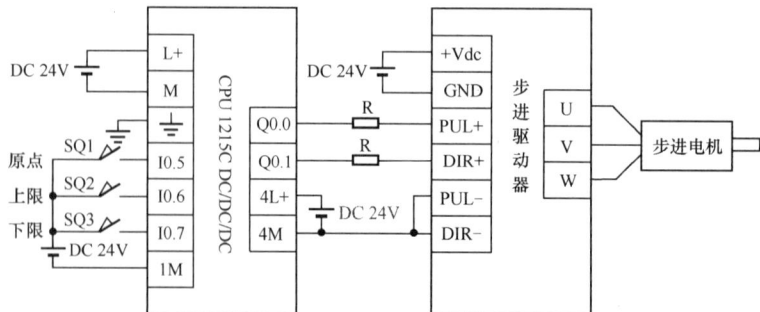

图 5-31　硬件电路

一起看　本例用到步进电机和步进驱动器，请扫码学习步进电机和步进驱动器的结构、接线方式和细分设置等。

步进电机（视频）

步进驱动器（视频）

4. 硬件组态

在 TIA 博途软件中创建"步进电机控制"项目，添加"CPU 1215C DC/DC/DC"，在"设备视图"中配置 PTO，如图 5-32 所示。

① 在图 5-32（a）中的"设备视图"的标记①处双击。

② 在巡视窗口中选择标记②处的"属性"→"常规"选项。

③ 选择"脉冲发生器（PTO/PWM）"选项下标记③处的"PTO1/PWM1"。

④ 勾选标记④处的"启用该脉冲发生器"复选框，可以不做任何修改直接采用软件默认名称"Pulse_1"，也可以为该脉冲发生器添加注释。

组态轴工艺对象（视频）

⑤ 选择图 5-32（b）中"参数分配"中的标记⑤处的"信号类型"为"PTO（脉冲 A 和方向 B）"。

⑥ 脉冲输出：选择标记⑥处的"脉冲输出"为"%Q0.0"。

⑦ 方向输出：勾选"启用方向输出"复选框并选择标记⑦处的"方向输出"为"%Q0.1"。

5. 组态轴工艺对象

组态轴工艺对象分为基本参数组态和扩展参数组态。基本参数组态是必不可少的，扩展参数组态却不一定是必需的。

（1）添加轴工艺对象

无论采用开环控制还是闭环控制方式，每一个轴都需要添加一个轴工艺对象。

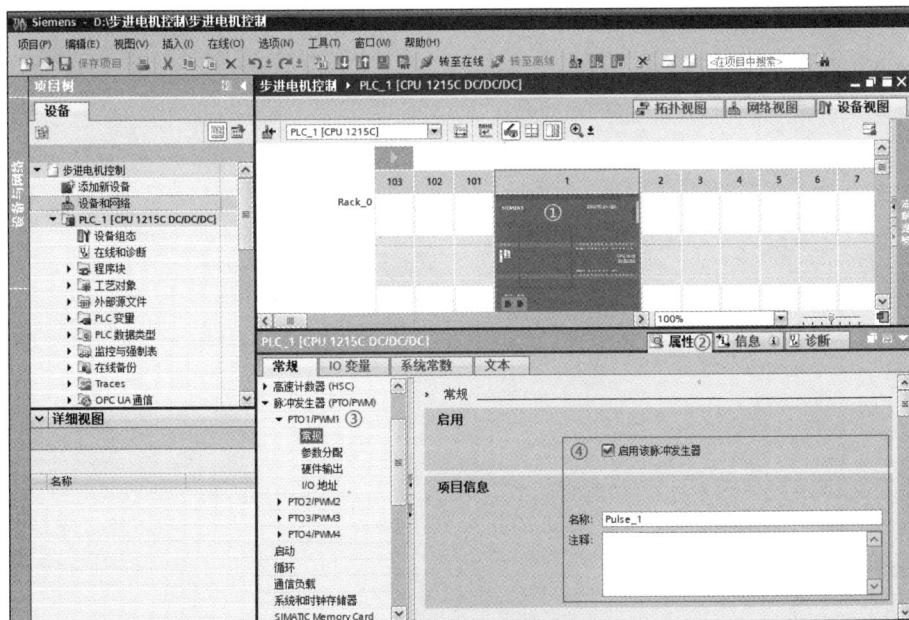

（a）启用脉冲发生器

图 5-32　设置脉冲发生器

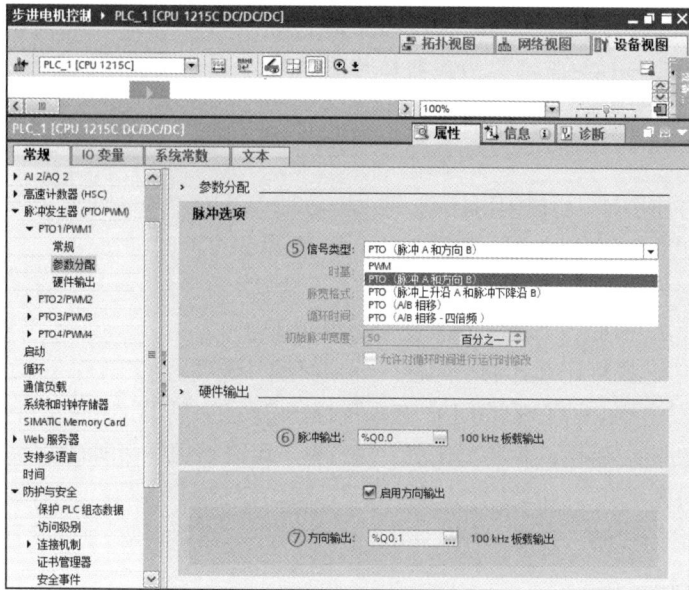

（b）参数分配和硬件输出

图 5-32　设置脉冲发生器（续）

① 双击"工艺对象"下的"新增对象"选项，弹出"新增对象"对话框，如图 5-33 所示。

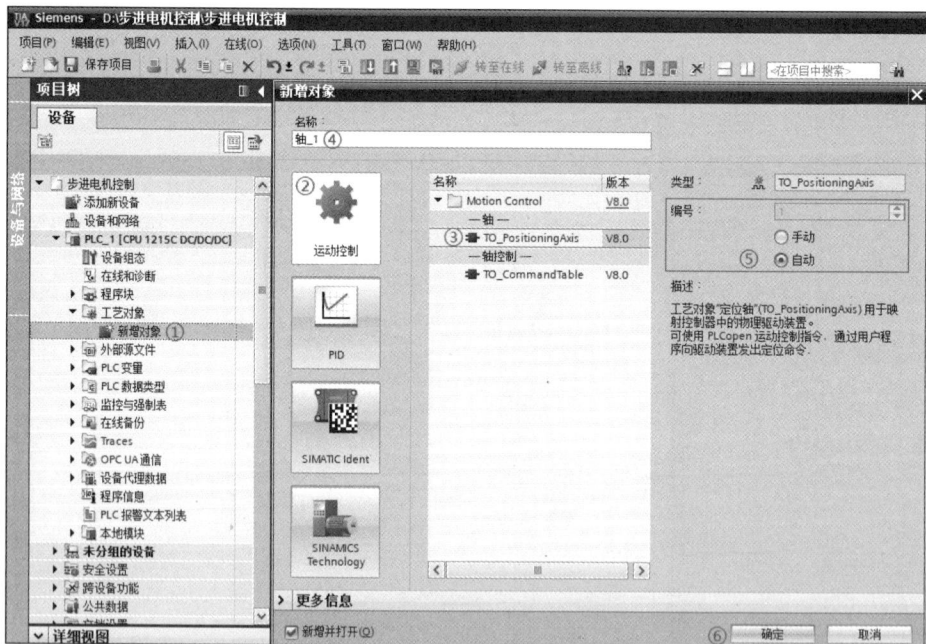

图 5-33　添加工艺对象

② 单击"运动控制"图标。

③ 添加工艺对象"TO_PositioningAxis"。

④ 系统自动生成轴名称为"轴_1"（可修改）。

⑤ 选择 TO 背景数据块编号分配方式为"自动"。

⑥ 单击"确定"按钮，添加轴工艺对象完成，并打开图 5-34 所示的参数组态界面。

（2）组态轴工艺对象基本参数——常规

在"常规"组态窗口可以对工艺对象——轴、驱动器、测量单位等进行配置，如图 5-34 所示。

① 为每个轴添加了工艺对象之后，都会有 3 个选项：组态、调试和诊断。

② "组态"用来设置轴的参数，包括"基本参数"和"扩展参数"。

③ 每个参数页面都有状态标记，用于提示用户轴参数设置状态。

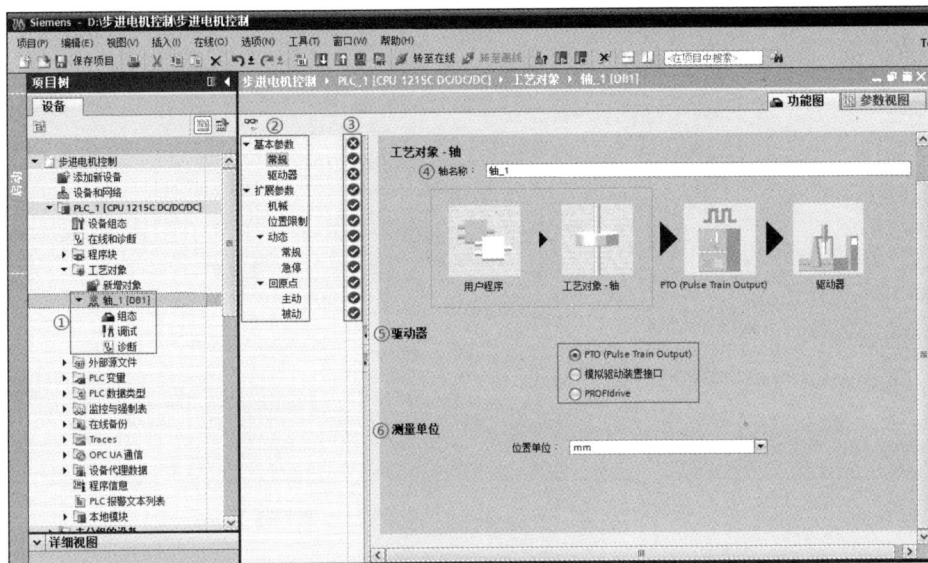

图 5-34 组态轴工艺对象基本参数——常规

蓝色❷：参数配置正确，为系统默认配置，用户没有做修改。

绿色❷：参数配置正确，不是系统默认配置，用户做过修改。

红色❌：参数配置没有完成或有错误。

黄色⚠：参数组态正确，但是有报警，比如只组态了一侧的限位开关。

④ "轴名称"：定义该工艺轴的名称，用户可以采用系统默认值，也可以自行定义。

⑤ "驱动器"：有"PTO（Pulse Train Output）""模拟驱动装置接口"和"PROFIdrive"3个选项，本任务选择通过 PTO 的方式控制驱动器。

⑥ "测量单位"：TIA 博途软件提供了轴的几种测量单位，包括脉冲、位置和角度单位等。这里选择位置单位"mm"。

如果是线性工作台，一般选择线性位置单位如 mm（毫米）、m（米）、in（英寸）和 ft（英尺）等；旋转工作台可以选择角度单位如°（度）。不管是什么情况，用户都可以直接选择脉冲单位。

🌼 小提示 ┊ 测量单位是很重要的参数，后面轴的参数和指令中的参数都是基于该单位进行设定的。

（3）组态轴工艺对象基本参数——驱动器

在驱动器组态界面可以对驱动器硬件接口、驱动装置使能信号的输出以及驱动器准备就绪反馈信号的输入进行配置，如图 5-35 所示。

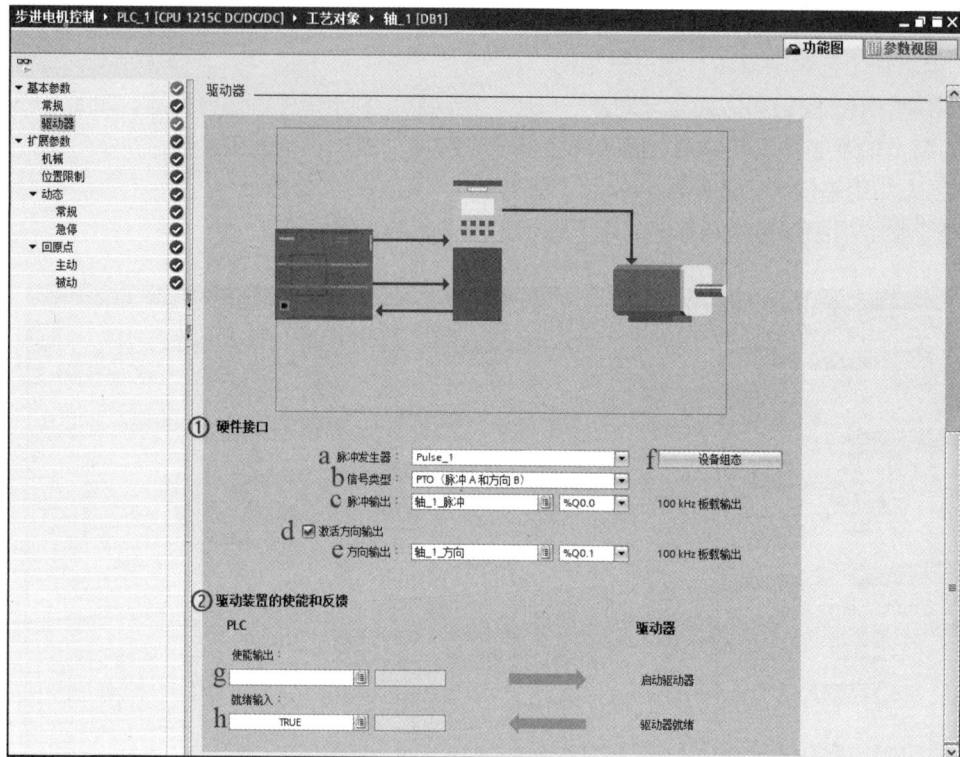

图 5-35　组态轴工艺对象基本参数——驱动器

a. "脉冲发生器"：选择在图 5-32 中已配置的脉冲发生器 "Pulse_1"。

b. "信号类型"：本任务选择 "PTO（脉冲 A 和方向 B）"。

c. "脉冲输出"：如果在硬件组态中配置了脉冲发生器，这里显示的就是已经组态的 Q0.0。

d. "激活方向输出"：是否使能方向控制位。如果在 b 步，选择了 "PTO（脉冲上升沿 A 和脉冲下降沿 B）"或 "PTO（A/B 相移）"或 "PTO（A/B 相移-四倍频）"，则该复选框是灰色的，用户不能进行修改。

e. "方向输出"：如果在硬件组态中配置了脉冲发生器，这里显示的就是已经组态的 Q0.1。

f. "设备组态"：单击该按钮可以跳转到图 5-32 中的 "设备视图"，方便用户回到 CPU 设备属性界面修改组态。

g. "使能输出"：步进驱动器或伺服驱动器一般都需要一个使能信号，该使能信号由运动控制指令 MC_Power 控制，其作用是让驱动器处于启动状态。在这里用户可以组态一个 DO 点作为驱动器的使能信号，通知驱动器 PLC 已经准备就绪。也可以不配置使能信号，由其他方式使能，本任务未配置。

h. "就绪输入"：驱动器准备就绪后发出一个信号到 PLC 的输入端，通知 PLC 驱动器已经准备就绪，这时，在 h 处可以选择一个 DI 点作为输入 PLC 的信号。如果驱动器不包含此类型的任何接口，则无须组态这些参数，本任务选择 "TRUE"。

其中，a~f 为硬件接口，g、h 为驱动装置的使能和反馈。

（4）组态轴工艺对象扩展参数——机械

扩展参数——机械主要用于设置轴的脉冲数与轴移动距离的参数对应关系，如图 5-36 所示。

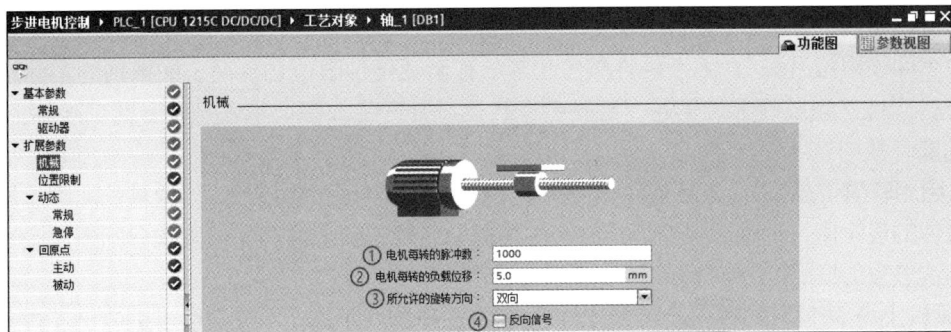

图 5-36　组态轴工艺对象扩展参数——机械

① "电机每转的脉冲数"：表示电机旋转一周需要的脉冲数。为方便计算，此值应与步进驱动器设置的每转的细分值相等，本任务设置为 "1000"。

② "电机每转的负载位移"：表示电机每旋转一周，机械装置移动的距离。本任务步进电机与丝杠直接连接，则此参数就是丝杠的螺距，本任务设置为 5.0mm。

> 💡 **小提示**　如果用户在前面的 "测量单位" 中选择了 "脉冲"，则②处的参数单位就变成了 "脉冲"，表示的是电机每转一圈的脉冲个数，在这种情况下①和②的参数一样。

③ 所允许的旋转方向：有 "双向" "正方向" "负方向" 3 种。本任务选择 "双向"。

④ 反向信号：如果使能反向信号，效果是当 PLC 端正向控制电机时，电机实际会反向旋转。

（5）组态轴工艺对象扩展参数——位置限制

位置限制参数是用来设置软/硬限位开关的，不管轴在运动时碰到软限位或是硬限位，轴都将停止运行并报错。

硬限位开关和软限位开关用于限制定位轴工艺对象的最大行进范围和工作范围，这两者的关系如图 5-37 所示。硬限位开关是限制轴的最大行进范围的限位开关，软限位开关用于限制轴的工作范围，它们应位于限制行进范围的相关硬限位开关的内侧。

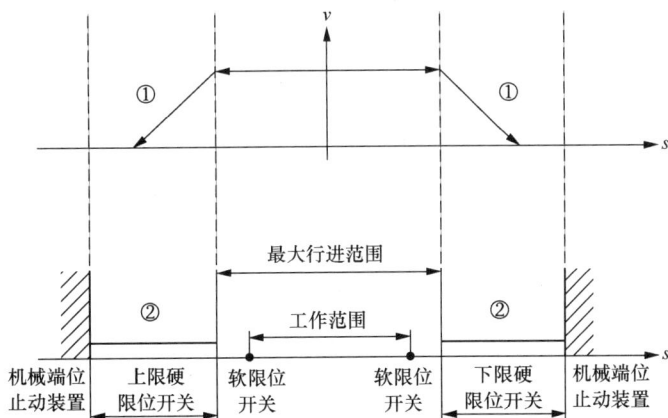

图 5-37　最大行进范围和工作范围的关系

注：①表示轴以组态的急停减速度制动直到停止；②表示硬限位开关产生 "已逼近" 状态信号的范围。

> 💡 **小提示**　只有在轴回原点后，软限位开关才生效。

组态位置限制，如图 5-38 所示。

① "启用硬限位开关"：激活硬件限位功能。在激活硬件限位功能后，如果轴的实际运行位置达到了硬件限位并触发硬限位信号，则轴会停止运行并产生故障。本任务中激活了硬件上/下限位开关的功能，故勾选该复选框。

② "启用软限位开关"：激活软件限位功能。在激活软件限位功能后，如果轴的实际运行位置达到了软限位的设定值，则轴会停止运行并产生报警。启用的软限位开关仅影响已回到原点的轴。本任务不勾选该复选框。

③ 硬件上/下限位开关输入：设置硬件上/下限位开关输入端。本任务中步进电机正转时工作台向左运动，将 I0.6 定义为丝杠上限位（即左限位）开关，I0.7 定义为丝杠下限位（即右限位）开关。

④ "选择电平"：设置硬件上/下限位开关输入端的有效电平。本任务的硬件上/下限位开关在原理图中接入的是常开触点，因此当限位开关起作用时为"高电平"。本任务选择"高电平"。

⑤ 软限位开关上/下限位置：设置软件位置点，用距离、脉冲或角度表示。本任务没有启用软限位开关。

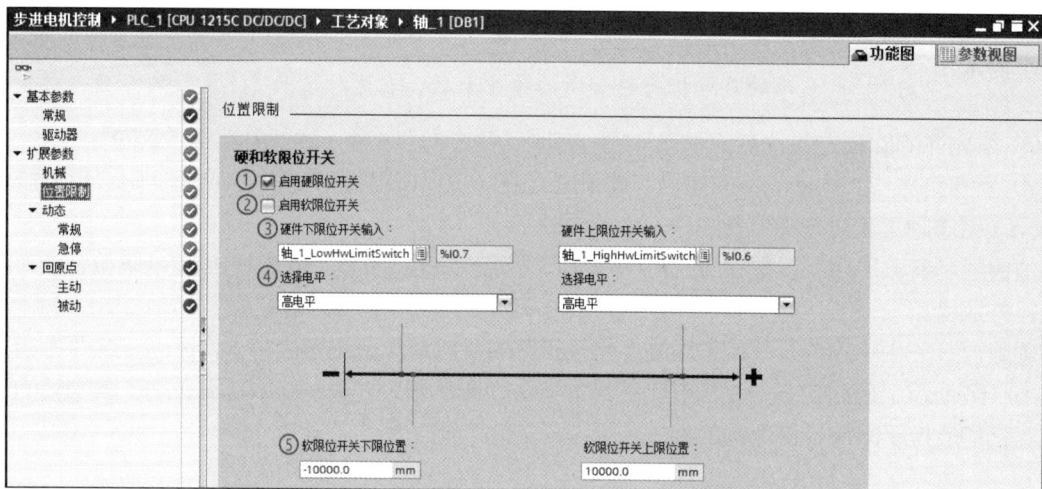

图 5-38 组态轴工艺对象扩展参数——位置限制

> 💫 **小提示**　　用户需要根据实际情况来设置该参数，不要盲目使能软件和硬限位开关。这部分参数不是必须使能的。

（6）组态轴工艺对象扩展参数——动态

动态参数包括"常规"和"急停"两部分。

组态动态"常规"参数的说明如下。

通过动态"常规"参数可对最大转速、启动/停止速度、加速度、减速度、加速时间、减速时间、激活加加速度限值、滤波时间及加加速度等进行组态，如图 5-39 所示。

① "速度限值的单位"：设置参数②"最大转速"和参数③"启动/停止速度"的显示单位。本任务选择"mm/s"。

② "最大转速"：用来设定电机的最大转速。本任务设置为 125.0mm/s。

③ "启动/停止速度"：设置轴的最小允许速度。本任务设置为 5.0mm/s。

④ "加速度"：根据电机和实际控制要求设置加速度。

⑤ "减速度"：根据电机和实际控制要求设置减速度。

⑥ "加速时间"：如果用户先设定了加速度，则加速时间由软件自动计算生成。用户也可以先设定加速时间，这样加速度由系统自动计算。

⑦ "减速时间"：如果用户先设定了减速度，则减速时间由软件自动计算生成。用户也可以先设定减速时间，这样减速度由系统自动计算。

⑧ "激活加加速度限值"：降低在加速和减速斜坡运行期间施加到机械上的应力，以防止产生丢步、越步的不良影响。如果激活了加加速度限值，则不会突然停止轴加速和轴减速，而是根据设置的滤波时间逐渐调整，如图 5-39 中加速度和减速度的曲线。

⑨ "滤波时间"：如果用户先设定了加加速度，则滤波时间由软件自动计算生成。用户也可以先设定滤波时间，这样加加速度由系统自己计算。

⑩ "加加速度"：激活了加加速度限值后，轴加减速曲线衔接处变平滑。

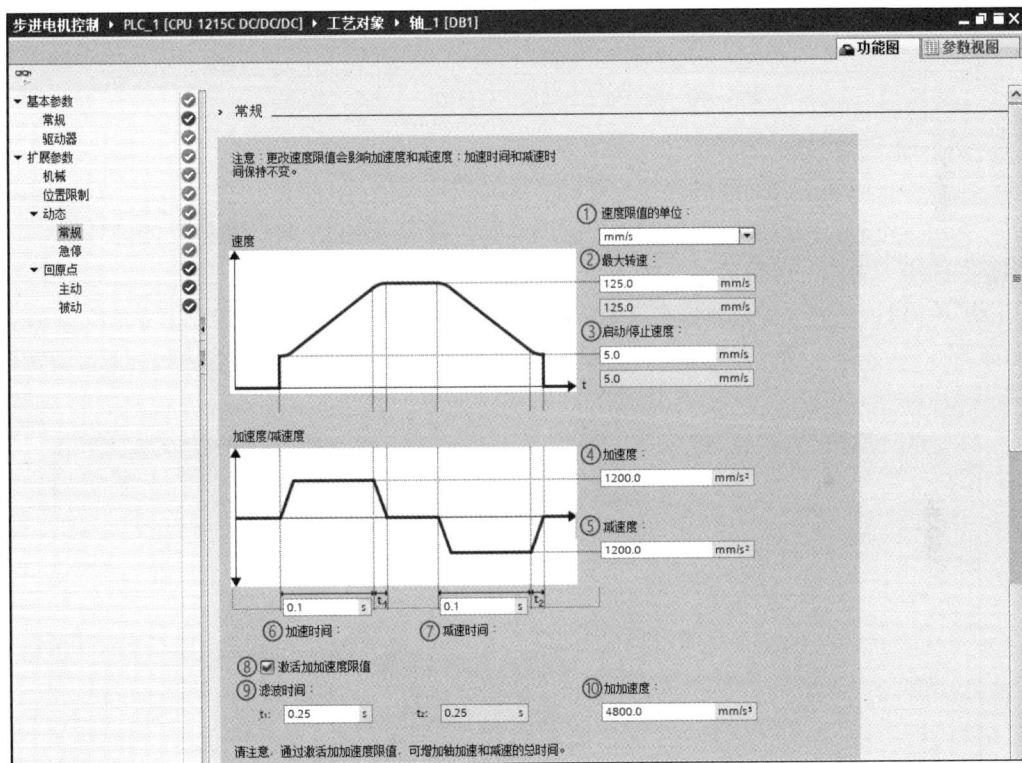

图 5-39　组态轴工艺对象扩展参数——动态"常规"

组态动态"急停"参数的说明如下。

如图 5-40 所示，在该界面中可配置轴的急停减速度，使用急停减速度这个参数有两种情况：一种是轴出现错误时，采用急停减速度使轴停止；另一种是使用 MC_Power 指令禁用轴时（StopMode=0 或 StopMode=2 时）。

① "最大转速"：与"常规"中的"最大转速"一致。

② "启动/停止速度"：与"常规"中的"启动/停止速度"一致。

③ "紧急减速度"：设置急停减速度。

④ "急停减速时间"：如果用户先设定了紧急减速度，则急停减速时间由软件自动计算生成。用

户也可以先设定急停减速时间，这样紧急减速度由系统自动计算。

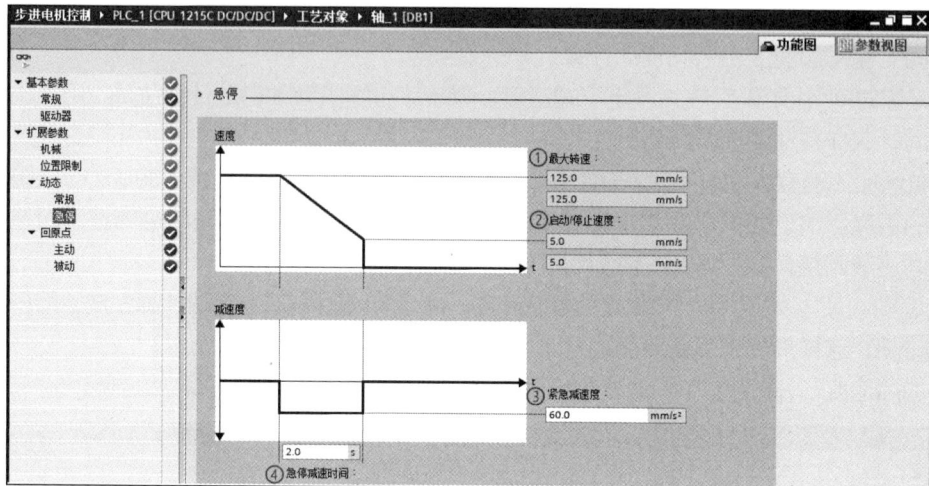

图 5-40　组态轴工艺对象扩展参数——动态"急停"

（7）组态轴工艺对象扩展参数——回原点

通过回原点，可使工艺对象的位置与驱动器的实际物理位置相匹配。在显示工艺对象的正确位置或进行绝对定位时，都需要回原点操作。回原点参数分成"主动"和"被动"两部分。

组态回原点"主动"参数的说明如下。

"主动"（见图 5-41）就是传统意义上的回原点或是寻找参考点。运动控制指令 MC_Home 的输入参数 Mode=3 时，会执行主动回原点操作，此时轴就会按照组态的速度去寻找原点开关信号，并完成回原点操作。

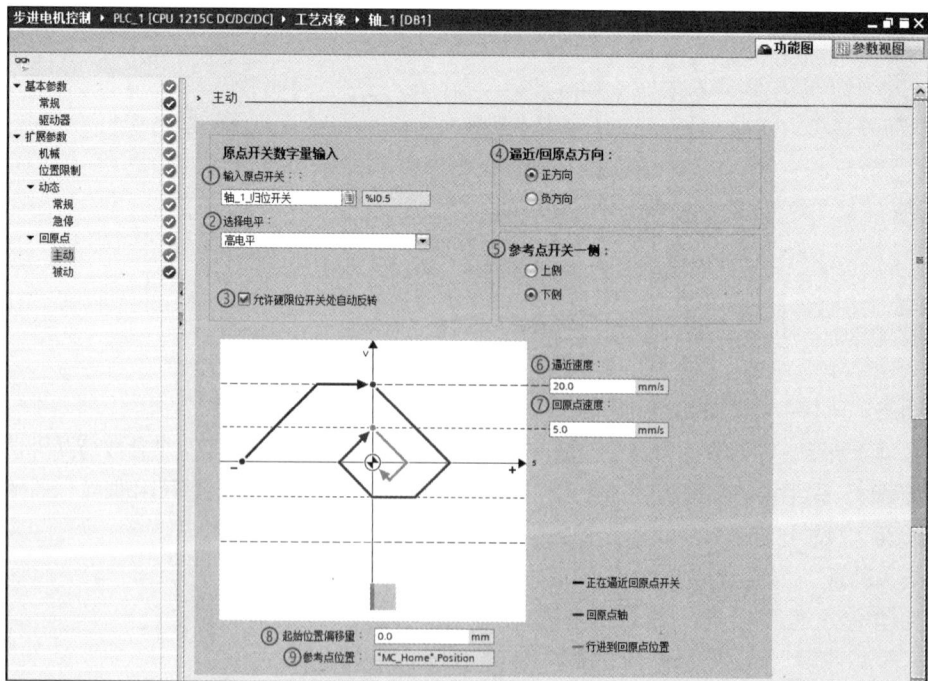

图 5-41　组态轴工艺对象扩展参数——回原点"主动"

① "输入原点开关"：设置原点开关的 DI 输入端。本任务设置为 "%I0.5"。

② "选择电平"：选择原点开关的有效电平。本任务原点开关接的是常开触点，故选择 "高电平"。

③ "允许硬限位开关处自动反转"：如果轴在回原点的一个方向上没有碰到原点，则需要勾选该复选框，这样轴可以自动掉头，向反方向寻找原点。如果未勾选该复选框且轴在主动回原点的过程中到达硬限位开关处，则轴会因错误而终止回原点过程并以急停减速度制动。本任务勾选该复选框。

④ "逼近/回原点方向"：设置寻找原点的起始方向。本任务选择 "正方向"。

如果知道轴和参考点的相对位置，可以合理设置 "逼近/回原点方向" 来缩短回原点的路径。以图 5-42 中的负方向为例，触发回原点命令后，轴需要先运行到左边的限位开关，掉头后继续向正方向运行以寻找原点开关，即参考点。

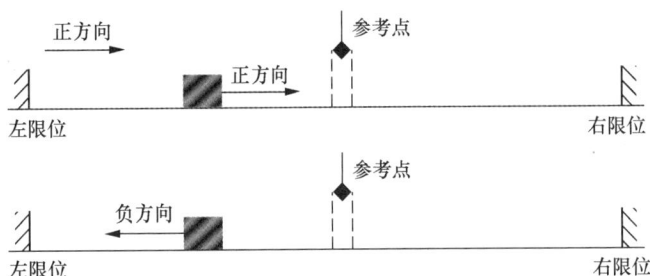

图 5-42　正反向和负方向寻找参考点

⑤ "参考点开关一侧"：如图 5-43 所示，"上侧" 指的是轴完成回原点指令后，以轴的左边沿停在参考点开关右侧边沿；"下侧" 指的是轴完成回原点指令后，以轴的右边沿停在参考点开关左侧边沿。

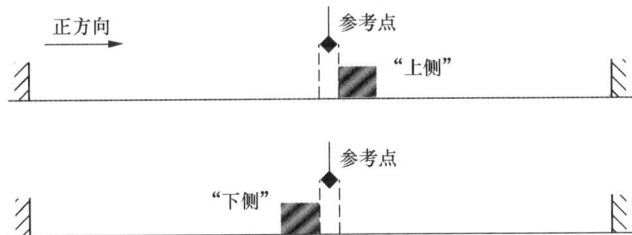

图 5-43　参考点 "上侧" 和 "下侧"

无论用户设置寻找原点的起始方向为正方向还是负方向，轴最终停止的位置取决于 "上侧" 或 "下侧"。

⑥ "逼近速度"：寻找原点开关的起始速度。当程序中触发了 MC_Home 指令后，轴立即以 "逼近速度" 运行来寻找原点开关，这里设置为 20.0mm/s。

⑦ "回原点速度"：最终接近原点开关的速度，当轴第一次碰到原点开关有效边沿后运行的速度。当轴碰到原点开关的有效边沿后轴从 "逼近速度" 切换到 "回原点速度" 来最终完成原点定位。"回原点速度" 要小于 "逼近速度"，不宜将 "回原点速度" 和 "逼近速度" 设置得过快。在可接受的范围内，应设置较慢的速度。这里设置为 5.0mm/s。

⑧ "起始位置偏移量"：该值不为零时，轴会在距离原点开关一段距离（该距离值就是偏移量）处停下来，把该位置标记为原点位置；该值为零时，轴会停在原点开关边沿处。

⑨ "参考点位置"：该值就是⑧中原点位置的值。

组态回原点"被动"参数的说明如下。

被动回原点功能的实现需要 MC_Home 指令与其他指令（如 MC_MoveRelative 指令，或 MC_MoveAbsolute 指令，或 MC_MoveVelocity 指令，或 MC_MoveJog 指令）联合使用来进行到达原点开关所需要的运动。回原点指令 MC_Home 的输入参数 Mode=2 时，会启用被动回原点功能。到达原点开关的设置侧时，将当前的轴位置作为原点位置。原点位置由回原点指令 MC_Home 的 Position 参数指定，如图 5-44 所示。

① "输入原点开关"：设置原点开关的 DI 输入端。

② "选择电平"：选择原点开关的有效电平是"高电平"或是"低电平"。这里选择"高电平"。

③ "参考点开关一侧"：参考"主动"参数中第⑤项的说明。

④ "参考点位置"：该值是 MC_Home 指令中 Position 引脚的数值。

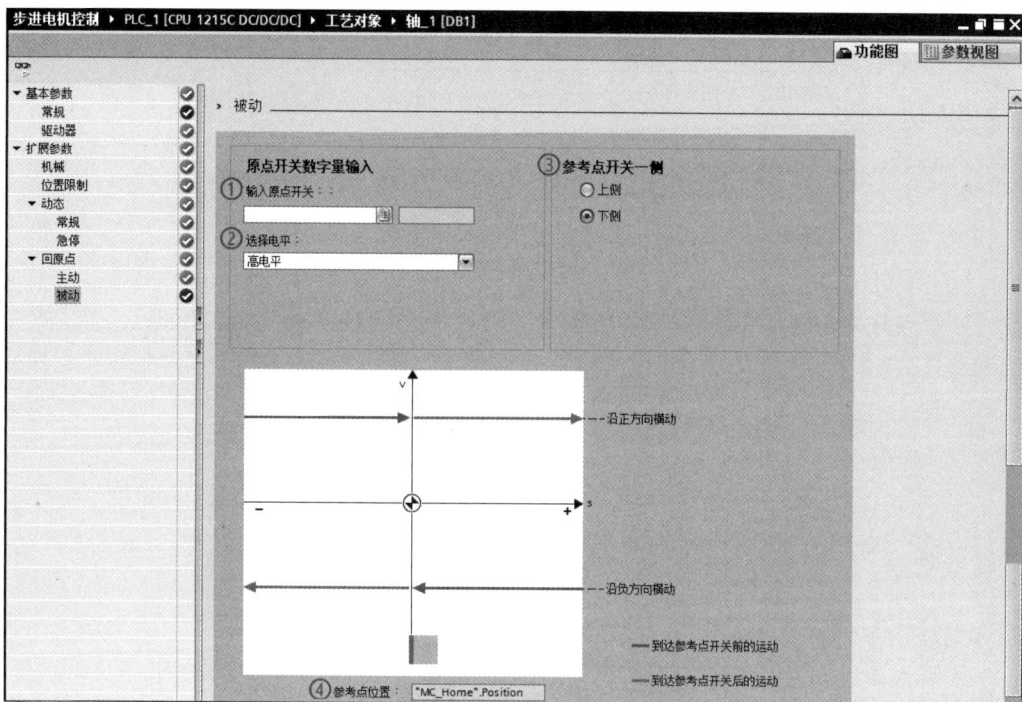

图 5-44　组态轴工艺对象扩展参数——回原点"被动"

💡 小提示　　　被动回原点不需要轴放弃执行其他指令而专门执行主动回原点，而是轴在执行其他指令的过程中完成回原点的功能。

任务 5　使用"轴控制面板"调试运动轴

1. 任务要求

"轴控制面板"是 S7-1200 PLC 运动控制中一个很重要的工具，用户在组态了 S7-1200 PLC 的工艺轴并把实际的机械硬件设备搭建好之后，在不需要编写程序的情况下，就可以使用"轴控制面板"调试驱动设备、测试轴和驱动设备的

使用"轴控制面板"调试运动轴（视频）

功能，测试 TIA 博途软件中关于轴的参数设置和实际硬件设备接线是否正确等。

本任务要求在任务 1 的基础上，使用"轴控制面板"，在手动方式下实现绝对位置运动、相对位置运动、点动和回原点等功能。

2. 设备和工具

本任务使用的设备和工具与任务 1 相同。

3. 硬件电路

本任务的硬件电路与图 5-31 所示的电路相同。

4. 调试工艺轴

将任务 1 的项目下载到 PLC 中。如图 5-45 所示，用户可以在"项目树"下选择"PLC_1[CPU 1215C DC/DC/DC]"→"工艺对象"→"轴_1[DB1]"选项，双击"调试"选项后打开"轴控制面板"界面，使用"轴控制面板"调试电机及驱动器，测试轴的实际运行功能。

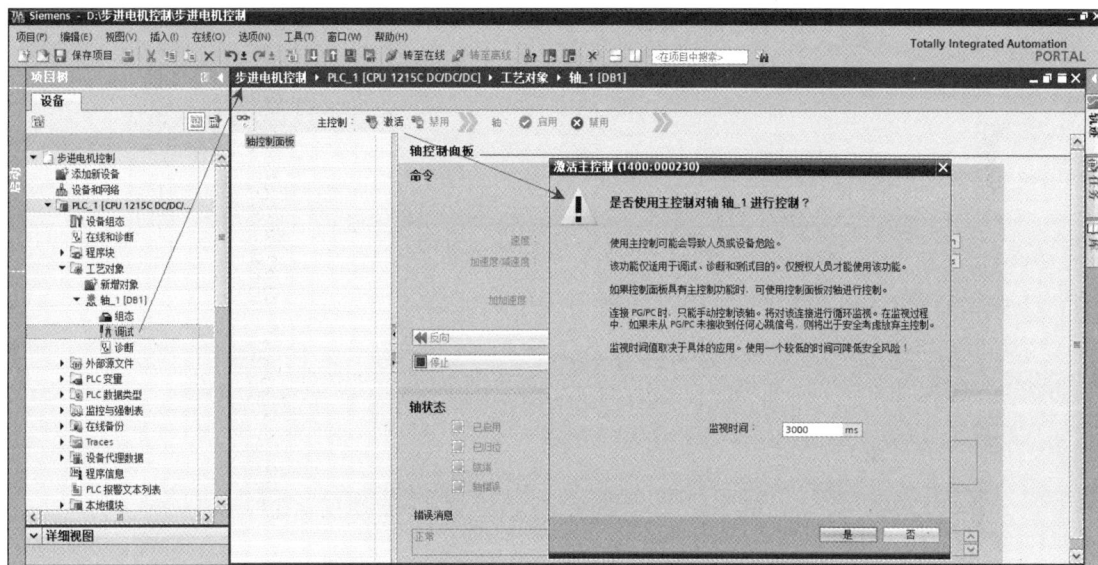

图 5-45　选择调试功能后控制面板的初始组态

图 5-45 中除了"激活"命令外，其他命令都是灰色的。如果错误消息返回"正常"，则可以进行调试。在"轴控制面板"中，单击"激活"命令，此时会弹出提示对话框，提醒用户使能该功能会让实际设备运行，在使用主控制前，要先确认是否已经采取了适当的安全预防措施，同时设置一定的"监视时间"，图 5-45 中设置为 3000ms。单击"是"按钮，弹出图 5-46 所示的点动控制界面。

（1）点动控制

① 如图 5-46 所示，单击"启用"按钮，启用轴，相当于 MC_Power 指令（见图 5-51）的 Enable 端。启用轴后才能进行其余的操作。

②"命令"：有"点动""定位""回原点"3 个选项。这里选择"点动"选项。

③ 设置"速度"为 50.0mm/s。

④ 单击"正向"或"反向"按钮，电机以设定的速度正向或反向运行。

⑤"当前值"：包括轴的"位置"和"速度"。

⑥"轴状态"：显示轴"已启用"和"就绪"等。

⑦ "信息性消息"：此时显示"轴正以恒定速度移动"。

⑧ "错误消息"：如果没有错误，显示"正常"。

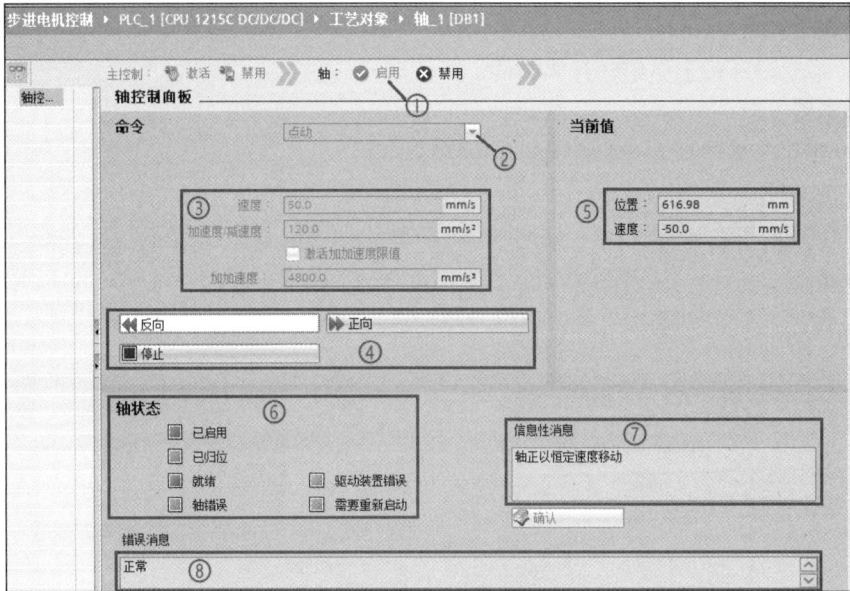

图 5-46　点动控制界面

（2）定位控制

定位控制包括绝对定位和相对定位功能。

执行绝对定位命令之前，必须执行回原点命令，否则绝对定位命令无法执行。

① 如图 5-47 所示，单击"启用"按钮。

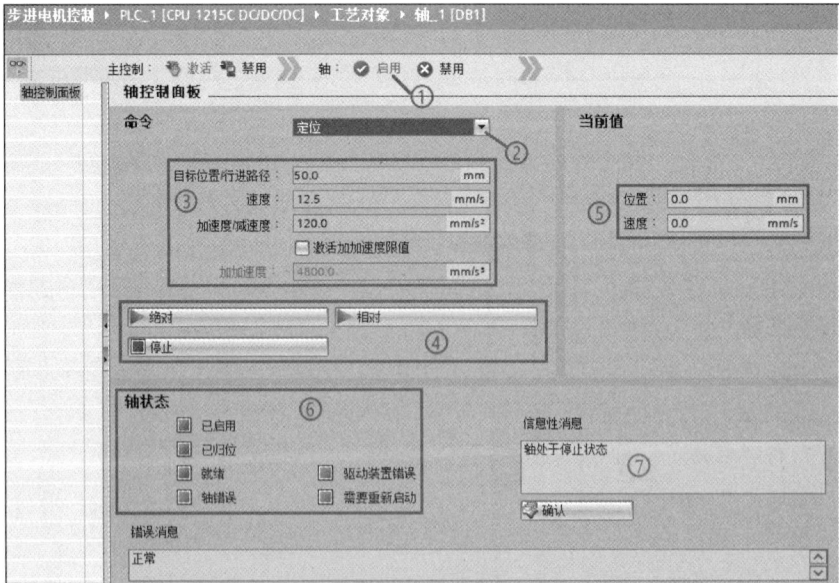

图 5-47　定位控制

② 选择"定位"选项。

③ 设置绝对定位的"目标位置/行进路径"为 50.0mm，"速度"为 12.5mm/s。

④ 单击"绝对"按钮，电机以设定的速度正向运行。

⑤ 设定轴的"当前值"，此时轴位于 0.0mm 处，速度为 0.0mm/s。

⑥ 设置"轴状态"，显示轴"已启用""已归位""就绪"等。

⑦ 设置"信息性消息"，显示"轴处于停止状态"。

设置相对定位的过程与上述过程类似，第④项中变为单击"相对"按钮，电机以设定的速度正向运行，并在"轴控制面板"中显示轴的当前位置和速度。

（3）回原点控制

如图 5-48 所示，设置"参考点位置"为 0.0mm 之后，单击"回原点"按钮，电机以图 5-41 中组态的"回原点速度"寻找参考点，直至原点开关 I0.5 动作，电机停在参考点开关下侧，并在"轴控制面板"中显示轴的当前位置和速度均为"0.0"，"轴状态"显示轴"已归位"。

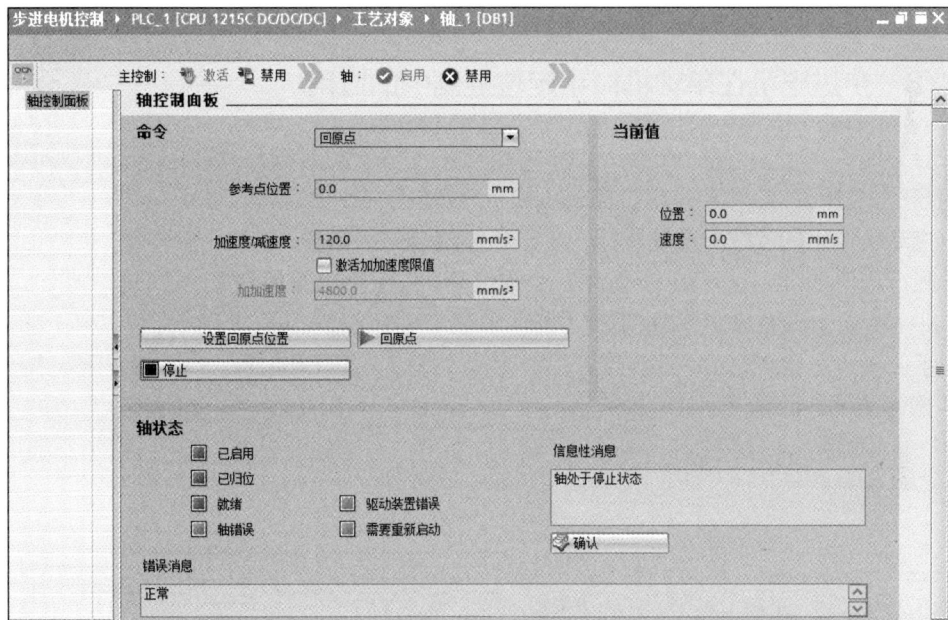

图 5-48　回原点控制

5. 诊断工艺轴

如图 5-49 所示，在"项目树"下选择"PLC_1[CPU 1215C DC/DC/DC]"→"工艺对象"→"轴_1[DB1]"选项，双击"诊断"选项后打开"诊断"界面，有"状态和错误位""运动状态""动态设置"3 个选项，可以通过在线方式查看"诊断"界面中显示的轴关键信息和错误信息。图 5-49 中显示的是轴和驱动器的状态以及错误信息。如果没有错误，右下侧显示"正常"；如果有错误，比如本任务显示"已逼近硬限位开关的上限（以所组态的减速度到达限位开关。）"，关键的信息用绿色方框提示用户，无关信息则用灰色方框提示用户，错误的信息用红色方框提示用户。如"轴错误""已逼近硬限位开关的上限""已逼近硬限位开关"前面有红色方框，表示硬限位开关的上限 I0.6 已经触发闭合。

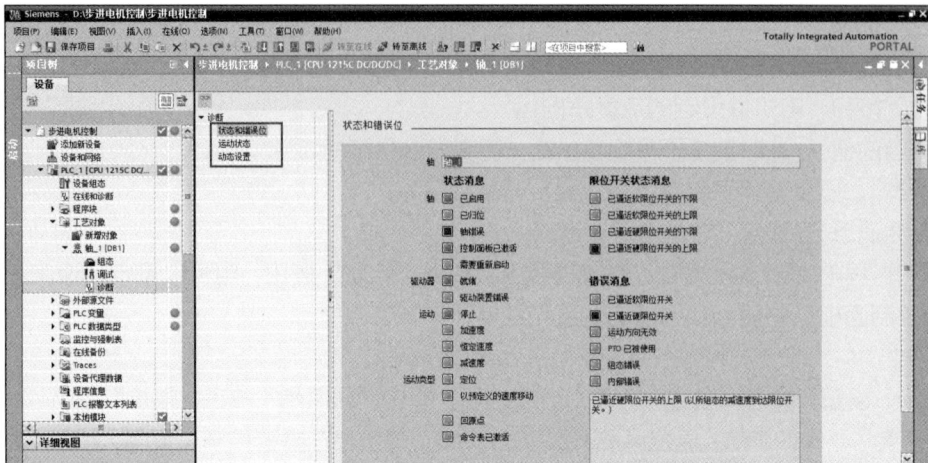

图 5-49 轴的"诊断"面板

彩图 5-49

任务 6 步进电机在单轴机械手定位控制中的应用

单轴机械手定位控制系统的安装与调试（视频）

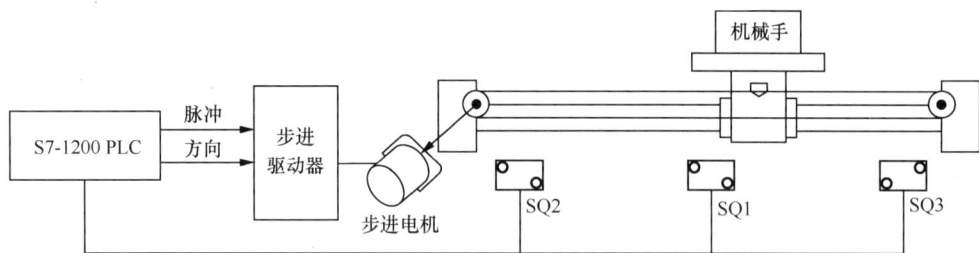

1. 任务导入

请用 S7-1200 PLC 和步进电机实现机械手的定位控制。如图 5-50 所示，步进电机拖动机械手在丝杠上左右滑行，步进电机旋转一周需要 1000 个脉冲，每旋转一周行走 5.0mm。丝杠上设置有 3 个限位开关，分别是原点开关 SQ1、左限位（即上限位）开关 SQ2 和右限位（即下限位）开关 SQ3。通过 TIA 博途软件上的位存储器控制机械手使能、左右点动、绝对定位、相对定位、复位、暂停和回原点等，轴的移动距离及速度通过 TIA 博途软件进行设置，并将轴的当前位置和速度显示在 PLC 中。

图 5-50 机械手定位控制

2. 设备和工具

本任务使用的设备和工具与任务 2 相同。

3. 硬件电路

本任务的硬件电路与任务 2 的电路相同。参照步进驱动器上的细分设置表，设置 1000 步/转，需将控制细分的拨码开关 SW6～SW8 分别设置为 OFF、OFF、ON。

4. 程序设计

通过组态工艺轴，可以自动生成一系列运动控制指令。用户使用运动控制指令来控制轴并完成运动任务，还可以从运动控制指令的输出参数中获取运动轴的状态及指令执行期间发生的任何错误。S7-1200 PLC 共有 7 个常用的运动控制指令，这些运动控制指令的输入输出参数多、数据类型各异，是编写运动控制程序的基础。为了更好地完成本任务，请扫码学习"运动控制指令（视频）"。

运动控制指令
（视频）

（1）按照前面讲的方法对工艺轴进行组态并进行调试。

（2）建立机械手控制的变量表，如表 5-11 所示。

表 5-11　机械手控制的变量表

序号	名称	数据类型	地址	序号	名称	数据类型	地址
1	轴_1_脉冲	Bool	%Q0.0	18	左点动	Bool	%M11.4
2	轴_1_方向	Bool	%Q0.1	19	右点动	Bool	%M11.5
3	轴_1_HighHwLimitSwitch	Bool	%I0.6	20	达到点动速度	Bool	%M11.6
4	轴_1_LowHwLimitSwitch	Bool	%I0.7	21	点动错误位	Bool	%M11.7
5	轴_1_归位开关	Bool	%I0.5	22	绝对定位	Bool	%M12.0
6	使能	Bool	%M10.0	23	绝对定位完成位	Bool	%M12.1
7	轴状态位	Bool	%M10.1	24	绝对定位错误位	Bool	%M12.2
8	轴错误位	Bool	%M10.2	25	相对定位	Bool	%M12.3
9	暂停	Bool	%M10.3	26	相对定位完成位	Bool	%M12.4
10	暂停完成位	Bool	%M10.4	27	相对定位错误位	Bool	%M12.5
11	暂停错误位	Bool	%M10.5	28	点动速度	Real	%MD100
12	复位	Bool	%M10.6	29	绝对距离	Real	%MD104
13	复位完成位	Bool	%M10.7	30	绝对速度	Real	%MD108
14	复位错误位	Bool	%M11.0	31	相对距离	Real	%MD110
15	回原点	Bool	%M11.1	32	相对速度	Real	%MD114
16	回原点完成位	Bool	%M11.2	33	轴当前位置	Real	%MD116
17	回原点错误位	Bool	%M11.3	34	轴当前速度	Real	%MD120

机械手控制程序如图 5-51 所示。

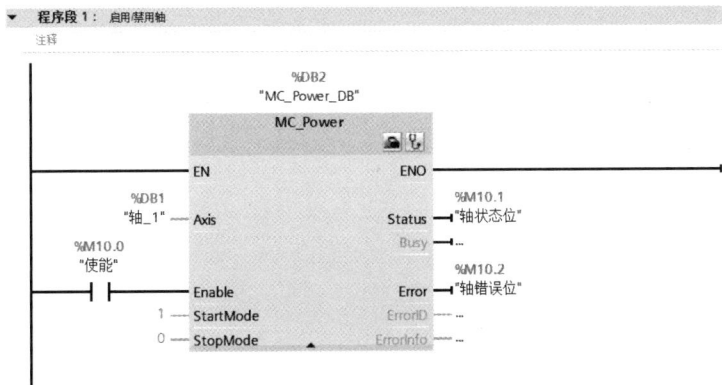

图 5-51　机械手控制程序

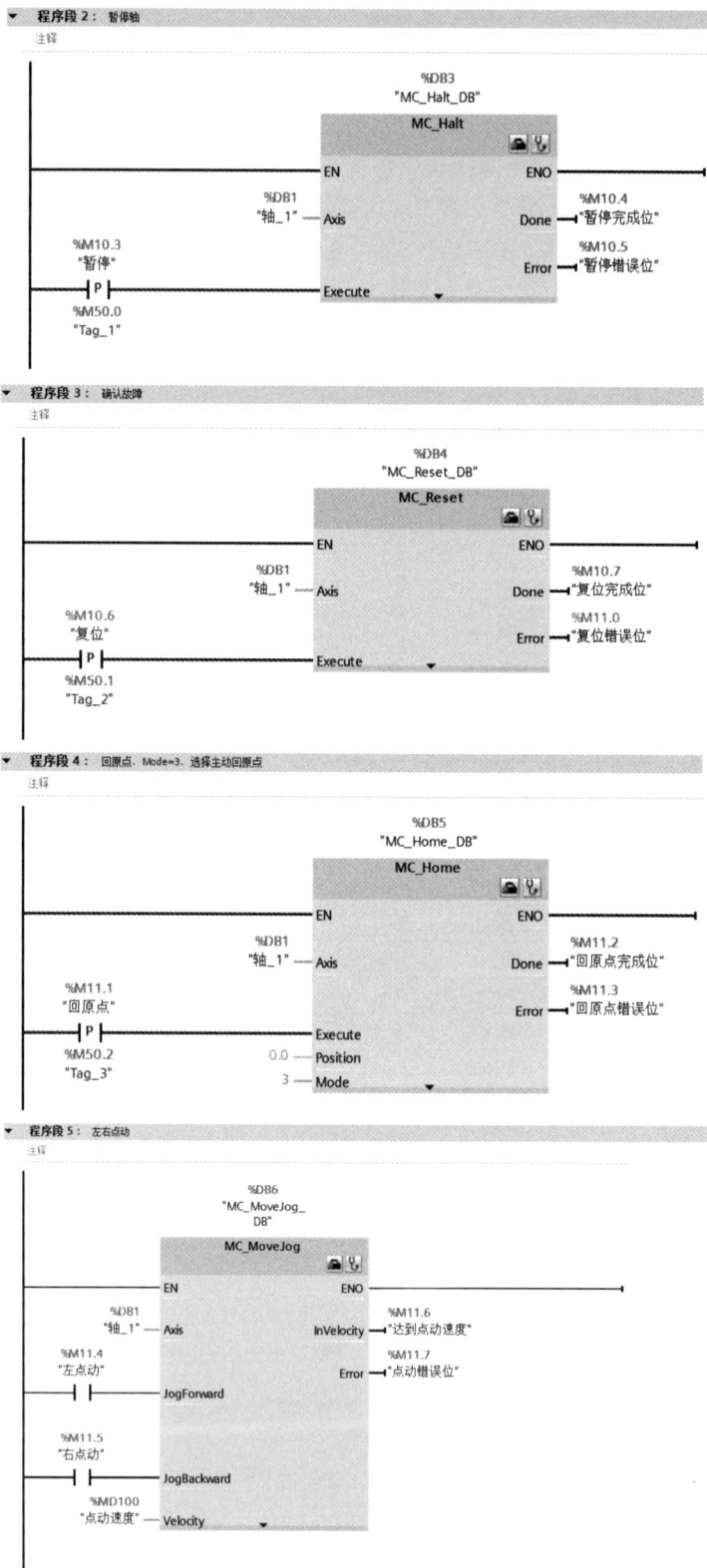

图 5-51　机械手控制程序（续）

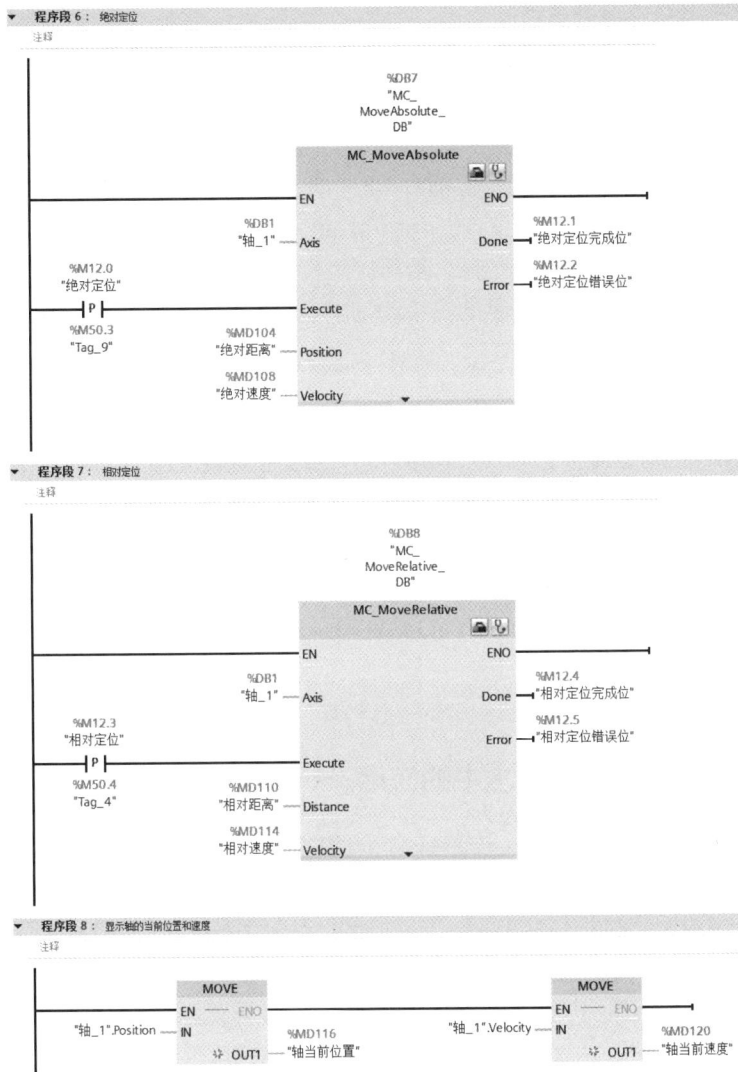

图 5-51　机械手控制程序（续）

5. 运行、调试

① 使能轴。图 5-51 中的程序段 1 调用启用/禁用轴指令 MC_Power，通过 TIA 博途软件使 M10.0=1，启用轴，或使 M10.0=0，禁用轴。

② 暂停轴。程序段 2 调用暂停轴指令 MC_Halt，通过 TIA 博途软件使 M10.3=1 时，会让正在运动的轴停止。

③ 复位轴。程序段 3 调用确认故障指令 MC_Reset。当轴发生故障时，通过 TIA 博途软件使 M10.6=1，确认故障后，轴才能根据所需指令移动。

④ 回原点。程序段 4 调用回原点指令 MC_Home，令 Mode=3，选择主动回原点。如果机械手位于参考点（原点）的右侧，通过 TIA 博途软件使 M11.1=1 时，轴会以组态好的 20mm/s 的速度向左寻找参考点，逼近参考点时以 5mm/s 的速度返回参考点并停在参考点右侧；如果机械手位于参考点的左侧，通过 TIA 博途软件使 M11.1=1 时，机械手先向左侧移动，碰到左限位开关 I0.6

后再掉头返回参考点并停在参考点右侧。

⑤ 点动轴。程序段 5 调用左右点动指令 MC_MoveJog，通过 TIA 博途软件使点动速度 MD100= 30mm/s，左点动参数 M11.4=1 时，机械手向左以 30mm/s 的速度移动，当 M11.4=0 时，机械手停止运动。如果使右点动参数 M11.5=1，则机械手向右移动。

⑥ 绝对定位。程序段 6 调用绝对定位指令 MC_MoveAbsolute，通过 TIA 博途软件使绝对距离 MD104= 60mm、绝对速度 MD108=60mm/s、绝对定位参数 M12.0 由 0→1，机械手从原点开关 I0.5 处向左移动 60mm，移动到位后，若再次使 M12.0 由 0→1，则机械手不会移动。如果使绝对距离 MD104＝-60mm，则机械手向右移动到原点开关 I0.5 的右侧 60mm 处。

🌸 **小提示** ┊ 执行绝对定位指令之前，机械手必须通过回原点指令已经处于原点位置。

------

⑦ 相对定位。程序段 7 调用相对定位指令 MC_MoveRelative，通过 TIA 博途软件使相对距离 MD110=60mm、相对速度 MD114=30mm/s、相对定位参数 M12.3 由 0→1，机械手从当前位置向左移动 60mm，移动到位后，若再次使 M12.3 由 0→1，则机械手继续向左移动 60mm。如果使相对距离 MD110=-50mm，则机械手向右移动 50mm。

⑧ 显示轴的当前位置和速度。程序段 8 用于显示轴的当前位置和速度，通过移动值指令将"轴_1"的当前位置和当前速度传送到 MD116 和 MD120 中，并在 PLC 中显示。

📝【跟我拓】

任务 7　PID 控制在恒压供水中的应用 =================

PID 控制在恒压
供水中的应用
（文档）

PID 控制通常用于对温度、压力、流量等物理量进行闭环控制，是工业现场中应用较为广泛的一种控制方式。S7-1200 PLC 的 PID_Compact 指令提供了一种可对具有比例作用的执行器进行集成调节的 PID 控制器，它由比例（P）、积分（I）及微分（D）单元等组成。其控制原理是在控制回路中连续检测被控量的实际测量值，将其与设定值进行比较，并使用生成的偏差来计算 PID 控制器的输出，以尽可能快速、平稳地将被控量调整到设定值并使系统达到稳定。

S7-1200 PLC 提供了多达 16 路的 PID 控制回路，用户可手动调试参数，也可使用自整定功能，由 PID 控制器自动调整参数。另外，TIA 博途软件还提供了调试面板，用户可以直接了解被控量的状态。请使用 S7-1200 PLC 的 PID 控制实现恒压供水的控制。

➡【单独测】

1. 填空题

（1）S7-1200 PLC 本体和高速输入信号板共提供了_____个高速计数器。

（2）高速计数器的工作模式有_____、_____、_____和_____等 4 种。

（3）高速计数器具有_____、_____、_____和_____4 种计数类型。

（4）高速计数器指令 CTRL_HSC 可以用来修改高速计数器的_____、_____、_____、_____等参数。

（5）S7-1200 PLC 的高速脉冲输出包括_____和_____。

（6）晶体管输出型的 S7-1200 PLC 可通过板载 I/O 最多提供_____路高速脉冲输出信号（V3.0），频率范围为_____，输出端为_____。

（7）继电器输出型的 S7-1200 PLC 可以通过_____的 I/O 实现高速脉冲输出（V3.0），频率范围为_____，输出端分为_____和_____。

（8）高速计数器指令 CTRL_HSC 的输入引脚 RV 位为_____时，才能把 NEW_RV 指定的参考值装载到高速计数器。

（9）运动控制指令 MC_Home 的输入参数 Mode=_____时，会执行主动回原点操作。

（10）执行绝对定位之前，必须执行_____命令，否则绝对定位命令无法执行。

2．分析题

（1）某车间三相异步电机的旋转轴上安装有一个增量式编码器，PLC 对编码器发出的脉冲进行计数，当记录的脉冲数为 2000 时，绿灯 Q0.0 点亮；当记录的脉冲数为 4000 时，绿灯 Q0.0 熄灭，请编写控制程序。

（2）步进电机拖动丝杠运动，电机每转一周需要 2000 个脉冲，在丝杠上移动 10mm。电机最高速度为 50000 脉冲/s，启动/停止速度为 5000 脉冲/s。当电机处于原点位置时，按下启动按钮，电机以 8000 脉冲/s 的目标速度左行 20000 脉冲的距离后自动返回原点，可以通过左、右点动按钮控制步进电机的左行或右行。试编写步进电机控制程序。

项目 5.2　通信功能的组态及应用

💡【项目描述】

S7-1200 PLC 可通过 CPU 集成的以太网口实现 S7、PROFINET 等通信；S7-1200 PLC 的 CPU 还可以通过扩展的通信模块或通信板实现 PLC 与现场智能仪表、变频器等设备的通信。本项目主要包括 S7 通信功能的组态和编程、送风系统和循环系统之间的 S7 通信、S7-1200 PLC 与智能仪表的 Modbus RTU 通信等 3 个任务，以及 S7-1200 PLC 与 G120 变频器的 PROFINET 通信这 1 个拓展任务（扫码学习），主要介绍 S7-1200 PLC 在不同通信模式下的硬件配置、网络组态、编程和调试等内容。

➡ **学海领航**　孟子曰："不以规矩，不能成方圆。"S7-1200 PLC 的以太网通信和 Modbus RTU 通信都有相应的通信协议，通信双方只有按照协议规定的发送和接收数据的规则和约定进行通信组态，编写通信程序，才能协同工作，实现信息交换和资源共享。

✛【跟我学】

5.2.1　以太网通信

工业以太网可应用于单元级、管理级的网络，其通信数据量大、传输速度快、传输距离长，已成为主流的通信网络。

S7-1200 PLC 本体上集成了 1 个或 2 个 RJ45 以太网通信接口，支持非实时通信和实时通信等通信服务。非实时通信主要应用于站点间数据通信，包括 PG 通信、HMI 通信、S7 通信、开放式用户通信（Open User Communication，OUC）和 Modbus TCP 通信等。实时通信主要用于连接现场分布式站点，包括 PROFINET IO 通信和 I-Device 通信。

1. S7-1200 PLC 的以太网物理连接

S7-1200 PLC 通过以太网接口可以在编程设备、HMI 和其他 CPU 之间建立物理连接。物理介质采用 RJ45 接口电缆（普通网线）。S7-1200 PLC 的以太网接口有两种硬件连接方式：直接连接和网络连接。

（1）直接连接。

当一个 S7-1200 PLC 与一个编程设备、HMI 或者另外一个 S7-1200 PLC 通信时，可采用直接连接。直接连接不需要使用交换机，使用网线直接连接两个设备即可，如图 5-52 所示。

（a）PLC 连接到编程设备　　　　（b）PLC 连接到 HMI　　　　（c）PLC 连接到另外一个 S7-1200 PLC

图 5-52　直接连接

（2）网络连接。

当通信设备超过两个时，需要使用交换机来实现网络连接。CPU 1215C 和 CPU 1217C 内置了一个双 RJ45 接口的以太网交换机，可连接两个通信设备。也可以使用导轨安装的西门子 CSM 1277 4 端口交换机来连接多个 CPU 和 HMI，如图 5-53 所示。

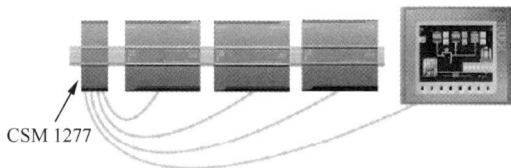

图 5-53　网络连接

2. PG 通信

S7-1200 PLC 的编程组态软件为 TIA 博途软件，使用 TIA 博途软件对 S7-1200 PLC 进行在线连接、上传/下载程序、调试和诊断时会用到 S7-1200 PLC 的 PG 通信功能。

3. HMI 通信

S7-1200 PLC 的 HMI 通信可用于连接西门子精简面板、精智面板、移动面板以及一些带有 S7-1200 PLC 驱动的第三方 HMI 等。

4. 开放式用户通信

开放式用户通信采用开放式标准，可与第三方设备或个人计算机进行通信，也适用于 S7-300/400/1200/1500 PLC 之间的通信。S7-1200 PLC 支持 TCP（遵循 RFC 793）、ISO-on-TCP（遵循 RFC 1006）和 UDP（遵循 RFC 768）等开放式用户通信协议。

5. Modbus TCP 通信

Modbus 协议是一种简单、经济、公开且透明的通信协议，用于在不同类型总线或网络中的设备之间的客户端/服务器通信。Modbus TCP 结合了 Modbus 协议和 TCP/IP 网络标准，它是 Modbus 协议在 TCP/IP 上的具体实现，数据传输时会在 TCP 报文中插入 Modbus 应用数据单元。

6. PROFINET IO 通信

PROFINET IO 是 PROFIBUS/PROFINET 国际组织基于以太网自动化技术标准定义的一种跨供应商的通信、自动化系统和工程组态的模型，主要用于模块化、分布式控制。

7. S7 通信

S7-1200 PLC 与其他 S7-300/400/1200/1500 PLC 通信可采用多种通信方式，但是较常用

的、简单的还是 S7 通信。S7 通信是西门子的私有通信方式，不能用于与第三方设备通信。

S7-1200 PLC 仅支持单向连接，其客户端（Client）是向服务器（Server）请求服务的设备。客户端调用 GET/PUT 指令读写服务器的存储区，服务器是通信中的被动方，用户不用编写服务器的 S7 通信程序，S7 通信是由服务器的操作系统完成的。因为客户端可以读写服务器的存储区，单向连接实际上可以双向传输数据。

【跟我做】

任务 1　S7 通信功能的组态和编程

1. 任务导入

S7 通信提供了 PUT/GET 指令，用于建立 S7 系列 PLC 之间的以太网通信。PUT 指令用于将数据写入伙伴 CPU，GET 指令用于从伙伴 CPU 读取数据。本任务要求通过 PUT 指令将客户端 PLC1 输入端 I1.0～I1.7 的状态写入服务器端 PLC2 的 Q0.0～Q0.7 中；通过 GET 指令将服务器端 PLC2 输入端 I1.0～I1.7 的状态读取到客户端 PLC1 的 M100.0～M100.7 中。请构建 S7 通信网络并编程测试。

2. 设备和工具

CPU 1215C DC/DC/DC 2 台、以太网交换机 1 个、开关、按钮和网线若干、安装有 TIA 博途软件的计算机 1 台、《S7-1200 可编程控制器系统手册》1 本、电工工具 1 套、万用表 1 块等。

3. 硬件电路

将 2 台 CPU 1215C DC/DC/DC、1 台编程计算机通过网线连接到以太网交换机上，如图 5-54 所示，在客户端 PLC1 和服务器端 PLC 2 的输入端 I0.0～I0.7 上分别接 7 个按钮或开关。

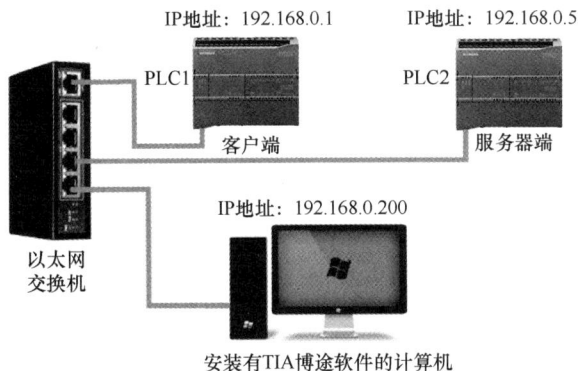

图 5-54　以太网组网

小提示　　2 台 PLC 和 1 台编程计算机的 IP 地址必须处于同一网段，并且各不相同。

---

4. 创建 S7 连接

（1）添加客户端 PLC1 和服务器端 PLC2。

使用 TIA 博途软件创建一个新项目，按照图 1-31 所示将 CPU 1215C DC/DC/DC 作为客户端 PLC1 添加到"项目树"中，按照图 1-32 所示设置 IP 地址为 192.168.0.1，子网掩码为 255.255.255.0，按照图 2-40 所示启用系统和时钟存储器。在"设备视图"中双击 CPU，在其巡视窗口的"属性"→"常规"选项卡中，选择"防护与安全"→"连接机制"，勾选"允许来自远程对象的 PUT/GET 通信访问"复选框，如图 5-55 所示。

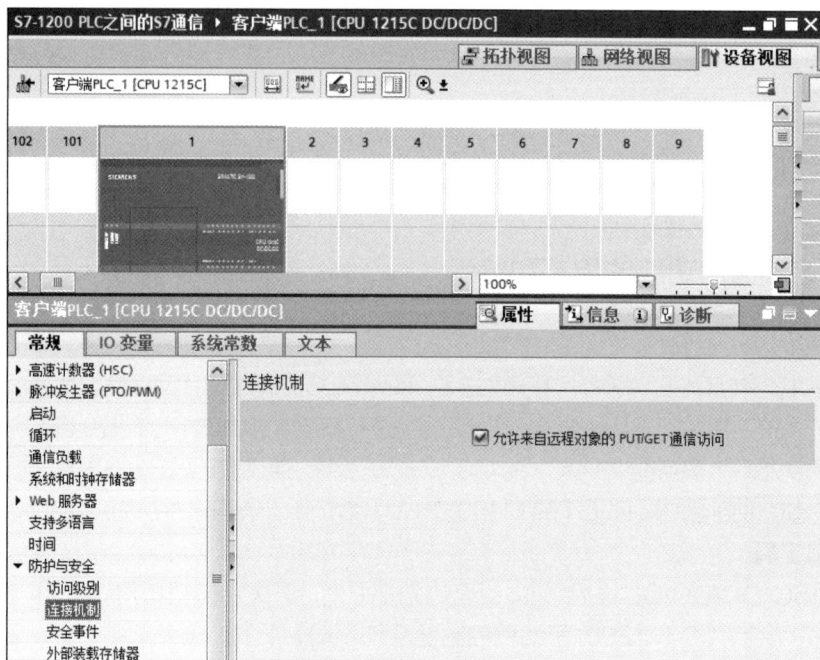

图 5-55　设置"连接机制"

在同一个项目中，按照上述方法添加服务器端 PLC2 并进行组态，IP 地址为 192.168.0.5。

（2）创建 S7 通信连接。

① 双击"项目树"中的"设备和网络"，打开"网络视图"，在图 5-56 中单击左上角的"连接"按钮 连接，在下拉列表中选择"S7 连接"。如图 5-57 所示，在标记①处，单击"客户端 PLC1"的 PROFINET 通信口的绿色小方框后，拖出一条线到"服务器端 PLC2"的 PROFINET 通信口的绿色小方框，松开鼠标左键，就建立起了名为"S7_连接_1"的 S7 连接。

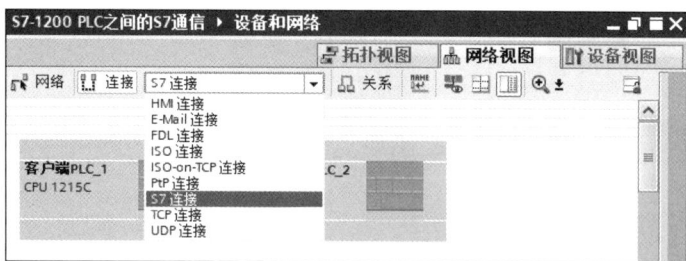

图 5-56　选择连接方式

下次打开"网络视图"时，网络变为单线。为了高亮（用双轨道线）显示连接，应单击"网络视图"左上角的"连接"按钮 连接，将鼠标指针放到网络线上，单击出现的小方框中的"S7_连接_1"，连接变为高亮显示，出现"S7_连接_1"字样。

② 单击"网络视图"右侧竖条上向左的小三角形按钮◀，打开从右到左弹出的标记②处的界面，单击界面中的"连接"选项卡，可以看到生成的 S7 连接的详细信息，连接的本地 ID 和伙伴 ID 为

100。单击竖条上向右的小三角形按钮►，关闭弹出的界面。

③ 如图 5-57 所示，选中"网络视图"标记①处双轨道线上的"S7_连接_1"，再选中下面标记③处巡视窗口中的"属性"→"常规"→"常规"，可以看到 S7 连接的常规属性，包括本地 PLC 和伙伴 PLC 的"站点""接口""接口类型""子网"和"地址"等。

图 5-57　S7 连接的属性

彩图 5-57

单击图 5-58 所示巡视窗口中的"本地 ID"，可以查询本地连接的 ID=W#16#100（编程时使用）。

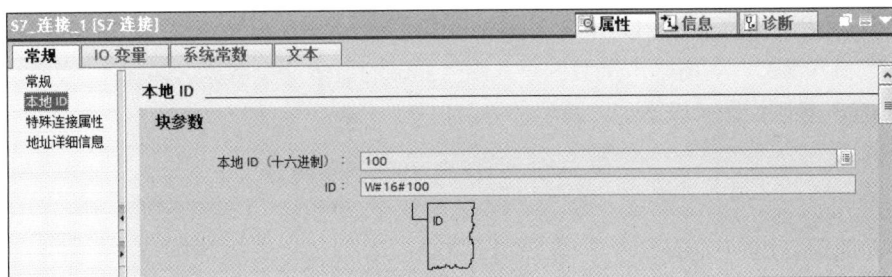

图 5-58　本地 ID

5. 客户端 PLC 的程序设计

（1）编写程序段 1。

① PUT 指令的输入输出参数。

在 S7 通信中，PLC1 作通信的客户端。打开它的 OB1，在"指令"选项卡中选择"通信"→"S7 通信"，S7 通信指令列表如图 5-59 右上角所示。S7 通信指令主要有两个，即 GET 指令和

PUT 指令。每个指令块被拖到程序工作区中时将自动为其分配背景数据块。

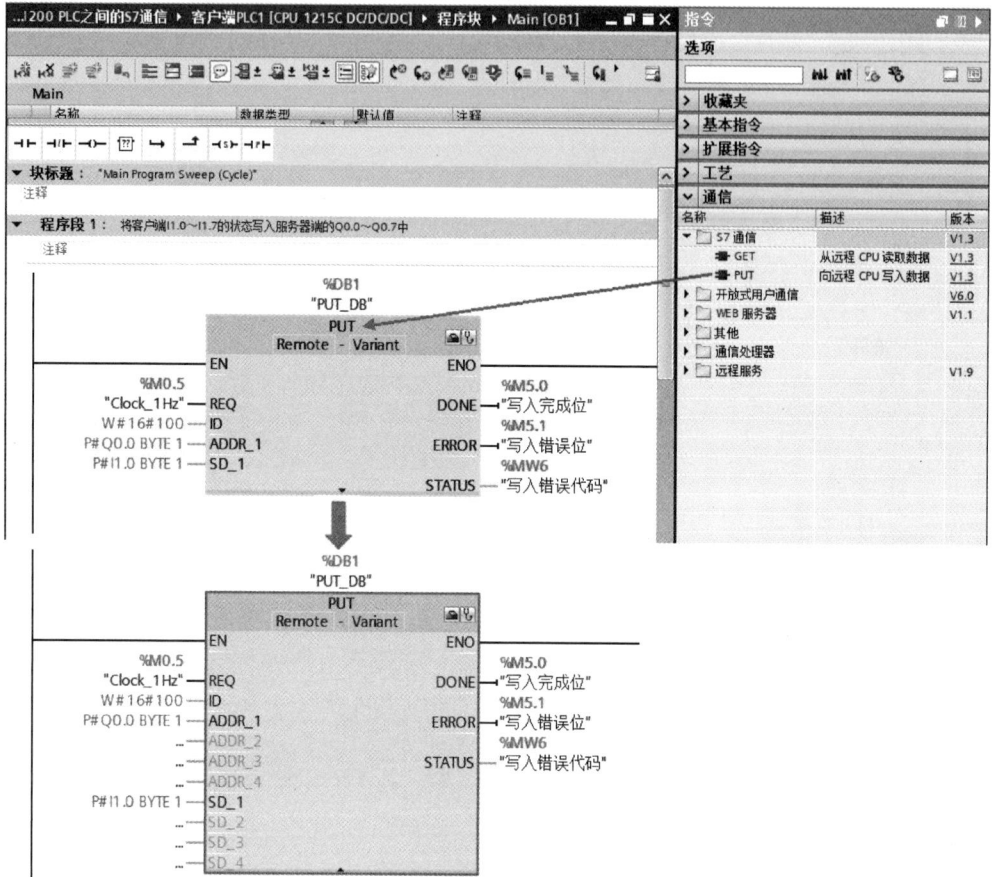

图 5-59　PUT 指令

　　PUT 指令用于将本地（客户端）CPU 的数据写入远程（服务器端）CPU 中。单击图 5-59 中
PUT 指令框下边沿的黑色三角形按钮 ▼ 或 ▲，可以显示或隐藏 ADDR_2 和 SD_2 等未启用（以
灰色显示）的输入参数。可将客户端数据写入服务器端的最多 4 个数据区。

　　PUT 指令的参数说明如表 5-12 所示。

表 5-12　PUT 指令的参数说明

参数	数据类型	说明
REQ	Bool	用于触发 PUT 指令的执行，每个上升沿触发一次
ID	Word	S7 通信连接 ID，该 ID 在组态 S7 连接时生成，可在图 5-58 中查询
ADDR_x	REMOTE	远程（伙伴）CPU 上用于写入数据的地址区域指针。如果写入区域为数据块，则该数据块须为标准访问的数据块，不支持优化访问。 示例：假如远程 CPU 被写入数据的区域为从 DB10.DBB0 开始的连续 100 个字节区域，其格式为 P#DB10.DBX0.0 BYTE 100 P#DB10.DBX0.0　BYTE 100 指针标识符　　写入DB块的编号　　写入DB块的首地址　　写入数据个数　　数据类型

续表

参数	数据类型	说明
SD_x	VARIANT	本地 CPU 上要发送数据的地址区域指针，提供写入远程 CPU 的数据。其格式表示方法与 ADDR_x 相同，只是这个指针指向本地 CPU 的存储区
DONE	Bool	1：数据发送完成。0：数据未发送完成
ERROR	Word	1：指令执行出错。0：没有错误
STATUS	Word	通信错误代码，如果 ERROR 为 1，可以通过其查看通信错误原因

📌 一起看 ┆ 表 5-12 中的 SD_x 和表 5-13 中的 RD_x 参数的数据类型均是 VARIANT，需要输入地址指针，地址指针的结构对编写程序至关重要，请扫码学习"指针结构（文档）"。

指针结构
（文档）

② 组态 PUT 指令的连接参数和块参数。

单击图 5-59 中 PUT 指令框右上角的"开始组态"图标📷，在图 5-60 所示的窗口中选择"连接参数"，单击"伙伴"右侧的黑色小三角形按钮，在下拉列表中选择"服务器端 PLC2[CPU 1215C DC/DC/DC]"，"接口""子网""子网名称""地址"等信息将自动填写在图 5-60 中对应的位置上。因为要把客户端 I1.0～I1.7 的状态每隔 1s 写入服务器端的 Q0.0～Q0.7 中，所以在图 5-61 所示的窗口中选择"块参数"，在"启动请求"（REQ）处输入 M0.5（实际显示"Clock_1Hz"，即 1s）；在"写入区域（ADDR_1）"的"起始地址"右侧输入 Q0.0，长度为 1，"长度"选择"Byte"，在"发送区域"的"起始地址"右侧输入 I1.0，长度为 1，"长度"选择"Byte"。

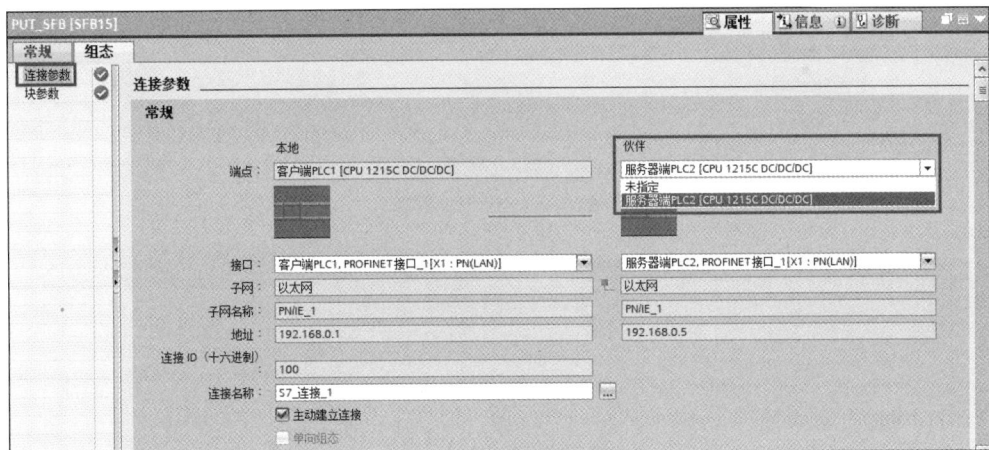

图 5-60　组态连接参数

如果事先已经在 PLC 变量表中定义了写入完成位 M5.0、写入错误位 M5.1 和写入错误代码 MW6，在图 5-61 中将这些变量填写在输出区域相应的位置上。

组态完连接参数和块参数之后，这些参数将自动显示在图 5-59 中 PUT 指令的引脚上。

（2）编写程序段 2。

GET 指令用于将服务器端（伙伴）CPU 中的数据读取到客户端的 CPU 中。单击图 5-62 中

GET 指令框下边沿的黑色三角形按钮 ▼ 或 ▲，可以显示或隐藏 ADDR_2 和 RD_2 等未启用的输入参数。客户端最多可以读取服务器端的 4 个数据区。

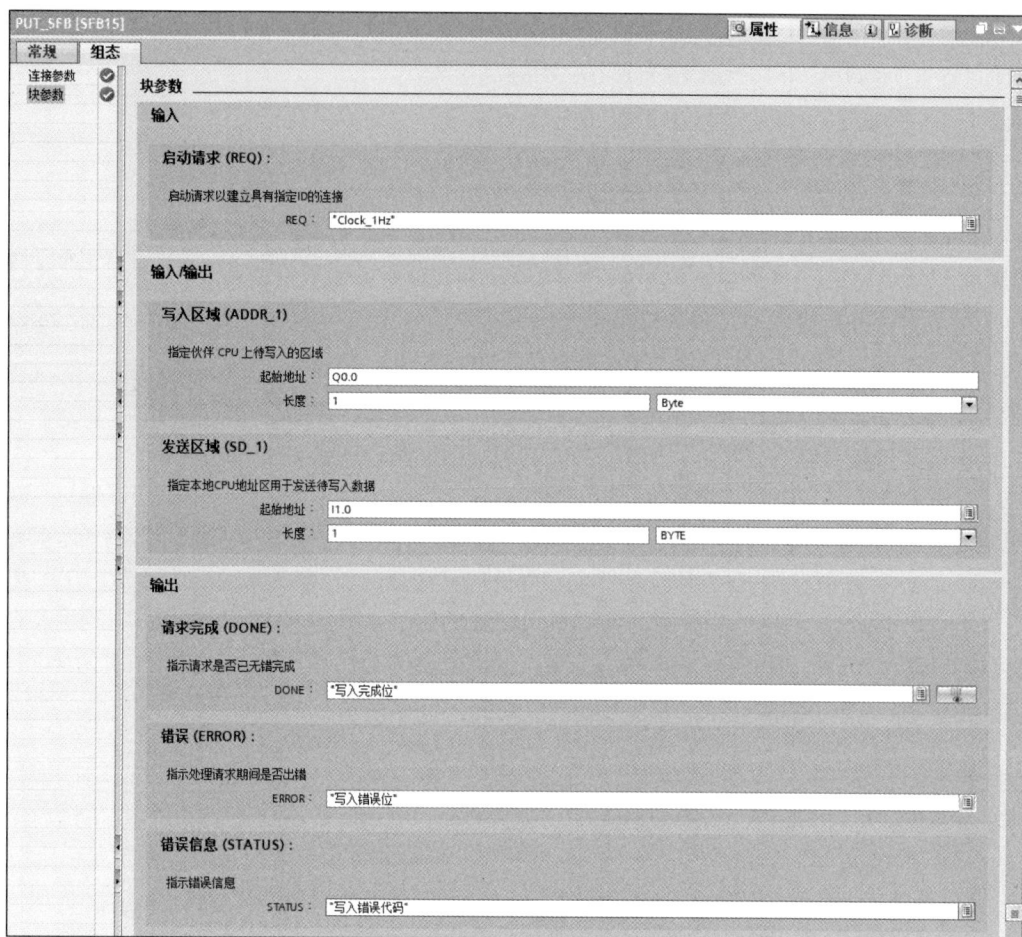

图 5-61　组态块参数

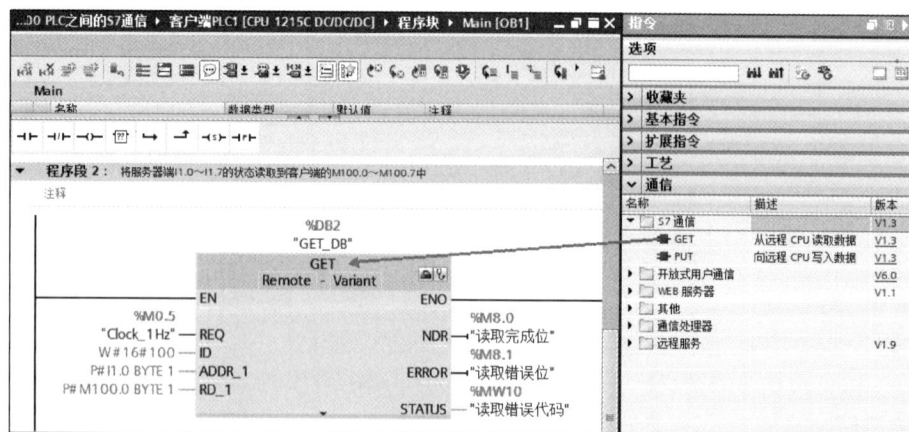

图 5-62　GET 指令

① GET 指令的输入输出参数。

GET 指令的参数说明如表 5-13 所示。

表 5-13　GET 指令的参数说明

参数	数据类型	说明
REQ	Bool	用于触发 GET 指令的执行，每个上升沿触发一次
ID	Word	S7 通信连接 ID，该 ID 在组态 S7 连接时生成，可在图 5-58 中查询
ADDR_x	REMOTE	远程（伙伴）CPU 上用于待读取数据的地址区域指针。如果读取区域为数据块，则该数据块须为标准访问的数据块，不支持优化访问。其格式表示方法与 PUT 指令的 ADDR_x 相同，示例：P#DB10.DBX5.0 BYTE 10
RD_x	VARIANT	本地 CPU 上要输入已读数据的地址区域指针，保存从远程 CPU 读取的数据。其格式表示方法与 ADDR_x 相同，只是这个指针指向本地 CPU 的存储区
NDR	Bool	1：数据接收完成。0：数据未接收完成
ERROR	Word	1：指令执行出错。0：没有错误
STATUS	Word	通信错误代码，如果 ERROR 为 1，可以通过其查看通信错误原因

② 组态 GET 指令的连接参数和块参数。

单击图 5-62 中 GET 指令框右上角的"开始组态"图标，可以如组态 PUT 指令一样组态 GET 指令的参数。GET 指令的参数也可以直接在引脚上输入，ID 引脚处直接输入"W#16#100"，ADDR_x 和 RD_x 的地址输入格式为：P#+绝对地址+空格+数据类型+空格+数据个数。

因为要把服务器端 PLC2 输入端中 I1.0～I1.7 的状态读取到客户端 PLC1 的 M100.0～M100.7 中，所以在 ADDR_1 引脚处输入目标地址"P#I1.0 BYTE 1"，在 RD_1 引脚处输入本地地址"P#M100.0 BYTE 1"，输出引脚处直接输入相应的变量即可，如图 5-62 所示。

6. 服务器端 PLC 的程序设计

S7 通信不需要在服务器端调用 PUT 指令和 GET 指令，此例不需要编写程序。

7. 运行测试

（1）将客服端和服务器端的组态及程序下载到相应的 PLC 中，且设置为 RUN 模式。

> **小提示**　如果两台 PLC 的初始地址相同，下载程序时可以将网线直接连接到对应的 PLC 上。

（2）将客户端 PLC1 的 I1.0～I1.7 数据写入服务器端 PLC2 的 Q0.0～Q0.7 进行测试。

改变 PLC1 输入端 I1.0～I1.7 的状态，观察 PLC2 上对应的 Q0.0～Q0.7 的输出指示灯的状态。如果网络搭建和程序输入正确，PLC2 的 Q0.0～Q0.7 的状态会与 PLC1 的 I1.0～I1.7 的状态一致。例如，将 PLC1 的 I1.0、I1.1 和 I1.2 上接入的按钮闭合，其输入端状态指示如图 5-63（a）所示，此时 PLC2 上对应的 Q0.0、Q0.1 和 Q0.2 的输出指示灯均点亮，如图 5-63（b）所示。

（3）将服务器端 PLC2 输入端的 I1.0～I1.7 的状态读取到客户端 PLC1 的 M100.0～M100.7

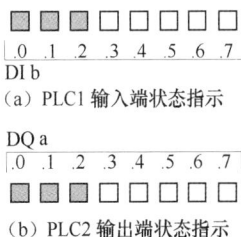

(a) PLC1 输入端状态指示

(b) PLC2 输出端状态指示

图 5-63　PLC1 输入端状态指示和 PLC2 输出端状态指示

进行测试。

改变 PLC2 接入 I1.0～I1.7 的按钮或开关的状态，通过监控表观察 PLC1 中的 M100.0～M100.7 的状态。如果网络搭建和程序输入正确，则 M100.0～M100.7 的状态会与 PLC2 的 I1.0～I1.7 的状态一致。例如，将 PLC2 输入端 I1.4、I1.5 和 I1.6 上接入的按钮闭合，则 PLC1 中的 M100.0～M100.7 的状态为 01110000。

任务 2 　送风系统和循环系统之间的 S7 通信

1. 任务导入

某控制系统由送风系统和循环系统组成，如图 5-64 所示，它们均由一台功率为 10kW 的电机驱动，并且两台电机分别由两台 PLC 控制其直接启动。现需要两个系统能进行数据通信，具体要求如下。

（1）送风系统（客户端）的 PLC 既能控制本系统的送风电机启停，又能控制循环系统的循环电机启停。

（2）循环系统（服务器端）的 PLC 既能控制本系统的电机启停，又能控制送风电机的启停。

（3）两个系统均能监控本系统和对方系统的运行状态。

请使用 S7 通信设计硬件电路并编写程序。

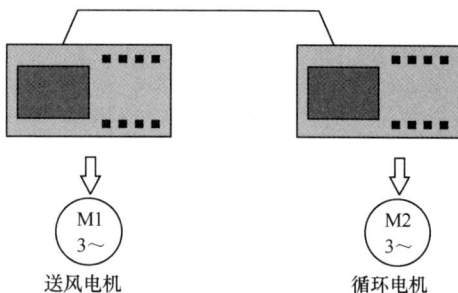

图 5-64　由送风系统和循环系统组成的控制系统

2. 设备和工具

CPU 1214C DC/DC/DC 2 台、三相异步电机 2 台、中间继电器和接触器及热继电器各 2 个、开关和按钮若干、安装有 TIA 博途软件的计算机 1 台、《S7-1200 可编程控制器系统手册》1 本、电工工具 1 套、万用表 1 块等。

3. 硬件电路

根据控制要求，送风系统的 PLC1 作为客户端，循环系统的 PLC2 作为服务器端，两者的 I/O 分配相同，如表 5-14 所示。送风系统的硬件电路如图 5-65 所示，循环系统 PLC 的输入和输出接线与送风系统的相同，用网线将两台 PLC 的 RJ45 接口连接在一起。

表 5-14　送风系统和循环系统的 I/O 分配

输　入			输　出		
输入继电器	输入元件	作　用	输出继电器	输出元件	作　用
I0.0	SB1	本地启动	Q0.0	KA	本地电机
I0.1	SB2	本地停止	Q0.1	HL1	本地运行指示
I0.2	SB3	远程启动	Q0.2	HL2	远程运行指示
I0.3	SB4	远程停止			

4. 创建 S7 连接

将两台 PLC 的 IP 地址分别设置为 192.168.0.1 和 192.168.0.5，并启用系统和时钟存储器，设置"连接机制"。按照任务 1 的方法，创建两台 PLC 的 S7 连接。

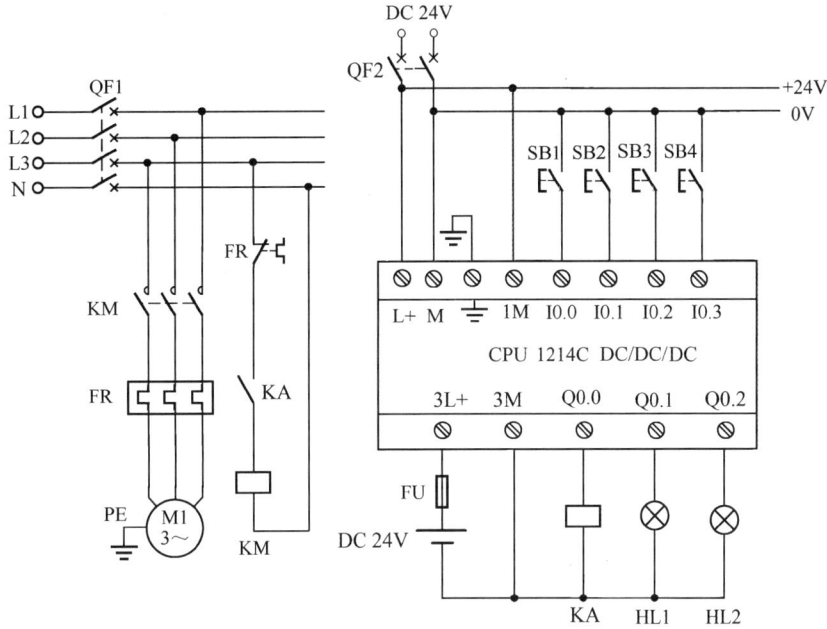

图 5-65　送风系统的硬件电路

5. 程序设计

（1）在两台 PLC 中分别添加送风系统和循环系统的变量表，如图 5-66 所示。

（a）送风系统变量表

（b）循环系统变量表

图 5-66　送风和循环系统的变量表

（2）在两台 PLC 中分别添加送风数据块和循环数据块。

按照图 3-7 所示在两台 PLC 中分别添加名称为"送风数据块[DB1]"和"循环数据块[DB1]"的数据块，其编号均为 1。需要在"属性"中取消勾选图 3-8 所示的"优化的块访问"复选框。

如图 5-67 所示，在"送风数据块[DB1]"和"循环数据块[DB1]"中，创建发送数据和接收数据。在"数据类型"列的标记①和标记③处选择数据类型为 Bool 的数组，共有 8 个位，本例只用标记②处和标记④处的 3 个发送数据位和 3 个接收数据位。图 5-67（a）所示的送风数据块的标记②处的 3 个发送数据位分别存储送风端的远程站启动、远程站停止和送风运行指示的状态，这 3 个数据将被发送到图 5-67（b）所示的循环数据块的标记②处的 3 个接收数据中；图 5-67（a）所示的送风数据块的标记④处的 3 个接收位将读取图 5-67（b）所示的循环数据块的标记④处的 3 个发送数据，这 3 个发送数据分别存储循环端的远程站启动、远程站停止和循环运行指示的状态。

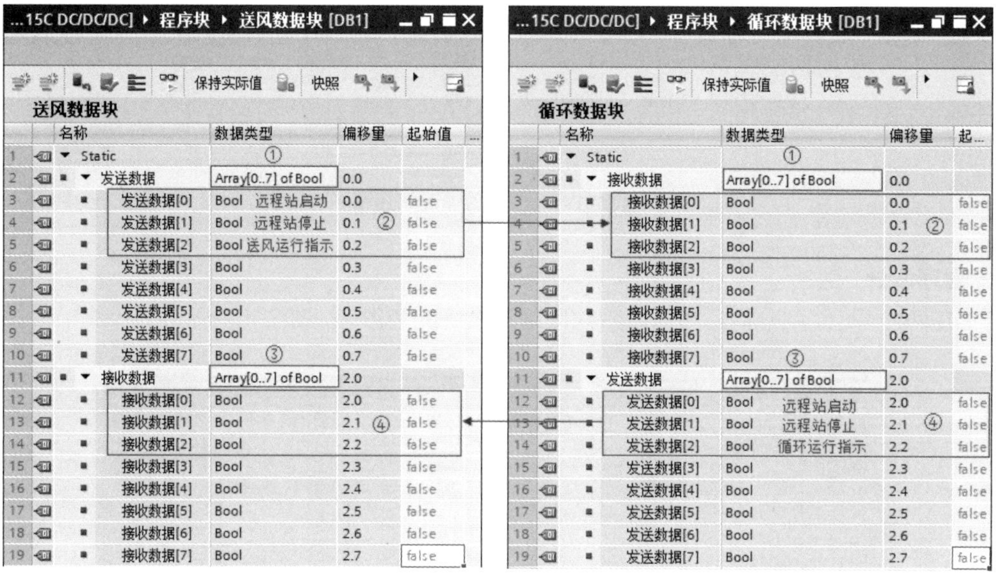

（a）送风数据块　　　　　　　　　　　　　（b）循环数据块

图 5-67　送风数据块和循环数据块

> 🌟 **小提示**　　如图 5-67 所示，必须对"送风数据块[DB1]"和"循环数据块[DB1]"进行编译，才能在"偏移量"列中出现偏移地址。

（3）编写送风的程序，如图 5-68 所示。

程序段 1 用于送风电机的本地和远程控制。用送风数据块[DB1]接收到的远程启动信号""送风数据块".接收数据[0]"和远程停止信号""送风数据块".接收数据[1]"控制送风电机的启停。

程序段 2 用于将远程启动、远程停止、送风运行指示的状态传送到送风数据块的 3 个发送数据中。

程序段 3 可用读取到送风数据块中""送风数据块".接收数据[2]"的状态控制 Q0.2 的线圈。

程序段 4 中的 PUT 指令用于将送风数据块发送数据中的远程启动、远程停止、送风运行指示的状态写入循环数据块的 3 个接收数据中，GET 指令用于将循环数据块中远程启动、远程停止、循环运行指示等 3 个发送数据的状态读取到送风数据块中的 3 个接收数据中。

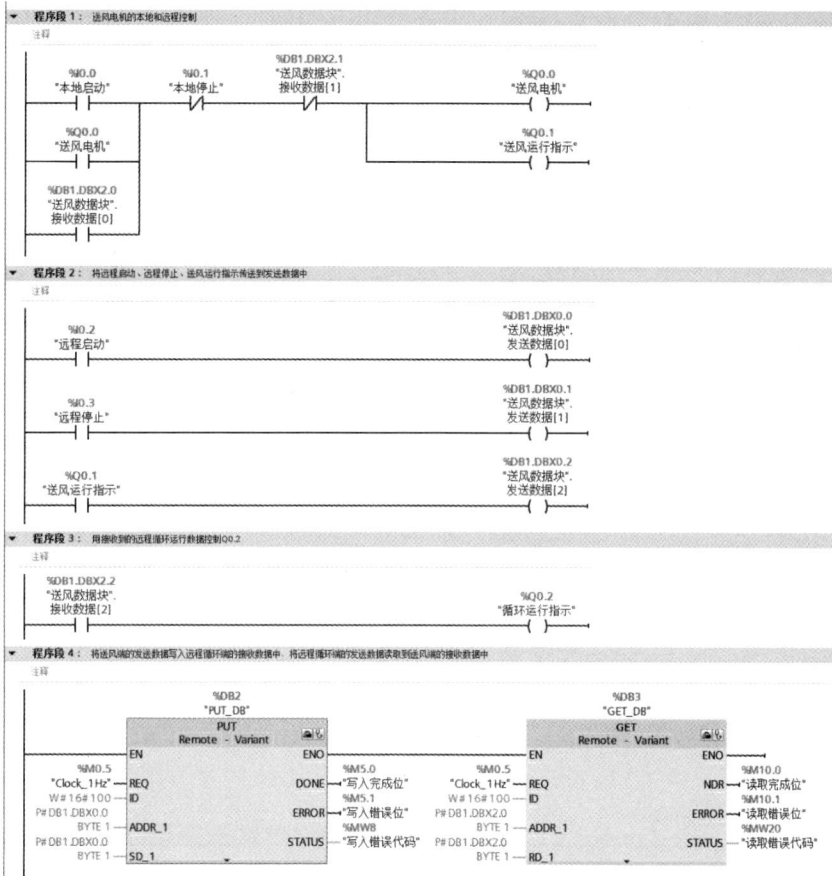

图 5-68　送风系统的程序

可以采用拖曳的方式将图 5-69 所示的送风数据块中的发送数据和接收数据分别拖曳到 PUT 指令和 GET 指令的 SD_1 引脚和 RD_1 引脚上。

小提示

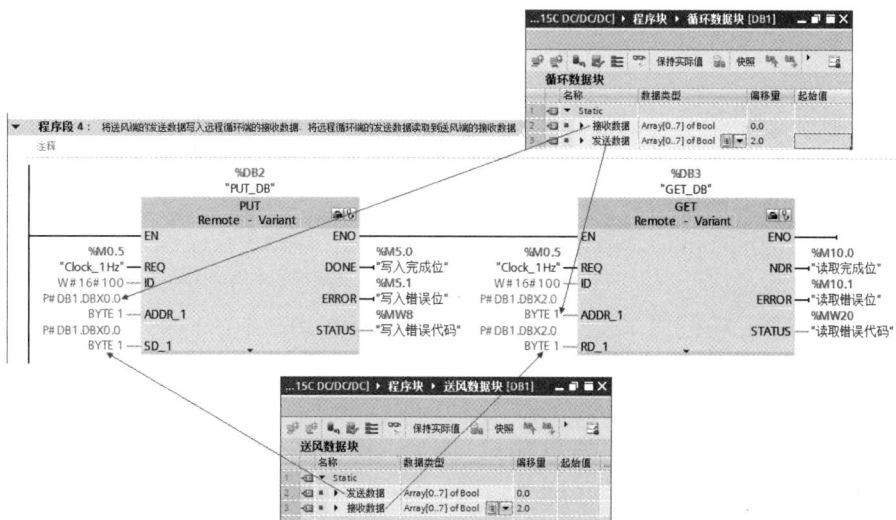

图 5-69　PUT/GET 指令引脚对应的数据块

PUT 指令和 GET 指令中的 ADDR_1 引脚的地址指针是根据图 5-69 所示的循环数据块中的接收数据和发送数据的偏移量设置的。

（4）编写循环系统的程序，如图 5-70 所示，其编程思路和送风系统相同，请读者自行分析。

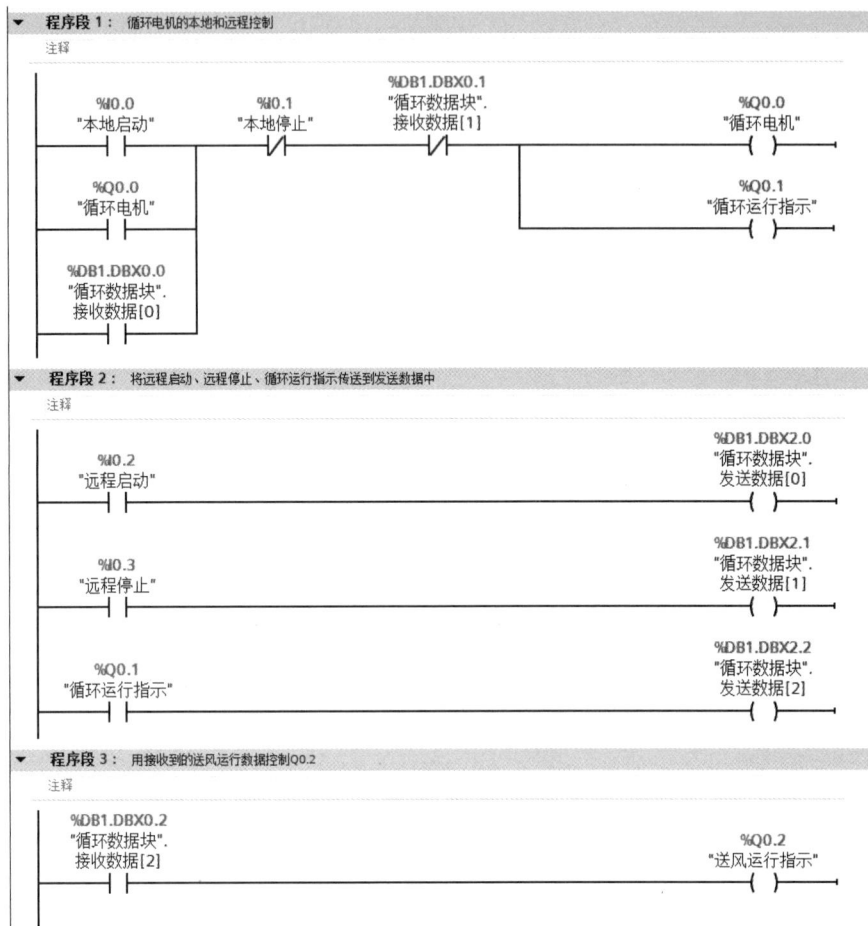

图 5-70　循环系统的程序

6. 运行、调试

（1）将送风系统和循环系统的组态及程序下载到相应的 PLC 中，且设置为 RUN 模式。

（2）送风电机的控制。

按下本地启动按钮 I0.0 或循环 PLC2 上的远程启动按钮 I0.0，Q0.0 和 Q0.1 线圈得电，送风电机运行，本地送风运行指示灯 HL1 点亮，同时远程循环系统的送风运行指示灯 HL2 也点亮。

按下本地停止按钮 I0.1 或循环 PLC2 上的远程停止按钮 I0.1，Q0.0 和 Q0.1 线圈失电，送风电机停止运行，本地送风运行指示灯 HL1 熄灭，同时远程循环系统的送风运行指示灯 HL2 也熄灭。

（3）循环电机的控制。

按下本地启动按钮 I0.0 或送风 PLC1 上的远程启动按钮 I0.0，Q0.0 和 Q0.1 线圈得电，循环电机运行，本地循环运行指示灯 HL1 点亮，同时远程送风系统的循环运行指示灯 HL2 也点亮。

按下本地停止按钮 I0.1 或送风 PLC1 上的远程停止按钮 I0.1，Q0.0 和 Q0.1 线圈失电，循环电机停止运行，本地循环运行指示灯 HL1 熄灭，同时远程送风系统的循环运行指示灯 HL2 也熄灭。

⊕【跟我学】

5.2.2 Modbus RTU 通信

Modbus RTU 是用于网络中通信的标准协议，使用 RS232 或 RS422/485 接口与连接在网络中的 Modbus 设备之间进行串行数据传输。Modbus 协议在工业控制中得到了广泛应用，已经成为工业领域通信协议的业界标准，许多工控产品，例如 PLC、变频器、智能仪表、伺服驱动器等都支持 Modbus 通信。利用 Modbus 通信可以将不同厂商的控制设备连接成工业网络，进行集中监控。

Modbus 具有两种串行传输模式，分别为 Modbus ASCII 和 Modbus RTU。S7-1200 PLC 通过调用软件中的 Modbus RTU 指令来实现 Modbus RTU 通信，而 Modbus ASCII 需要用户按照协议格式自行编程。Modbus RTU 通信是一种单主站的主从通信，由主站发出请求消息帧，从站只能应答主站的请求，从站之间无法进行数据交换。

1. S7-1200 PLC 的 Modbus RTU 网络物理连接

Modbus 通信的物理接口可以选用 RS232、RS422/485 和以太网接口等。S7-1200 PLC 有 3 个串口通信模块 CM1241 RS232、CM1241 RS485、CM1241 RS422/485 和 1 个通信板 CB1241 RS485，它们均支持 Modbus RTU 通信。串口通信模块 CM1241 安装在 S7-1200 PLC 模块或其他通信模块的左侧，通信板 CB1241 安装在 S7-1200 PLC 的正面插槽中。S7-1200 PLC 最多可连接 3 个通信模块和一个通信板，当 S7-1200 PLC 使用 3 个串口通信模块 CM1241（类型不限）和 1 个通信板 CB1241 时，总共可提供 4 个串行通信接口。

S7-1200 PLC 的串行通信接口（CM1241 或 CB1241）可以作为 Modbus RTU 主站或从站同多个设备（智能仪表、执行阀、变频器、PLC 等）进行通信，如图 5-71 所示。Modbus 网络上只能有一个主站存在，主站在 Modbus 网络上没有地址，每个从站必须有唯一的地址，从站的地址范围为 0～247，其中 0 为广播地址，用于将消息广播到所有 Modbus 从站，从站的实际地址范围为 1～247。

CM1241

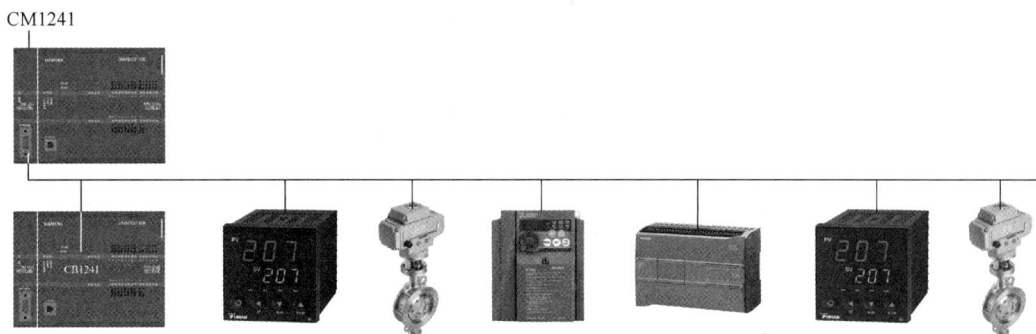

图 5-71 S7-1200 PLC 的 Modbus RTU 设备连接

💡 **小提示** ┊ 使用通信模块 CM1241 RS232 作为 Modbus RTU 主站时，只能与一个从站通信。

使用通信模块 CM1241 RS422/485 或通信板 CB1241 RS485 作为 Modbus RTU 主站时，每个 Modbus 网段最多可以连接 32 个从站。当达到 32 个设备的限制时，必须使用中继器来扩展下一个网段。因此，需要 7 个中继器才能将 247 个从站连接到同一个主站的 RS485 接口。

2. 通信模块和通信板的接线

（1）通信模块 CM1241 的 RS485 接线。

通信模块 CM1241 RS422/485 提供一个 9 针 D 型母接头，后者如图 5-72 所示。CM1241 RS422/485 根据接线的方式可以选择 RS422 或 RS485 模式，只有一个模式有效。使用 RS422 接口时采用四线制全双工通信，使用 RS485 接口时采用两线制半双工通信。这里只介绍 RS485 接口的接线。RS485 网络拓扑采用总线型结构，通信模块上的引脚 3（RS485 信号 RxD/TxD+（B））和引脚 8（RS485 信号 RxD/TxD-（A））分别连接发送和接收的正负信号，总线上可连接 CM1241 RS422/485 通信模块、CB1241 RS485 通信板或非西门子设备（引脚 3 接 Modbus 从站设备 RS485 接口的正信号，引脚 8 接 Modbus 从站设备 RS485 接口的负信号），如图 5-73 所示。

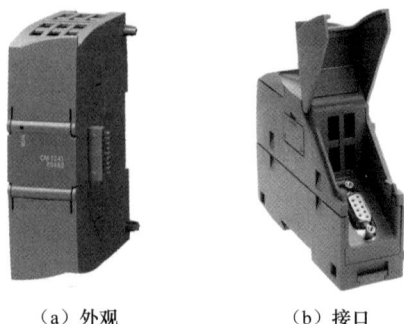

（a）外观　　　　（b）接口

图 5-72　通信模块 CM1241 RS485

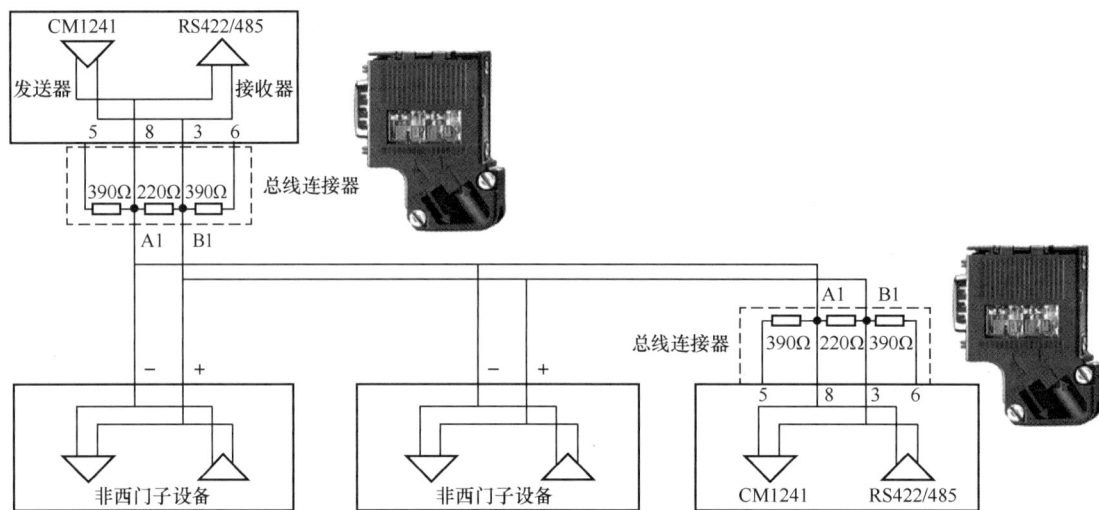

图 5-73　CM1241 RS485 网络拓扑连接

西门子提供了总线连接器，如图 5-73 所示，可使用它们轻松地将多台从站连接到 Modbus 通信网络上。总线连接器上的两组连接端子用于连接输入电缆和输出电缆，如图 5-74 所示。总线连接器上具有终端和偏置电阻的选择开关，网络两端的通信站点必须将总线连接器的选择开关设置为 ON，网络中间的通信站点需要将选择开关设置为 OFF。总线连接器终端和偏置电阻的接线如图 5-75 所示。

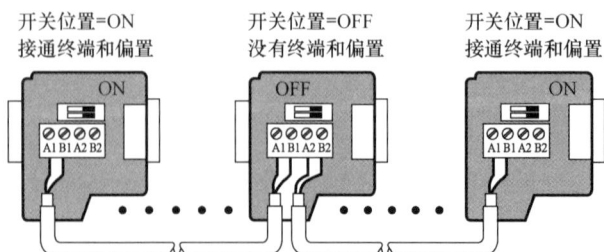

图 5-74　RS485 网络连接

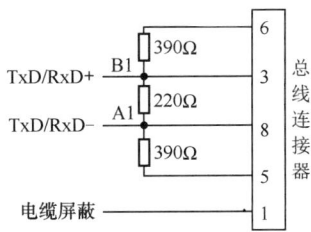

（a）端接设备（选择开关为 ON）的接线　　（b）非端接设备（选择开关为 OFF）的接线

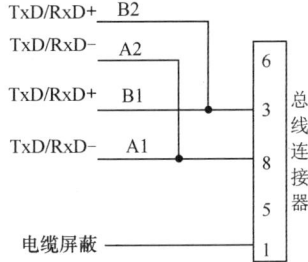

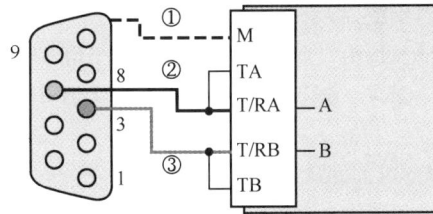

图 5-75　总线连接器终端和偏置电阻的接线

（2）通信板 CB1241 的 RS485 接线。

通信板 CB1241 RS485 的外观和端子接线连接器如图 5-76 所示。

① 连接 TA 和 T/RA 以及 TB 和 T/RB 以终止网络连接（仅端接 RS485 网络上的终端设备）。

② 使用屏蔽双绞线电缆，并将电缆屏蔽接地。

CB1241 通信板提供了用于端接和偏置网络的内部电阻。要端接或偏置网络，应将 T/RA 连接到 TA，将 T/RB 连接到 TB，以便将内部电阻接到电路中，如图 5-77（a）所示，非端接设备的 RS485 9 针连接器与 CB1241 通信板之间的连接如图 5-77（b）所示。

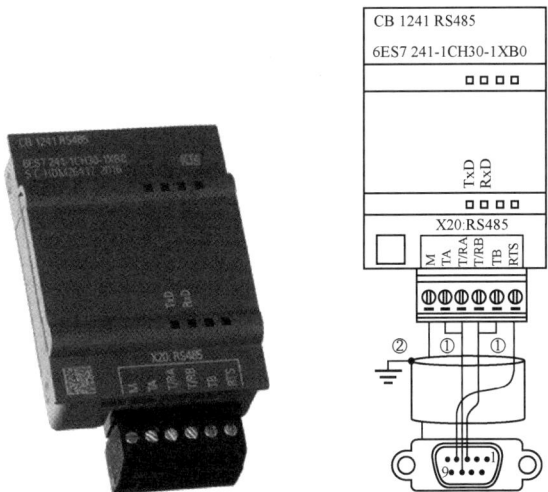

（a）外观　　　　　（b）端子接线连接器

图 5-76　通信板 CB1241 RS485

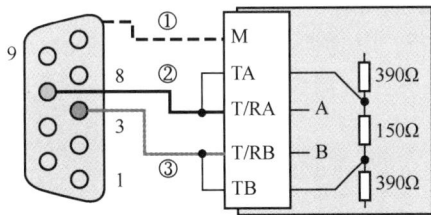

（a）端接设备（选择开关为ON）的接线　　　　（b）非端接设备（选择开关为OFF）的接线

图 5-77　CB1241 RS485 网络拓扑连接

① 将 M 连接到电缆屏蔽　② A=TxD/RxD-（绿色线/针 8）　③ B=TxD/RxD+(红色线/针3)

3. Modbus RTU 的通信指令

在"指令"界面中依次选择"通信"→"通信处理器"，可以看到两个版本的 Modbus RTU 指令，新版本的 Modbus RTU 指令集（图 5-78 中的"MODBUS（RTU）"）扩展了 Modbus RTU 的功能，支持主机架 CM1241 通信模块、CB1241 通信板，还支持采用 PROFINET 或 PROFIBUS 分布式 I/O 机架上的点对点通信模块实现 Modbus RTU 通信。建议 V4.0 版本以后的 CPU 和串口模块使用该版本指令集。早期版本的 Modbus RTU 指令集（图 5-78 中的"MODBUS"）仅可通过主机架 CM1241 通信模块或 CB1241 通信板进行 Modbus RTU 通信。

（1）组态 Modbus 端口的指令 Modbus_Comm_Load。

Modbus_Comm_Load 指令用于配置 RS232 或 RS485 通信模块端口的通信参数，例如数据传输速率、奇偶校验和数据流控制等。Modbus 通信的每个通信端口，都必须执行一次 Modbus_Comm_Load 来组态。每个 Modbus_Comm_Load 指令需要分配一个唯一的背景数据块。

（2）主站指令 Modbus_Master。

Modbus_Master 指令可通过以 Modbus_Comm_Load 指令组态的端口作为 Modbus 主站，与一个或更多的 Modbus 从站设备进行通信。当在程序中添加 Modbus_Master 时，将自动分配背景数据块。

图 5-78　Modbus RTU 指令列表

- 必须运行 Modbus_Comm_Load 来组态端口，以便 Modbus_Master 指令可以使用该端口进行通信。
- 如果将某个端口用于 Modbus RTU 主站，则该端口不能再用于 Modbus RTU 从站。
- 对于同一个端口，所有 Modbus_Master 指令都必须使用同一个背景数据块。
- 同一时刻只能有一个 Modbus_Master 指令执行。当有多个读写请求时，用户需要编写 Modbus_Master 轮询程序。

（3）从站指令 Modbus_Slave。

Modbus_Slave 指令可通过以 Modbus_Comm_Load 指令组态的端口作为 Modbus 从站与 1 个 Modbus 主站设备进行通信。当在程序中添加 Modbus_Slave 时，将自动分配背景数据块。

- 必须先执行 Modbus_Comm_Load 指令组态端口，然后 Modbus_Slave 指令才能通过该端口通信。
- 如果将某个端口用于 Modbus RTU 从站，则该端口不能再用于 Modbus RTU 主站。
- 对于给定端口，只能使用一个 Modbus_Slave 指令。
- Modbus_Slave 指令必须以一定的速率定期执行，以便能够及时响应来自 Modbus_Master 的请求。建议在主程序 OB1 中调用 Modbus_Slave 指令。

【跟我做】

任务 3　S7-1200 PLC 与智能仪表的 Modbus RTU 通信

S7-1200 PLC 与
智能仪表的
Modbus RTU
通信（视频）

1. 任务导入

智能温控仪表广泛应用于工业和家庭中需要自动检测和调节温度的场所，能够有效防止因温度过高或过低而引发的各类事故，保障设备高效、安全运行。

某温度控制系统需要通过 S7-1200 PLC 的 Modbus RTU 通信读取温控仪表采集的车间实时温度，并将温度设定值写入温控仪表中。请进行 Modbus RTU 的通信配置，编写程序并进行调试。

2.【设备和工具】

CPU 1214C DC/DC/DC 1 台、通信模块 CM1241 RS422/485 1 个、温控仪表 1 台、三线制 Pt100 铂电阻温度传感器 1 个、RS485 总线连接器和连接电缆及电阻若干、安装有 TIA 博途软件的计算机 1 台、《S7-1200 可编程控制器系统手册》1 本、电工工具 1 套、万用表 1 块等。

3. 硬件电路

如图 5-79 所示，温控仪表的工作电源是 AC 220V，将三线制 Pt100 铂电阻温度传感器的一根红色和两根蓝色线连接到温控仪表的 10、11、12 端子上，用来采集温度。将通信模块 CM1241 的 3 号和 8 号引脚通过 RS485 总线连接器（选择开关=ON）连接到温控仪表 RS485 通信接口的 13（D+）和 14（D-）端子上，并且在温控仪表的 13、14 端子之间接 220Ω 的终端电阻。

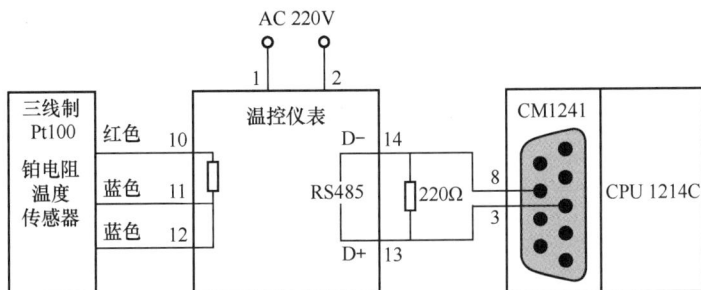

图 5-79　S7-1200 PLC 与温湿度仪表的接线图

4. 组态 Modbus RTU 的通信模块

（1）使用 TIA 博途软件创建新项目，打开"设备视图"，添加 CPU 1214C DC/DC/DC，IP 地址为 192.168.0.1，子网掩码为 255.255.255.0。为了便于后续指令使用，建议启用系统和时钟存储器。在硬件目录里找到"通信模块"→"点到点"→"CM1241（RS422/485）"，拖曳此模块至 CPU 左侧即可，如图 5-80 所示。

图 5-80　添加 CM1241 RS422/485 通信模块

（2）在"设备视图"的工作区选中 CM1241（RS422/485）模块，依次单击其巡视窗口中的"属性"→"常规"→"RS422/485 接口"→"端口组态"，配置图 5-81 所示的通信参数。在标记①的"协议"位置选择"自由口"，在标记②的"操作模式"位置选择"半双工（RS485）2 线制模式"，在标记③位置设置图 5-81 所示的通信参数，此处设置的通信参数一定要与温控仪表的通信参数一致。

小提示　设置温控仪表的通信参数时可以查阅其说明书，本例使用的温控仪表的通信速率为 9.6kbit/s，奇偶校验为无，数据位是 8，停止位是 1。

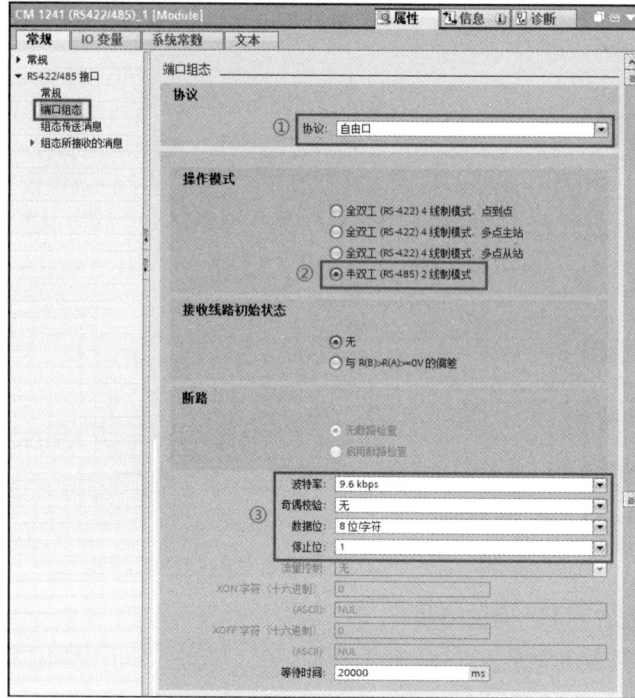

图 5-81　CM1241 RS422/485 通信模块端口组态

5. 确定温控仪表的 Modbus 读写数据地址

作为 Modbus RTU 主站运行的 CPU 能够在 Modbus RTU 从站中通过通信连接读取和写入数据和 I/O 状态。

作为 Modbus RTU 从站运行的 CPU 允许利用通信进行连接的 Modbus RTU 主站在其自身的 CPU 中读取并写入数据和 I/O 状态。

Modbus RTU 主从站之间的数据交换是通过功能码来控制的，功能码有按位操作的，也有按字操作的。S7-1200 PLC 用作 Modbus RTU 主站或从站时支持的功能码以及 Modbus 数据地址如表 5-15 所示。

表 5-15　功能码及 Modbus 数据地址

功能码	读/写操作	Modbus 数据地址	S7-1200 PLC 数据地址区	说明
01	读	00001~09999	Q0.0~Q1023.7	读取单个/多个输出线圈状态
02	读	10001~19999	I0.0~I1023.7	读取单个/多个输入触点状态
03	读	40001~49999（扩展 400001~409999）	数据块 DB、位存储区 M	读取单个/多个保持寄存器数据
04	读	30001~39999	IW0~IW1022	读取单个/多个模拟量输入通道数据
05	写	00001~09999	Q0.0~Q1023.7	写入单个输出线圈
06	写	40001~49999（扩展 400001~409999）	数据块 DB、位存储区 M	写入单个保持寄存器数据
15	写	00001~09999	Q0.0~Q1023.7	写入多个输出线圈
16	写	40001~49999（扩展 400001~409999）	数据块 DB、位存储区 M	写入多个保持寄存器数据

对于支持 Modbus RTU 通信的设备，例如智能仪表、变频器等，其设备手册中的 Modbus 通信

数据地址通常为十六进制的表达方式，如本例中实际温度和设定温度的 Modbus 数据地址如表 5-16 所示。编程时西门子 Modbus 指令使用的地址是十进制的表达方式。需要按照以下方式处理。

表 5-16 实际温度和设定温度的 Modbus 数据地址

手册地址	功能码	名称	说明	Modbus 指令地址
0000H	03	PV 实际温度	以实际温度表示 0.1 刻度为计量单位	40001
1001H	06	SV 设定温度	以设定温度表示 0.1 刻度为计量单位	44098

首先通过设备手册的功能码判断是读操作还是写操作，然后将设备手册的十六进制数据地址转化为十进制数据地址，对于不同的功能码，增加不同的偏移量。按照表 5-15 所示，对于功能码 01、05、15，偏移量为 1，对于功能码 02，偏移量为 10001，对于功能码 03、06、16，偏移量为 40001（对于超过 9999 的地址，偏移量为 400001），对于功能码 04，偏移量为 30001。

例如在表 5-16 中，PV 实际温度的功能码是 03，数据地址是 0000H，将 0000H 转换成十进制是 0，再加上偏移量 40001，则其对应的 Modbus 指令地址是 40001；SV 设定温度的功能码是 06，数据地址是 1001H，将 1001H 转换成十进制是 4097，再加上偏移量 40001，则其对应的 Modbus 指令地址是 44098。

一起说　如果功能码是 02，数据地址是 1001H，则其对应的 Modbus 指令地址是多少？

6. 编写 Modbus 主站程序

（1）创建 PLC 变量表。

根据要求，创建图 5-82 所示的变量表。

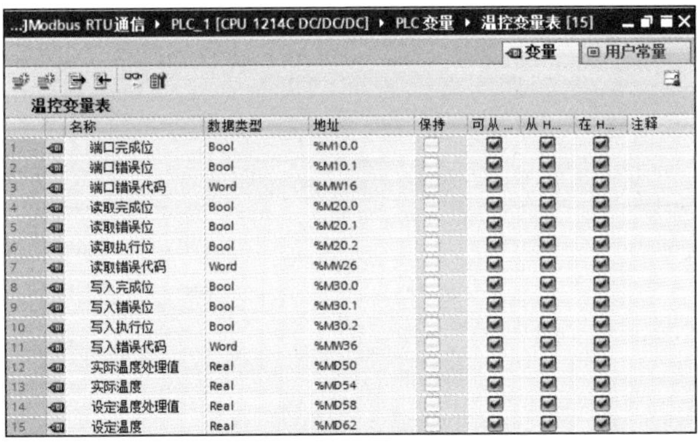

图 5-82　变量表

（2）创建数据块。

创建图 5-83 所示的全局数据块，添加 PV 实际温度和 SV 设定温度这两个数据变量，用来保存从温控仪表中读取到的实际温度和写入温控仪表的设定温度，数据类型为 Int，取消勾选"优化的块访问"复选框并进行编译，在"偏移量"列出现偏移地址。

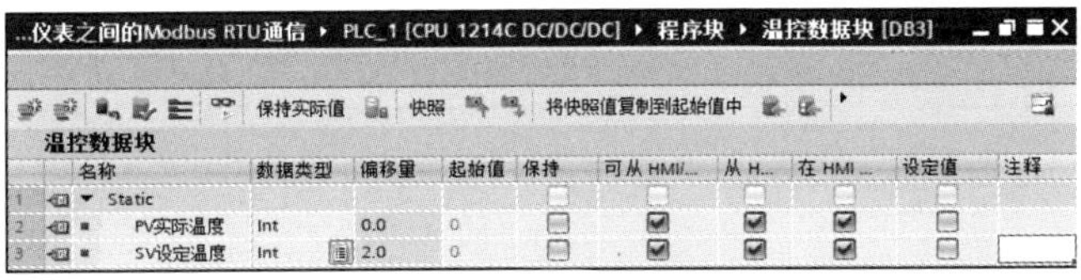

图 5-83　全局数据块

（3）编写图 5-84 所示的主程序。

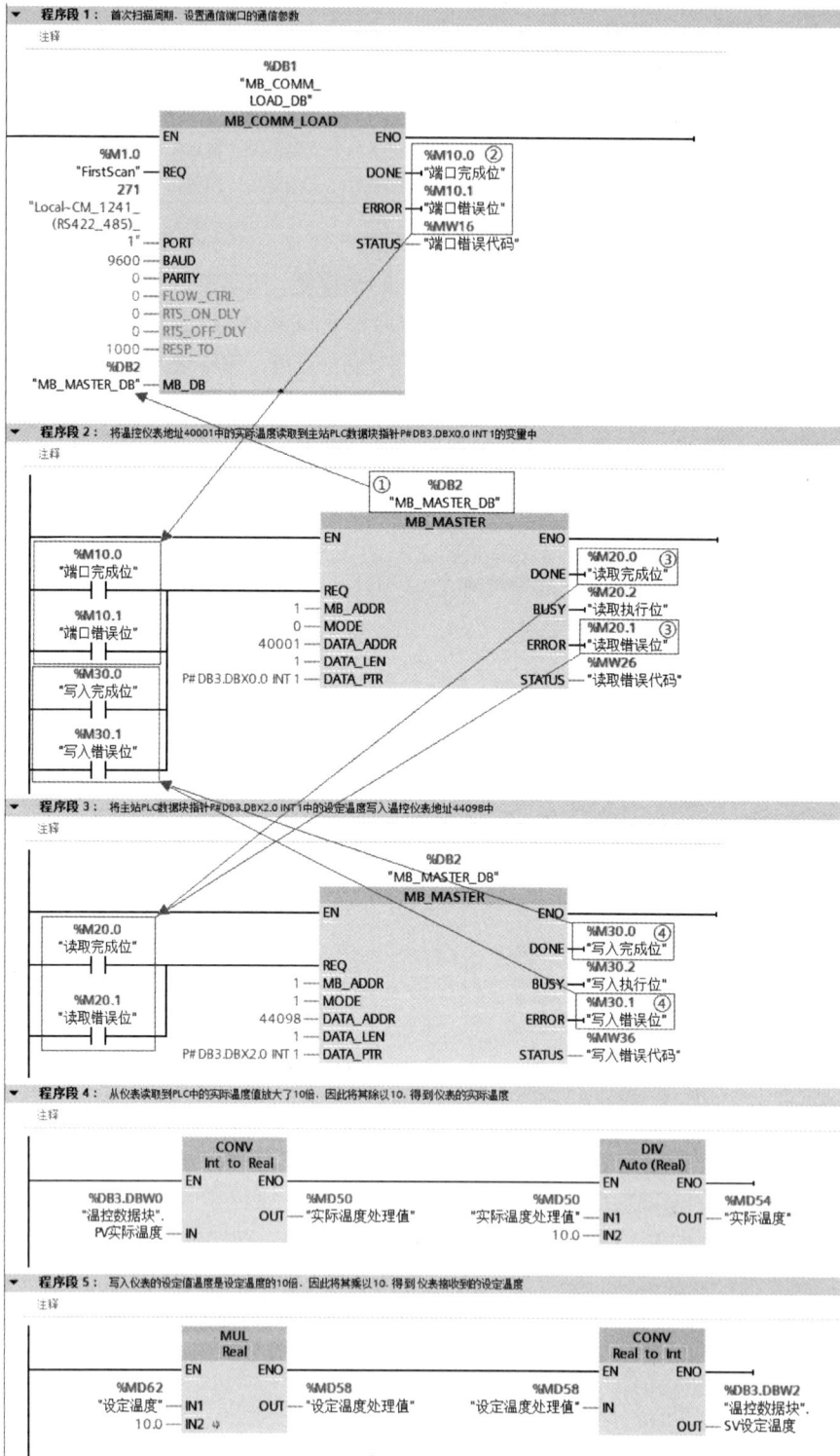

图 5-84　主程序

① 程序段 1 用于在 S7-1200 PLC 启动的第一个扫描周期，对 Modbus RTU 通信模块的参数进行组态。MB_COMM_LOAD 指令各引脚的含义和设置如表 5-17 所示。

表 5-17　MB_COMM_LOAD 指令各引脚的含义和设置

引脚	说明	程序段 1 的引脚设置
REQ	通过上升沿信号启动操作	用 M1.0 "FirstScan" 首次扫描，因为组态端口只需要接通一次即可
PORT	端口通信模块的硬件标识符	安装并组态通信模块后，通信模块的硬件标识符将出现在图 5-85 所示的 PORT 指令框的 "参数助手" 按钮 的下拉列表中，选择 "Local～CM_1241_(RS422_485)_1" 即可
BAUD	波特率选择：300、600、1200、2400、4800、9600、19200、38400、57600、76800、115200 等	选择 9600
PARITY	选择奇偶校验。 0：无。 1：奇校验。 2：偶校验	选择 0
FLOW_CTRL	选择流控制。 0：无流控制。 1：RTS 始终为 ON 的硬件流控制（不适用于 R5485 端口）。 2：带 RTS 切换的硬件流控制	选择 0
RTS_ON_DLY	RTS 接通延迟选择。 0：从 RTS 激活一直到传送消息的第一个字符之前无延时。 1～65535：从 RTS 激活一直到传送消息的第一个字符之前以毫秒表示的延时（不适用于 RS485 端口）	选择 0
RTS_OFF_DLY	RTS 关断延迟选择。 0：从传送最后一个字符一直到 RTS 转入非活动状态之前无延时。 1～65535：从 RTS 激活一直到传送消息的第一个字符之前以毫秒表示的延时（不适用于 RS485 端口）	选择 0
RESP_TO	响应超时。5～65535ms：Modbus_Master 等待从站响应的时间（以毫秒为单位）。如果从站在此时间段内未响应，Modbus_Master 在发送指定次数的重试请求后终止请求并报错	选择 1000ms
MB_DB	调用 MB_MASTER 指令或 MB_SLAVE 指令的背景数据块。可以在 Modbus_Master 指令或 Modbus_Slave 指令调用后再设置	如图 5-84 所示，将程序段 2 的 MB_MASTER 指令框顶部标记①处的 "MB_MASTER_DB" 背景数据块复制到程序段 1 中的 "MB-DB" 引脚或在 MB_DB 引脚右侧连接的 "参数助手" 按钮 的下拉列表中选择
DONE	完成位：指令执行完成且未出错会置 1 一个扫描周期	端口完成位 M10.0
ERROR	错误位。 0：未检测到错误。 1：检测到错误并置 1 一个扫描周期。 在参数 STATUS 中输出错误代码	端口错误位 M10.1
STATUS	端口错误代码	端口错误代码 MW16

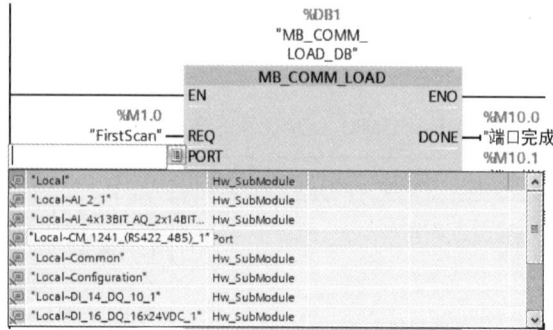

图 5-85　查找 PORT 引脚的硬件标识符

② 程序段 2 将温控仪表地址 40001 中的实际温度读取到主站 PLC 数据块指针 P#DB3.
DBX0.0 INT 1 的变量中。MB_MASTER 指令各引脚的含义和设置如表 5-18 所示。

表 5-18　MB_MASTER 指令各引脚的含义和设置

引脚	说明	程序段 2 的引脚设置	程序段 3 的引脚设置
REQ	0：无请求。 1：通过上升沿信号请求 Modbus 从站	当 Modbus RTU 网络中存在多个 Modbus RTU 从站或一个 Modbus RTU 从站时，需要同时进行多个作业，例如本例需要在程序段 2 和程序段 3 调用两个 MB_MASTER 指令对实际温度和设定温度进行读和写操作。这两个 MB_MASTER 指令使用相同背景数据块，并且 RS485 通信属于半双工通信，同一时刻只能发送数据或者接收数据，因此这两个指令之间需要采用轮询方式调用。通常第一次调用使用程序段 1 的 MB_COMM_LOAD 指令标记②处端口完成位 M10.0 或端口错误位 M10.1 触发程序段 2 的 REQ 请求引脚，进行读请求操作； 当读取完成后，使用程序段 2 的 MB_MASTER 指令标记③处的读取完成位 M20.0 或读取错误位 M20.1 触发程序段 3 的 REQ 请求引脚，进行写输入请求操作； 当程序段 3 的 MB_MASTER 指令执行完毕时，用其标记④处的写入完成位 M30.0 或写入错误位 M30.1 触发程序段 2 的 MB_MASTER 指令的 REQ 请求引脚，重新开始下一个周期的轮询	
MB_ADDR	Modbus RTU 从站地址。标准寻址范围为 1～247	本例温控仪表是从站，其地址是 1	从站地址是 1
MODE	模式选择。指定请求类型：读取、写入。 0：读取。 1：写入	程序段 2 要从温控仪表读取实际温度值，因此选择 0	程序段 3 要将 PLC 的设定温度写入温控仪表，因此选择 1
DATA_ADDR	指定要在 Modbus 从站中访问的数据的起始地址	如表 5-16 所示，温控仪表 PV 实际温度的地址是 0000H，此处的有效地址应该是 0000H 对应的 Modbus 指令地址 40001	如表 5-16 所示，温控仪表 SV 设定温度的地址是 1001H，此处的有效地址是 1001H 对应的 Modbus 指令地址 44098
DATA_LEN	指定要在该请求中访问的数据长度（位数或字数）	程序段 2 只读取实际温度，所以数据长度为 1	程序段 3 只写入设定温度，所以数据长度为 1
DATA_PTR	指向要写入或读取的数据的 M 或 DB 的地址指针。如果 DATA_PTR 使用 DB，则该 DB 必须取消勾选"优化的块访问"复选框，允许绝对寻址和符号寻址	程序段 2 将读取到 PLC 中的温控仪表的实际温度保存在图 5-83 所示的"温控数据块[DB3]"的"PV 实际温度"变量中，该变量的偏移量是 0.0，数据类型是 Int，因此该引脚的地址指针是 P#DB3.DBX0.0 INT 1	图 5-83 所示的"温控数据块[DB3]"的"SV 设定温度"变量中保存的是 PLC 写入温控仪表的设定温度值，该变量的偏移量是 2.0，数据类型是 Int，因此该引脚的地址指针是 P#DB3.DBX2.0 INT 1

续表

引脚	说明	程序段 2 的引脚设置	程序段 3 的引脚设置
DONE	完成位: 指令执行完成且未出错会置 1 一个扫描周期	读取完成位 M20.0	写入完成位 M30.0
BUSY	0: 无 MB_MASTER 操作正在进行。 1: MB_MASTER 操作正在进行	读取执行位 M20.2	写入执行位 M30.2
ERROR	错误位。 0: 未检测到错误。 1: 检测到错误并置 1 一个扫描周期。 在参数 STATUS 中输出错误代码	读取错误位 M20.1	写入错误位 M30.1
STATUS	错误代码	读取错误代码 MW26	写入错误代码 MW36

③ 程序段 3 将主站 PLC 数据块指针 P#DB3.DBX2.0 INT1 中的设定温度写入温控仪表地址 44098 中。

程序段 3 的 MB_MASTER 指令与程序段 2 的 MB_MASTER 指令的背景数据块相同,可以采用复制程序段 2 的 MB_MASTER 指令来实现。

④ 程序段 4 和程序段 5 是对实际温度和设定温度的处理,由于数据块中的 PV 实际温度和 SV 设定温度均比真实值放大了 10 倍,并且这两个变量的数据类型均是 Int,因此需要用除法指令、乘法指令和转换值指令等对其进行处理。

7. 运行、调试

(1)将图 5-84 所示的主程序编译后下载到 PLC 中,下载完成后,选择图 5-83 所示的"温控数据块[DB3]",将程序和温控数据均转为在线状态并启用监控。

(2)将三线制 Pt100 铂电阻温度传感器放到电热水壶中检测热水的温度。在图 5-84 所示的程序段 4 和程序段 5 中,将 MD50、MD54、MD62、MD58 的显示格式修改为浮点数,此时实际温度 MD54=50.0,图 5-86 所示的温控仪表显示的实际温度也是 50.0,图 5-83 所示数据块中的"PV 实际温度"为 500(扩大 10 倍)。如果给电热水壶继续加热,MD54 的值、温控仪表上的 PV 值会继续升高。

在设定温度 MD62 中写入 100.0,可以看到图 5-83 所示温控数据块中的"SV 设定温度"为 1000(扩大 10 倍),图 5-86 所示的温控仪表上的 SV 显示 100.0。

图 5-86 温控仪表

【跟我拓】

任务 4　S7-1200 PLC 与 G120 变频器的 PROFINET 通信

PROFINET IO 通信通过以太网直接连接现场设备，它以全双工点到点方式通信。一个 I/O 控制器最多可以和 512 个 I/O 设备进行点到点通信，按照设定的更新时间双方对等发送数据。

用 1 台 S7-1200 PLC 对 1 台 CU240E-2 PN-F 的变频器进行 PROFINET IO 通信。已知电机采用星形接法，其额定功率为 0.18kW，额定转速为 2720r/min，额定电压为 380V，额定电流为 0.53A，控制要求如下。

G120 变频器的 PROFINET 通信的硬件组态（视频）

G120 变频器的 PROFINET 通信的程序调试（视频）

（1）S7-1200 PLC 通过 PROFINET 通信控制变频器的启停和调速。

（2）S7-1200 PLC 通过 PROFINET 通信读取变频器的状态及电机的实际转速。

请利用 S7-1200 PLC 和 G120 变频器构建 PROFINET 通信的硬件电路，进行参数设置并编写程序。

【单独测】

1. 填空题

（1）S7-1200 PLC 以太网通信的物理介质采用_____接口电缆，它有两种硬件连接方式即_____连接和_____连接。

（2）S7 通信中，_____指令用于将数据写入伙伴 CPU，_____指令用于从伙伴 CPU 读取数据。

（3）S7 通信中，假设远程 CPU 被写入数据的区域为从 DB30.DBB0 开始的连续 8 个整数，则其地址指针为_____。

（4）Modbus RTU 使用_____或_____接口与连接在网络中的 Modbus 设备之间进行_____数据传输。

（5）Modbus 具有两种串行传输模式，分别为_____和_____。

（6）Modbus RTU 通信是一种_____主站的_____通信模式。

（7）支持 Modbus RTU 通信的通信模块有_____、_____、_____等，通信板有_____。

（8）Modbus RTU 通信网络上的从站地址范围为_____。

（9）使用通信模块或通信板作为 Modbus RTU 主站时，每个 Modbus RTU 通信网段最多可以连接_____个从站。

（10）从站设备的功能码是 06，地址是 2000H，则 Modbus_Master 指令的引脚 DATA_ADDR 的有效地址是_____。

2. 分析题

（1）用两台 S7-1200 PLC 进行 S7 通信，一台作为客户端，另一台作为服务器端。客户端将服务器端 MW100~MW104 中的数据读取到客户端的 DB10.DBW0~DB10.DBW4 中；客户端将 DB10.DBW5~DB10.DBW9 的数据写入服务器端的 MW200~MW204 中。请进行 S7 网络组态并编写通信程序。

（2）S7-1200 PLC 通过 CM1241 作为 Modbus RTU 主站与从站温湿度仪表（地址是 1）进行通信，读取温湿度仪表的温度和湿度。温湿度仪表的 1 号、2 号端子接 AC 220V 工作电源，13 号、14 号端子是 RS485 通信接口，13 号端子是 A，14 号端子是 B，三线制温湿度传感器的红、黑、蓝三根线接到温湿度仪表的 8 号、9 号、10 号端子上。温湿度仪表的通信速率是 9600bit/s，无奇偶校验，数据长度是 8 位，停止位是 1 位。手册中温度值和湿度值的功能码均是 03，地址分别是 0000H 和 0001H。请画出 PLC 与温湿度仪表的硬件电路图并编写程序。

参 考 文 献

［1］段礼才. 西门子 S7-1200 PLC 编程及使用指南［M］. 北京：机械工业出版社，2017.

［2］郭艳萍. S7-200 SMART PLC 应用技术（附微课视频）［M］. 北京：人民邮电出版社，2019.

［3］李方园. 西门子 S7-1200 PLC 编程从入门到实战［M］. 北京：电子工业出版社，2022.

［4］郭艳萍. 变频及伺服应用技术（西门子）（微课版）［M］. 北京：人民邮电出版社，2023.

［5］芮庆忠，黄诚. 西门子 S7-1200PLC 编程及应用［M］. 北京：电子工业出版社，2020.

［6］西门子（中国）有限公司数字化工业集团. S7-1200 可编程控制器产品样本［Z］. Siemens AG Division Digital Factory，2023.

［7］西门子（中国）有限公司数字化工业集团. 西门子 S7-1200 PLC 技术参考 V4.3 操作指南［Z］. Siemens AG Division Digital Factory，2023.

［8］西门子（中国）有限公司数字化工业集团. 西门子 SIMATIC S7-1200 系统手册［Z］. Siemens AG Division Digital Factory，2020.